园林景观规划设计与养护

王文永　孙仁环　著

吉林科学技术出版社

图书在版编目（C I P）数据

园林景观规划设计与养护 / 王文永，孙仁环著 . --
长春 : 吉林科学技术出版社，2022.12
ISBN 978-7-5744-0112-9

Ⅰ . ①园… Ⅱ . ①王… ②孙… Ⅲ . ①园林设计—景观设计②园林植物—植物保护 Ⅳ . ① TU986.2 ② S436.8

中国版本图书馆 CIP 数据核字 (2022) 第 246346 号

园林景观规划设计与养护

著　王文永　孙仁环
出版人　宛　霞
责任编辑　丁　硕
封面设计　道长矣
制　版　道长矣
幅面尺寸　185mm×260mm
开　本　16
字　数　100 千字
印　张　14.5
印　数　1–1500 册
版　次　2023年8月第1版
印　次　2023年10月第1次印刷

出　版　吉林科学技术出版社
发　行　吉林科学技术出版社
地　址　长春市福祉大路5788号
邮　编　130118
发行部电话/传真　0431-81629529 81629530 81629531
81629532 81629533 81629534
储运部电话　0431-86059116
编辑部电话　0431-81629518
印　刷　廊坊市印艺阁数字科技有限公司

书　号　ISBN 978-7-5744-0112-9
定　价　80.00元

前 言

近年来，随着生态文明建设成为我国社会发展中的核心理念，支撑园林景观规划设计与养护的技术、策略等也发生了改变。比如，海绵城市规划设计、雨水花园设计与养护、生态廊道保护等课题成为园林界的研究热点，有关这类策略和措施的研究课题和研究结果也不断出现。这不仅表明园林景观规划设计及其养护在新时代生态文明建设中的巨大价值，而且也表明在新的社会发展理念下对园林景观规划设计以及园林景观养护展开研究是颇为重要的。

就园林景观塑造而言，规划设计的首要作用是将人们眼中的美好家园加以塑造和再现。这一点对中国园林和西方园林来说，都是最重要的。可以说，园林景观打造者孜孜以求的是通过一定的规则和技术等将美的事物创造和塑造出来，甚至就是对心目中的天堂永不停歇的营造。

同样，园林景观打造者在进行规划设计和管理养护时，就是将自己的审美观、价值观通过适当的、可持续的技术手段加以落实。最终通过活生生的园林景观的呈现将其内心深处的精神追求、文化基因加以集中反映，并以其独特魅力永驻人们的心间，成为一个时代的文化标签，甚至一个民族永恒的精神象征。

本书在内容编排上共设置八章，第一章研究了园林景观规划设计与养护的基本概念和理论，先就园林景观规划设计与养护的基本概念及两者间的关系进行了阐述，然后从景观生态学、园林美学等角度对本书研究课题展开理论背景分析；第二章则从安全性、艺术性、整体性等方面就园林景观规划设计与养护的基本原则展开了条分缕析的研究，让读者对园林景观规划设计与养护建构原则有一个清晰的认识；第三章研究了园林景观规划中的水体景观设计，内容涉及水体景观设计的核心内容和设计策略等；第四章探索了园林景观规划设计中的植物景观设计，内容涉及植物景观空间属性、植物景观艺术构成属性、植物景观生态与功能属性、植物景观设计内容；第五章主要从两个角度——园林景观规划设计中的公共设施设计原则和公共设施设计内容，来阐述园林景观规划设计中的公共设施设计的主要内容和过程；第六章研究了园林景观规划设计中的精细化管护问题，主要包括精细化管护的策略、实施驱动、应用这三方面的内容；第七章探讨了园林景观养护管理中的诸多问题，主要从养护管理技术和管理对策这两个方面进行了探讨；第八章研讨了园林景观养护市场化风险管控问题，涉及园林景观养护市场化项目的风险管理等问题，并以案例的方式进行了深入说明。

本书由王文永、孙仁环所著，具体分工如下：王文永（即墨区市政和园林环卫服务中心）负责第一章、第四章、第七章内容撰写，计10万字；孙仁环（即墨区园林绿化工程公司）负责第二章、第三章、第五章、第六章、第八章内容撰写，计10万字。

需要指出的是，本书涉及的案例颇为典型，不管是在规划设计思路上，还是具体设计上都体现出一定的代表性和学术性，是园林教学和设计的极佳参照，能给广大读者带来较好的学习和借鉴价值。

在撰写本书的过程中，笔者参阅了诸多与本课题相关的文献资料，同时得到了许多专家学者的直接帮助和指导，在此表示诚挚的谢意。由于笔者水平有限，加之时间仓促，在论述有些问题时难免有疏漏之处，希望各位读者多提宝贵意见，以便笔者进一步修改，使之更加完善。

目 录

第一章
园林景观规划设计与养护基本概念和理论

第一节　园林景观规划设计与养护的基本概念

一、园林景观概述

（一）景观的概念

《现代汉语辞海》（2003年版）把“景”理解为景致、风景，把“观”理解为看、景象、样子以及对事物的认识或看法。“观”与“景”不同，它是人的一种动作表达之一，有认知以及认识的含义。

《中国大百科全书》对景观是这样定义的：“景观”一词常常在地理学、建筑学、园林学以及日常生活等领域中应用，具有广泛含义。景观的原意是风景、风景画和眼界等。地理学家把景观当作科学名词使用，如乡村景观、山地景观等；艺术家则把景观看作风景，并将其用具体形式表现出来；建筑师把景观看作建筑的衬景，营造出和谐的景观氛围；生态学家却认为景观是生态平衡中不可缺少的能量流的载体；旅游学家把资源比作景观。每个学科都有自己的景观定义。

“景观”（Landscape）一词最早出现于希伯来文本的《圣经》旧约全书中，用来描写所罗门皇城耶路撒冷的瑰丽景色；其意义等同于英语中的“景色”，与汉语中的“风景”或“景致”相一致，都是视觉美学意义上的。现代英语中的“景观”（Landscape）一词最早应用于英国的自然风景园。申斯通（W.Shenstone）在18世纪中叶第一次使用了“Landscape-Gardener”这个名称。随着诸多著作的出版，“Landscape-Gardening”越来越流行。在这一时期，设计师们直接或间接地运用风景画中的景色作为造园的范本，这样创造的景观形式都类似于风景绘画，从而将“景观”和“造园”直接联系了起来，进而有了园林景观。

（二）园林景观

在一般情况下，园林景观包括两个类型：一类是人工景观，另一类是自然景观。其中：前者也叫作硬质景观，包括栏杆、建筑、墙面等景观；而后者也叫作软质景观，包括云朵、海洋、森林、光照、蓝天等景观。立足于自然属性层面剖析，园林景观的性质体现为和色彩、形状、体积有关的可以感觉的要素，在这之中空间形态的构成和地区形态状况的单独客体有密切的关联；可是立足于社会属性层面剖析，园林景观的性质则体现为文化含义，除了本身的欣赏效能以外，还包含有关实际效能与环境改进效能，经过对其内在含义的剖析，可以更为完备地归纳人的情愫和与其相关联的心理状态。此种景观效果通常由四种方式组成，分别是内部自然环境表现、总体格调表现、景观环境组成、人文情境表现。[①]

（三）园林景观的特征

1. 园林景观与外部环境间具有和谐发展的特征

园林景观不是孤立存在的个体，它与周围自然环境、生态环境、周边景观之间具有相互依存的关系。一般来说，园林景观与外部环境之间是紧密联系的，具有共同发展的关系，彼此间是动态和谐的发展过程。

2. 园林景观具有鲜明的内部性特征

与其周围的环境相比，任何一种园林景观都具有鲜明的内部特性优势。这种优势主要表现在同一地域范围内景观内部具有明显的同一性和关联性，反之，不同地域范围内的景观则具有明显的差异性。而这种景观明显的同一性和关联性则正是该园林景观内部差异性优势的集中体现，而这种优势既是建立在土地和自然要素的基础之上的，也是其被人为加以塑造的重要诱因和结果。不过，在人为确立其差异性优势的过程中，既有的自然环境平衡是不能被打破的；不然，随后被打破的就是园林景观内部的和谐，以及其得以存续的差异性优势。

3.园林景观具有丰富多样性的特征

由于我国幅员辽阔，资源充沛，地形地貌不拘一格，有着复杂多样的自然环境，因此也形成了园林景观的丰富多样性。对很多园林景观来说，正是人们依据不同地域条件而逐步塑造起来，甚至经过了世世代代人们不断的再造和修饰，最终形成了具有多样富集性的特定园林景观。比如，在一望无垠的草原上零散分布的蒙古包，江南水乡的小桥流水人家，西北黄土高原的古道西风瘦马等，这些都是多样性景观

---

① 田旭朝．浅析住宅小区的环境景观规划设计 [J]. 河北林果研究，2013(04)：28-30.

的生动体现。

二、园林景观养护概述

(一) 园林景观养护的定义

园林景观养护就是根据植物的生长发育需要、园林景观艺术和生态环境的要求，及时对园林中的植物进行科学的施肥、浇水、中耕除草、修剪整形、防治病虫害等的技术措施，同时对园林中的相关设施加以维护，最终达到园林中所有景观要素(如植物、公共设施等)能以良好的状态为广大群众提供服务的过程。简单地说，就是为了使植物生长良好，设施功能优异，达到提高观赏效果和愉悦度而采取的技术措施。

(二) 园林景观养护的特点

1. 园林景观养护具有综合性强的特点

园林养护技术综合性非常强，要求工作人员知识面广、技术专精。除了进行树木修剪整形、病虫害防治、施肥除草等各项养护工作，还应懂得包括气象、植物、土壤、肥料、植物保护及美学、旅游等科学知识，这样才能做到科学养护。

2. 园林景观养护具有个性化的特点

首先，园林中的植物种类繁多，各具特点。即使是同一种树，树龄不同，立地环境不同，环境功能要求不同，其养护措施也就不一样，没有统一的“模式”。其次，不同的园林中有各自独特的公共设施。有些公共设施需要专门的维护技术，园林管理部门应配备具有相应技术的专业人员管理这些设备，同时应建立相应的规章制度规范工作流程，确保园区能给人民群众提供良好服务。总之，园林景观养护要因植物、因地、因园制宜，不能搞一刀切。

3. 园林景观养护的时间性比较强

园林植物作为一种有生命的主体材料，其养护的及时、适时非常重要。不同季节、不同时间，养护方法就不一样。夏季高温干旱，如果不及时浇水，植物就会因失水而生长不良，甚至死亡。同样，园林中的其他公用设施也需按照时令采取适当的养护措施，尽量延长设施的使用寿命。

4.园林景观养护具有社会性的特点

园林景观养护工作涉及的部门和行业很多，可以说，成功的园林管理是社会各大部门通力合作的结果。一般来说，任何一个园区都会涉及基建、电力、通信、市政、交通等部门，不然难以向社会各界提供稳定而良好的服务。由此可见，园林景观养护具有极强的社会性特点。

第二节　园林景观规划设计与养护的相关理论

一、旅游环境知觉理论

整体而言，旅游者的旅游过程基本上是对旅游目的地的空间环境、自然景观与人工设施等的认识和审美过程。旅游者以生理感知觉为基础对旅游空间环境形成一定的认识和审美，引导人们对旅游环境的认知，做出游憩行为和审美判断等活动。旅客在度假环境中进行各种活动，这些活动的延续及活动后的满足感在一定程度上是受旅游环境知觉的影响。因此，熟悉旅游环境知觉基本原理对于设计者来说有深远意义。旅游空间环境设计者对自然景观在旅游环境中对人所产生的刺激要有与大众一致的心理认同感，只有站在消费者的心理视角从事产品设计，才能真正满足消费者的需求。

（一）旅游环境知觉的基本概念

心理学认为，人之所以能够适应陌生的环境是因为其能够理解并掌握周边的环境信息，包括对整个场所信息的识别、加工到最终的理解、接受整个过程。旅游地有大量的景观吸引物，旅游中会不断地接触到这些信息，这就是旅游环境感觉和知觉。通俗地讲，知觉就是人通过感觉器官对外部客观事物的刺激所做出的一系列反应。知觉不仅能反映事物的部分属性，而且通过与各种感觉器官相互配合，按事物的相互关系将事物的整体属性进行内在整合，最终形成特定事物的完整映像。①

与旅游刺激物不同，旅游刺激物是单个的事物和信息，而旅游刺激情境是由一系列多种多样的刺激物组成的复合体。所以，旅游环境知觉是旅游感觉的综合。心理学认为，个体对外在刺激的反应表现要经过生理和心理的两种过程，相应会产生生理经验和心理经验，生理经验即为感觉，心理经验即为知觉。而感觉是知觉形成的基础，“人对某一事物的整体印象是由各种感觉形成的，通过个别属性的感觉逐步形成该事物的整体知觉。对事物个别属性的感觉认识越清楚、越全面，对该事物的知觉认识也就越正确、越完整”。② 因此，旅游环境知觉是多种感觉相互联系和综合活动的结果。

---

① 郭黎岩．心理学 [M]. 南京：南京大学出版社，2002：99.
② 何灿群．人体工学与艺术设计 [M]. 长沙：湖南大学出版社，2004：13.

(二) 旅游环境知觉的特性

1.旅游环境知觉的整体性

知觉整体性是指人们将对一事物部分属性的知觉认识与之前的个人经验综合在一起，加工组织得到对事物的整体认识过程。[①] 旅游环境知觉的对象一般不是以整体形态出现的，而是由景观对象的部分属性组成的；不同部分的特征往往不同，但人们仍然将它当成一个统一的整体事物而非孤立的部分。

2.旅游环境知觉的理解性

个体对自己所接触过的事物都会产生一定的感知经验，对新事物的认识过程往往会借助先前的经验对其进行理解，将新事物与旧有经验进行加工处理，然后将认识的新事物归入贮存的认识类别中；由于它是通过人在知觉过程中的主观思维活动而达到的，往往对事物的理解会因人而异，这种特性一般被人们称为旅游环境知觉的理解性。心理学家指出，“知觉的理解性有助于个体从背景中区分出知觉对象，有利于形成整体知觉，从而扩展了知觉的范围，加快对事物的理解”。[②]

3.旅游环境知觉的选择性

知觉的选择性也称为知觉的对象性。在知觉过程中，感觉系统所提供的刺激是相当多的，但个体并不是对所有的刺激都会做出反应。个体总是将自己感兴趣的一部分作为知觉对象，而其他部分会被淡化成知觉背景，成为对象部分的反映相对清晰而对背景部分的反映比较模糊。[③]

当旅游者处于丰富多彩的景观环境中时，旅游者不会对大量的旅游资源信息感到无所适从，而是对其进行选择性接受并加工，这一现象就是旅游环境知觉的选择性。有意识地对复杂场景中的景观元素进行选择，可以避免个人陷入一种混乱、焦躁的心理状态。

4.旅游环境知觉的恒常性

人们在过去已对一事物建立起正确的知识和经验，当所处的外部环境因素发生改变，对事物的某些属性造成影响而无法判断时，根据以往知识经验，结合所感知到的部分属性，依然可以获取该事物的知觉形象，不因部分形态的缺失或外部因素的影响而对一事物的整体认识发生改变，对事物印象的整体性认识持续保持一致，这就是旅游环境知觉的恒常性。人们凭借知觉的恒常性可以避免受到单纯物理刺激所得到的片面知觉影响，从而正确、全面、稳定地反映客体事物，以适应不断变化

---

① 郭黎岩．心理学 [M]. 南京：南京大学出版社，2002：114.
② 郑雪，易法建，傅荣．心理学 [M]. 北京：高等教育出版社，1999：31.
③ 郑雪，易法建，傅荣．心理学 [M]. 北京：高等教育出版社，1999：28.

的旅游环境。

理解上述介绍的旅游环境知觉的特性对自然景观的利用有实际的指导意义。度假旅游过程本质上就是人们通过身体的各种感知觉，在度假环境中去感受这种丰富的自然景观刺激和人工服务刺激的一系列过程。对感知心理学的正确理解，帮助建筑、景观设计师如何取悦游客的心理需求，在他们所处的场地中，根据景观的分布、景观节奏的安排，创造起伏有致的韵律性景观空间环境。如果在合适的场合没有表现出自然景观的形式美感，会给旅游者造成一定的心理落差，不会引起游客相应的行为反应，产生不了行为活动发生的内在动机。

二、景观利用的心理学原理

按照格式塔心理学的说法，心理现象最基本的特征是人体意识经验中显现出的整体性或结构性。整体是先于部分而存在的，整体所表现出的形式和性质由整体系统来决定，而不是由其中的部分所具有的性质来决定。① 这意味着，游客在接受外界环境刺激时并非零乱无次序，而是有选择地把自己所知觉到的景物组织成为一个对他有某种意义的整体情境。所谓“格式塔”是德文“Gestalt”一词的音译。“格式塔”一词有两种含义：一是指事物的一般属性，即形式；二是指事物的个别实体，即分离的整体。就如系统与部分的关系，系统由各个内在联系的部分组成，它的每一部分的变动都会影响到其他部分甚至整体，部分因与其他部分的联系产生了其内在特征，这种现象便称为格式塔。② 简单来说，格式塔心理学，实际上就是强调以整体性思维认识事物而反对脱离整体对单一元素进行分析研究的心理学理论体系。格式塔心理学家总结出一系列影响形式知觉的因素：邻近律、相似律、封闭律、连续律，也就是所谓的心象组织规律，其核心意义是强调事物的整体性。③ 这些心象组织规律对人的环境知觉会产生重要的内在影响。

(一) 邻近律

人们容易把空间位置相近的客观事物知觉成为一个整体。两个或两个以上在外观上相似的事物，容易被人归纳成一类，它们的存在会被自觉默认为一个整体。例如，有两个或两个以上的知觉方块，在空间上比较接近，很容易被当成一个整体。

这是由于相互接近的物体容易被人们感知成为一个整体存在，从而使这些物体连接得更加紧密，成为稳定的形体。这种组合设计可运用于空间的营造，通过构图

① 杨清．现代西方心理学主要派别 [M]. 长春：辽宁人民出版社，1980：249-250.
② 高觉敷．西方近代心理学史 [M]. 北京：人民教育出版社，1982：324.
③ 郭黎岩．心理学 [M]. 南京：南京大学出版社，2002：115.

美学获得强烈的视觉表现力。

（二）相似律

所谓相似，是指物体在某些物理属性上的相似，如形状、大小、方向、颜色、材料等。相似律的意义在于说明有多个知觉对象同时呈现时，条件相似或者相同的对象会被组织为一个图形。许多研究表明，按照这种“相似性原理”，在一种样式中，在某些知觉性质方面具体部分的相似程度，有助于我们确定这些部分之间联系的亲密程度。例如，游客与游客之间的态度、信念和价值观以及仪表、相貌、社会背景、文化程度比较类似，一般情况下，人们容易把他们知觉为同一类别或同一群体。而视觉对象在其内在属性上相似度越高，整体越容易统一。在景观设计上，常运用形状的相似、色彩的相似乃至位置的相似，将不同植物进行巧妙的组合，从而达到理想的效果。与邻近律相同，相似的、同类的事物容易当成一个整体存在，由多种类似物组成的整体中，个体元素自觉弱化，减轻其造成的视觉反映引起的内心紧张心态，在景观利用中，对场景的构图与布局是十分重要的。

（三）封闭律

封闭律又称完形的倾向。“完形”也就是完整倾向。图形中如果有小的缺失部分，就会被人自觉地填充，成为整体。如一个并不连续封闭的圆状图形，由于观察者的个人经验，仍然把它看成是一个完整的圆形。也就是说，在观察者内心自觉把缺口“缺闭”了，线条“连接”了，这是一种依据经验推论的定律，即封闭律。中国庙宇庭院所形成的围合空间，也表现了这种封闭律。如果几个具有完形倾向的景物形成一种封闭性的组合空间，则这几个知觉景物容易成为一个特色鲜明的空间形态的整体知觉。

（四）连续律

图形中的线条被交叉在一起，造成图形中的连续性在某一点产生局部的中断，但人们仍把它们知觉为整体。例如，不同组织的旅游对象在空间和时间上有部分连续的现象，就容易被人们当成一个整体。连续律主要突出事物的逻辑性与连贯性，一个内在系统越连贯，它的整体性就会越强，在元素较多的环境中越容易以整体的形态凸显。因此，连续律能够加强景观的整体性和环境间的协调关系。当游人游憩时，所见到的景物如果呈现一种连贯的或内在逻辑的状态，人的知觉会保持一种延续的、连贯性的和谐印象。在整体环境中强调对象的连续性及景物之间的相邻性，可以使景观环境达到和谐统一的效果。

三、景观生态学

（一）景观生态学概念

德国生物地理学家特罗尔·卡尔（Troll Carl）在进行土地利用相关课题研究时最早提出了“景观生态学”这一概念。而后随着该领域学者们日益深入的学习和探究，理论基础得到扩充和延展，其定义也随之改变并得到日益完善。如今在相关研究领域，得到最广泛的认可和运用的则是国际景观生态学会在1988年对这一概念的定义：这是以具备景观异质性特质的生物、社会以及地理等作为参考因素，针对景观空间建立在不同尺度上的研究，它是一门将人类科学与自然科学相交叉研究的学科。

在景观生态学理论的研究中，“景观”被看作由相互作用的斑块或生态系统通过类似的形式不断出现而构成的区域，该区域通常具备一定的景观异质性。

（二）景观生态学的内容

景观生态学的研究对象和内容可概括为三个基本方面：第一，景观结构，即景观组成单元的类型、多样性及其空间关系；第二，景观功能，即景观结构与生态过程的相互作用，或景观结构单元之间的相互作用；第三，景观动态，即景观在结构和功能方面随时间推移发生的变化。

四、园林植物景观营造理论

（一）园林植物景观营造理论

园林植物造景强调以植物作为造景主体的设计过程。园林植物在景观营造理论方面重点体现在园林营造学上，其重点强调将园林艺术、审美规律、审美特征进行融合，着重从社会学、心理学、哲学等角度探究园林艺术的特征，挖掘园林艺术与其他艺术的差异点，深入分析与探究园林创作的各种矛盾、因素，并找出其中的设计、审美以及发展规律。综上所述，植物造景最初的定义强调“造景”，即不同植物组合的景观视觉效应。

随着生态学等学科的发展以及生态园林建设的推进，植物造景的含义已经不仅是利用植物营造视觉效果，还包含了空间生态上的景观、文化上的景观、影响心理的景观等更深远的含义，植物景观的主导地位正在逐渐凸显，多样、有序、科学的景观面貌正在逐渐形成。

园林植物景观营造除了最终呈现视觉效果以外，还注重适地适树，选用乡土树种以体现植物景观的地域性，避免违反自然规律和人文内涵的植物设计手法。同地域的植物设计，要注意多样性的选择，一方面要充分体现当地植物种类的丰富性和植物群落的多样性特征；另一方面应避免雷同的景观外貌，需展现出丰富多样的、体现不同景观特征的空间环境；(植物景境设计) 植物景观营造也在新领域中有所开拓，如对于废弃地的改造利用，以及高密度建筑区、立交桥等潜在绿化空间的利用。通过“立体绿化”的策略，对特定占地空间 (如高架桥、立交桥、屋顶等) 的垂直绿化空间进行绿量补充，改变为造园的狭义思想，全面深入探索和挖掘不同园林中可利用的新型绿色空间；同时，在设计过程中还要注意人性化的体现，在植物营造时，要充分利用植物色彩进行形式合理的搭配，以满足人们高层次的文化精神追求。总之，现代园林景观营造是建立在生态学的基础之上，同时挖掘传统方法，发扬地域文化，创造多样化具有民族特色又具有美感的景观模式。

(二) 环境心理学

环境空间对人们的心理、行为和性格都产生着一定的影响，进而影响一个国家或民族的文化和精神追求。我国的文化博大精深、源远流长，古典园林就是我国文化瑰宝中重要的一部分，它传达了古人追求“天人合一”的精神境界，同时结合自然界的“外适”，影响身心健康的“内和”作为人生的最本质享受，环境空间与人的行为长期互相渗透，达到人与自然统一的和谐。

心理学家认为，相比较于形体和线条，人们对于色彩更加敏感。园林植物的色彩十分丰富，有不同的花色、叶色和果色，这为植物造景提供了更多的表现形式，可以营造更多的植物色彩景观。植物色彩能够营造空间情感意境，通过不同的色彩搭配构成绚丽多姿的景观，并赋予环境不同的性格：冷色代表宁静，暖色代表温暖；最终形成素雅、清冷、热烈等不同风格的意境。园林植物色彩表现的形式丰富多样，包括同色系、邻近色、互补色等色彩组合方式。同色系相配的景物植物色彩协调统一，邻近色能给人舒缓、和谐的感觉；互补色通过对比形成强烈反差，给人以视觉冲击力和张力。同时，色彩的独特象征意义，也会给人带来不同的心理感受。如：红色热烈而醒目，能给人带来热情和生命力，一般安排在植物景观的中间位置；白色则能带来淡雅而安静的感觉。白色花朵搭配其他颜色植物，可以为景致增添雅致。

园林植物的色彩还会受到明度和彩度发生变化的影响。明度和彩度的双重变化最能体现色彩的整体效果，而园林的形式美又由整体色域决定。植物景观的色彩搭配，不仅是改善我们的生活环境的有力手段，也是一种艺术空间的创作。

（三）园林美学

园林美学是一门美学理论在具体环境中的应用与园林艺术审美特征、规律相结合的学科，其主要分为美学理论、园林艺术等相关学科，结合审美规律，把空间、造型、形态和色彩等要素以其美学的原理与具体园林造景和营造结合起来。园林在一定的山水地形之上营造建筑，配置以植物、道路和山石，为人们营造休憩娱乐的活动场地。而园林艺术属于一门综合艺术学科，常与音乐、美术、文学相结合，它是借助园林的营造实体来传达人们精神上的思想状态及追求，以及对于自然中美的感知与创造。此外，园林艺术也是社会群体审美意识的反映，其综合运用总体布局、体形、节奏、质感的美学原理与园林语言，构成一定的艺术形象特征，更为集中地体现出审美艺术，用以表达社会物质文化风貌。园林美是自然美、艺术美与社会美的集中体现，它是园林艺术创作与表达的一种评价标准。

（四）景观生态学

景观生态学是一门研究和改善不同空间格局与社会经济相互关系的交叉科学。早期，景观生态学是由德国地理学家 C. 特洛尔提出的，其以整个景观为研究对象[①]，着重把能量流、信息流、价值流等引导方向作为地球表层传输和交换的方式。通过对生物、非生物的作用转化，其可通过运用生态系统原理、系统景观结构功能、景观动态相互作用、景观优化结构、景观保护等方式形成景观动态变化以及相互作用的机理条件。在交叉学科的分类上，景观生态学还与许多其他学科相互交叉，其主体包括生态学、地理学、景观学等。

在景观生态学的发展过程中，其研究主要在于如何从较大的空间、时间尺度上形成对生态系统空间格局、生态过程的打破。国外有学术观点认为景观生态学的研究还可以进一步进行细化，景观生态学的发展和动态属于景观空间的领域，通过景观之间的相互作用变化，可进一步突出景观生态的控制、生态和干扰。

参照景观指数的差异性，可从不同空间尺度的生态影响区间上进行细分，景观生态和景观格局具备可预测性的条件，从登记结构、跨尺度外推上都是一种理论范式，给景观生态学的发展提供了一个良好的思路。在新范式的基础上，景观生态学可从理论、概念、思维、方法、架构等角度突出生态系统理论发展的需求，强调系统的等级结构、空间效应以及干扰作用。此外，景观生态学还涉足城市景观领域、农业景观领域，也成为生物生态学、人类生态学的重要环节之一。

---

① 李许钰，浅谈旅游景区规划设计中景观生态思想的应用 [J]. 建筑·建材·装饰，2017(08)：237-238.

第三节　园林景观规划设计与园林景观养护的关系

一、园林设计与园林养护关系

（一）在硬质景观设计方面

要方便后期成品保护、维修、保养，如亭子防锈、水系清理等。

（二）在水电设计方面

要方便绿化用水、水系用水、夜间合理照明、后期电器维修等。例如，在实际施工过程中曾遇到灯柱外立面是永久固定外挂石材，未设计检查口。一旦灯坏，就要切除灯具附近石材进行检修，修好后还得重新安装。有时候为了买同样的一块石材要跑很远的市场才能买到，费工费料。若在设计时考虑设置一个活动的检查口，后期灯具的养护维修就方便得多。

（三）在绿化设计方面

根据苗木的生长习性进行合理的配置，做到适地适树，提高成活率，方便后期苗木养护。植物设计是通过不同的地形，不同种类的苗木层次、色彩、造型来达到的。而要达到好的设计效果，还需要长期的、后续的苗木养护工作才可以。养护要全力促成园林设计理念的实现和延续。典型的例子就是杭州花港观鱼的牡丹园。其效果全是靠微地形高度、苗木高低及造型体现出来的，它是通过长期的养护工作才打造出了如此经典的园林景观作品。[①]

二、园林施工与养护的有机结合

（一）施工与养护均是设计意图的再现

园林施工的过程就是把园林设计者的设计意图转化为具体园林景观的过程。所以，在施工过程中，为了达到设计者预想工程完成后所要达成的效果，就必须深刻领会设计者的设计意图，并严格按施工图进行施工，使其转化为现实的园林作品。一个优秀的园林作品必然是设计与施工密切配合的结果。无论是植物的配置和栽种，还是山水格局的放样，要想达到设计师预想的景观效果，就要由园林设计师全程亲

---

① 王赟．浅谈园林设计、施工、养护之间的关系 [J]. 四川水泥，2020(05)：83.

自把关，从树木的选种到山石的堆放严格遵循原有的设计成稿。后期的园林养护是将设计师的设计理念放大贯彻的一个实践过程，是打造一个成功的精品园林的必然要求。除了保证植物的良好生长形式以外，对植物外形的修剪管理也是对设计理念的再现过程，很多预期的景观效果要依靠对植物的修剪来增加层次感和艺术感。因此，设计师的这些设计灵感，就要依靠园林养护工作来完成。

（二）园林养护应贯穿施工全过程

从施工的整体进度来看，园林的养护始终伴随着工程进度的推进而一同进行。为了保证栽种的成活率，必须在施工阶段就对植物进行必要的灌溉和保护，同时在施工过程中的运输和造型要保证植物根系和枝干的完整，必要时要采取一定的保护措施。

（三）园林施工与养护均应合理安排资金

不仅要对园林的施工制订详细的计划和预算，园林养护也同样要有资金的使用计划，根据预算合理安排养护周期、养护标准以及养护用料等消耗环节。建立养护评价标准，使任何环节的工作都有章可循，避免养护失职造成的整体景观损失。

总之，园林景观养护是按园林绿化设计要求，进行植树、栽花、种草，并使其成活，尽早发挥绿化效果的过程。种植和养护是其中重要的两部分。园林绿化工程的施工及养护管理是一门实践性很强的学科，种植属于短期施工工程，养护管理属长期、周期性工程。在实际工作中既要掌握园林工程原理，又要具备指导现场施工及养护等方面的技能。只有这样，才能在保证工程质量的前提下较好地把园林绿化工程的科学性、技术性、艺术性等有机地结合起来，建造出既经济又实用且美观的园林作品。

第二章 园林景观规划设计与养护的基本原则

第一节 园林景观规划设计与养护的科学性与生态性原则

一、园林景观规划设计与养护的科学性原则

(一) 正确的指导思想

园林规划设计有一定的思想，其贯穿了园林全过程，通过思想的确立，把握好园林设计方向，并把设计理念融入规划各层面。指导思想是规划设计的中心点。只有把握好指导思想，才能设计出符合人们需求的园林作品。

(二) 科学规划内容

现代的园林设计规划内容越来越复杂，这是与人们的审美水平提高相关联的，因为人们在城市中工作、生活、居住，需要进行各种各样的活动，那么就需要在设计中把人们的活动考虑进去，不能只为了设计而设计，不重视使用功能的发挥。园林设计不仅是二维的，而且是三维的、立体的展现，环境空间容量能够不断满足人们活动的需要。只有全面考虑到空间结构，才能使园林作品符合设计要求。科学合理的空间结构，需要满足功能完备、高效便捷、清洁卫生、节省资源、环境宜人、尺度适当、清晰有序等多重条件；在设计中，需要全面考虑到人工环境与自然环境的统一协调，保证人与自然的和谐。

园林设计需要考虑到最后的绿化。绿化空间结构是非常重要的部分，主要包含土地利用、功能的配置、道路交通系统、绿地系统等方面。这些条件均存在于一个有机的整体之中，不论是考虑到哪部分，都不能脱离整体结构。通过对整体功能与结构的把握，不同年龄、不同爱好的人们各得其所。①

① 邢连凯，汶婵 . 风景园林中植物景观规划设计方法 [J]. 住宅与房地产，2021（18）：98-99.

（三）科学规划方法

科学细致的调查研究始终是国内外园林规划所遵循的一项基本原则，这主要取决于园林规划学科兼有的社会科学性质。通过合理科学的园林规划调查研究，能够规划编制各类施工程序，使多方面搜集到的资料发挥作用；通过调研，做好现场情况摸底、了解民情民意；通过对当地人文与自然的调研，使园林设计更加科学，做到与历史、未来相统一。

正因为园林是个复杂的系统工程，才需要科学合理地进行规划设计，不断剖析各个系统介入施工各项环节，使主题更加明确；通过综合研究，解决调研到的问题，抓住主要矛盾，高屋建瓴地提出正确的战略布局，使园林规划设计沿着正确的方向健康发展。

园林设计规划需要依靠比较法、实证法来展开规划、决策，通过对未来的想象，追求创意与新意，那么论证起到重要作用。论证是科学系统地进行全面把握，使全局更加明朗化，为最终决策做依据。

二、园林景观规划设计与养护的生态性原则

（一）园林景观的塑造应坚持生态优先原则

建设园林景观的目的之一就是改善城市生态环境，为广大群众营造一种清洁、优美、舒适的居住空间。因此，在建设园林景观时，首先要考虑其生态功能和生态安全，体现出对生态的重视。重视人民群众生活生存空间的生态功能，以生态学原理进行园林生态框架的布局和植物等的配置，确保园林中物种的生态安全和可持续发展。

（二）以生态效益为主导，遵循整体协调与功能高效

生态园林要坚持以“生态效益”为主导。近年来，大量实践表明，生态园林比传统意义上的园林在净化大气环境、减少空气中有害悬浮物的数量、吸收与阻隔城市噪声、调节人居环境温度、减少城市热岛效应等方面有更突出的表现。植物群落是生态园林的主体结构，也是生态园林的生态作用的基础。为更好地发挥其“生态效益”，在生态园林建设中要以植物造景为主，植物配置要以乔木为主，提高景观中绿地的生态效益和景观效益。

（三）遵从生态位原则，因地制宜配置植物

生态位原则直接关系到园林景观系统（特别是植物系统）审美价值的高低和综合

功能的发挥。在园林生态系统中，植物既是系统中其他生物所需能量的提供者，又为其他生物提供栖息场所。园林景观的塑造应坚持生态原则，应充分考虑植物物种的生态位特征，合理选配植物种类，对不同生态类型的植物，利用其在空间、时间和营养生态位上的差异因地制宜进行配置，形成结构合理、功能健全、种群稳定的复层群落结构。

第二节　园林景观规划设计与养护的以人为本原则

一、园林景观规划设计与养护中以人文本的必要性和可行性

(一) 残疾人、老龄人口对园林环境的一些要求

21 世纪初，我国就已进入老年型国家。中国人口老龄化的高峰出现在 2025 年，届时，老龄化人口将达到 3 亿；由于人口的增多，届时残疾人将达到 1 亿。残疾人、老年人是一个特殊的群体。这个群体必须得到帮助，必须享受与健全公民一样的平等权利。园林是老百姓聚会、游玩、休憩的地方，是人们充分与大自然融合，继而放松身心的场所。因此，园林的规划设计应充分考虑到老年人和残疾人这类特殊人群的要求。

据统计，我国现有残疾人主要为肢体残疾者和视力残疾者。由于残疾人在移动中可能使用不同的助行工具，因此在行进时要求道路和建筑物无障碍，确保乘轮椅者、拄拐杖者及拄盲杖者有方便、安全的通行空间。①

(二) 园林中以人为本设计的可行性

园林景观中以人为本的设计并不复杂，更没有深奥的理论，也不会妨碍城市景观、功能设计布局，造价也不会因此而增加。但目前，关键的问题是怎样提高设计人员的以人为本的意识，特别是在设计实施过程中的细部处理。为此，园林设计师应在园林规划设计初期就考虑并重视这些方面，这样也不需要花费很多的人力和财力，就能真正给游人带来方便。

在设计时，如果不考虑以人为本的设计模式，建成后再进行设施改建，则要花费更多的人力和财力，而且为了配合整体效果，设计师和施工人员将会比同步设计

① 俞志成 . 无障碍设计在城市园林景区中的应用 [J]. 中华建设 ,2012(06)：102-103.

花费更多的精力。综上，目前规划设中的园林景观应该重视这些内容。

二、园林景观遵循以人为本的设计原则

（一）园林景观易通行性的设计是以人为本设计的重点

所谓的易通行设计，是指游赏过程中的便捷与舒适。老年人和残疾人大多行动不便。所以，园林设计人员要想方设法为这一特殊群体参加活动提供有利条件，确保他们能通达各园林空间，并在厕卫、餐饮等方面，考虑到他们的实际情况，从而保证他们在游赏过程中的愉悦感和满足感。

（二）让园林景观做到无障碍性

无障碍性，是指环境中没有障碍和危险。老年人和残疾人由于自身的原因，需求与现实的环境会有差距，对环境的适应也比不上正常人；正常人使用自如的，他们有可能因无法使用而感到障碍。所以，园林设计人员一定要树立以人为本的设计理念，为老弱病残者创造一片天地，使他们能更快乐地享受生活、享受人生。详细来说，园林景观的无障碍性原则主要体现在以下几个方面。

1. 易识别性

无障碍设计的易识别性原则是指园林环境的标识和提示设置。对于老弱病残等行动不方便的人群来说，他们往往不能像普通人那样对周边环境进行正确的感知，从而采取合理的行为，因此有可能在遇到危险因素时无法有效地保证自身安全。而在游玩过程中，由于这类人群的识途性普遍较低，因此往往出现迷路或绕弯路的问题。因此，无障碍设计要保证各种空间标识的便利性，要有突出的危险警示牌，要综合视觉和听觉对游客进行感官刺激，避免他们无法正确地处理环境的空间分布。对于视障和听障人士，要通过语音提示器来及时提供布局信息和行动指南。

2. 易达性

无障碍设计的易达性原则是指能够便捷地观赏园林景观，能够在游览过程中实现舒适化的服务。要保证行动不便人士能够轻易进入园林环境和设施，要为他们参加园林中的各项活动提供便利。因此，无障碍的道路是园林中必备的设计，还应特别规划盲道。在景区道路设计时要保证坡度合适，且在路边能够提供足够的休息区域，因此景观和建筑物的空间布局也十分重要。

3. 可交往性

无障碍设计的可交往性是指园林中各项活动的参与程度。也就是指行动不便的人群在进入园林时，能够轻松地与周围环境和谐，能够方便地参加各项游乐活动。

因此，要根据这类人群行动较迟缓的特点，多设计围合区域，在空间上布置坐憩区，使得这类人能够互相交流，保证他们在观赏风景的同时实现互相沟通的愿望。

4. 协调性

无障碍设计的协调性是指无障碍设计的各种便利设施并不是以牺牲景观的和谐布局为代价的，要保证整体的空间分布的美学功能，不破坏空间布局美感。对设计人员来说，这是全局性思维的体现，标志着其对园林整体风格的把握，也是人性化设计的要求，同时是对普通人群平等游玩的要求的体现。

5. 系统性

系统性是园林无障碍设计必须遵循的原则之一。对园林来说，区域范围内的各项建筑物和规划布局不是孤立存在的，它们通过不同的空间分布构成了景观。

因此，系统化理论对各种无障碍设施的空间布局和结构的合理构建具有重要的指导作用，使之成为紧密结合的系统整体，进而实现环境的无障化分布特征，全方位地保证特殊人群行动便利的要求。

（三）园林景观易识别设计也十分关键

什么是易识别设计呢？其含义是指园林环境的标识和提示设置。残疾人和老年人由于自身原因，辨别危险的能力大大下降，有时就算感觉到了危险，也躲避不开，抑或因为判断错误而出现险情。特别对于弱视者和盲人，他们识别能力差，反应慢，不能及时应对。所以，园林在设计上要运用各种手段，提醒和告知他们。

（四）园林景观易交流的设计理念应该兼顾

易交流设计是指园林环境中要重视交往空间的设置。残疾人和老年人都希望能融入自然环境，听鸟语，闻花香，重要因素就是可以消除孤独和苦闷，避免自卑，从而提升他们的生活质量。所以，设计人员在设计时，要尽量多地设置一些便于残疾人和老年人交流的设施和空间，最大限度地满足他们接近自然环境的要求和愿望。

第三节　园林景观规划设计与养护的安全性原则

一、因地制宜，根据具体环境进行设计

要做好园林景观安全性规划设计，首先要遵循因地制宜的原则。场地状况是园林景观最根本的设计依据，一切设计都离不开原场地的气候、地质状况、植被、地

形等场地因素。由于我国全境范围内地理环境多变，故而在园林景观设计过程中，应充分考虑项目所在地的环境特征，因地制宜进行安全性设计。

我国常见的园林景观环境有山地、平原、滨水、沿海等，这些环境都对园林景观安全性规划设计提出了不同的要求。在山地项目设计过程中，设计师要考虑落石、崩塌、山体滑坡等不同因素造成的影响。例如，我国著名景区太鲁阁就是如此。近些年来就因为安全措施不得当，发生了一系列落石砸伤游人的情况；滨水景观中，主要面临着落水、洪水淹没等安全问题；在一些水利风景区中，还要注意水库的开放闸；在森林景观中，主要面临着火灾、迷路，以及一些危险动植物给人带来的伤害等问题；在城市景观中，存在的安全隐患主要体现在一些因施工漏洞造成的危险构件，如尖锐拐角等，以及因人车分流没有做好所带来的交通安全隐患。

设计人员在进行园林景观安全性设计时，一定要根据项目所在地的具体情况，遵循因地制宜、根据具体环境进行设计的原则，有针对性地开展设计工作，从不同的角度入手，确保景观项目的安全性，保证项目在建成后不会对游人造成伤害。

二、以人为本，注重游人生命安全的保护

在人类诞生之前，世界上已经有风景存在。然而，能够欣赏风景、体验风景、感受风景、利用自然去改善风景的只有人。所以，一切的风景都是以人为主体去实现的。园林景观项目的参与者与受众是人；在园林景观的规划设计过程中，如何做好园林景观中人的防护工作，是园林景观安全性规划设计的重中之重。在这个前提下，以人为本，注重游人生命安全的保护，就是园林景观安全性规划设计必须遵循的一大原则。①

要做到以人为本，首先要注意保护游人的生命安全。园林景观中的安全隐患常常会威胁到人们的生命安全，如山林火灾、落水等。在设计过程中，一定要从实际出发，从细节入手，预防为主，防治结合，保证游人在游玩过程中生命安全不受威胁。

其次要注意保护游人的财产安全。在一些自然风景区中，因为游人大意而导致财产损失，如财物掉落山谷或被野生动物夺去。面对这种情况，在园林景观安全性规划设计过程中，设计师可以采取多种手段，如增加防护网、竖立警示牌等方式，避免游人的财物受损。

遵循“以人为本”还应尊重游人的游览习惯。园林景观项目的参与者是人。在园林景观安全性规划设计过程中，一定要坚持人本位，设计细节要符合游人特性、习惯及常态性的行为，这样才能避免出现确保了观赏者安全却无法使用或观赏景观

① 蔡文婷，王香春，陈艳．公共健康导向的城市公园体系构建思考[J]．城乡建设，2020(08)：33-37.

的现象。

三、生态优先，减少对原始环境的破坏

随着经济的快速发展，人们对休闲度假的需求也越来越高。在这种大环境下，盲目开发与建设屡见不鲜。过多的资金与人力的投入，意味着对自然环境的过度破坏。有些园林景观设计项目，为了保证游人在经营范围内不出安全事故，大刀阔斧地对自然环境进行改造，大面积挡土墙、水泥桩在这些在景区内随处可见。

在这种大环境下，尊重自然，减少对原始自然环境的破坏，就是设计师在进行园林景观安全性规划设计过程中所要重点遵守的一个原则。

自然环境因素，包括地质、土壤、植被、水文等因素，在园林景观中往往与安全息息相关。然而，不能为了要保持园林景观项目的安全性，过分地施加人工安全防护措施。比如，在进行落实防护时，可以采用一些防护网。这种措施不仅能够保证游人安全，而且能避免对自然环境造成伤害，在某种程度上还是一种隐形的防护措施。在安全性规划设计时，一定要坚持尊重自然、减少对原始环境破坏的原则，适度、合理地对自然环境进行开发与改造，最大程度地保持自然环境的原貌。

四、安全与美观相结合

园林景观设计，是一项美化大地的工作，设计的美感在这个行业内尤为重要。园林景观安全性规划设计，是一项专项的功能性设计，其强调的是最终成果的安全性功能。如何权衡美观与功能，寻找到二者都能实现的设计方案，是设计师都必须面临的一个问题，也是园林景观安全性规划设计过程中所要遵循的一个重要原则。

要做到功能与美观相结合，首先要求一个设计师有着丰富的设计经验，能很好地把握设计的整体走向，并在细节中融入安全性的理念。园林景观的美观性，需要从项目的整体上把控，有统一的规划、一致的设计风格，园林景观项目就能做到大气美观。同时，园林景观的安全性，体现在整个园林景观的细节之中。只有把握住细节，才能保证项目建成后的安全。

其次，每个项目都有自己的特殊性，要做到功能与美观完全平衡，几乎是不可能的。在安全与美观冲突的时候，设计师应该保持冷静，宁可牺牲一定的设计美感，也要保证项目的安全性。不能被设计的主观思维左右，一定要把项目建成后的安全性作为首要考虑对象。

五、遵守法规，依相关规范进行设计

我国虽然在园林景观设计行业没有相关的强制性措施，但是在如森林公园规划

等具体设计项目方面，国家出台了一系列标准与规范，供人们参考使用。

同时，我国在园林建设、建筑安全等方面制定出了一系列强制性规范，在园林景观规划设计中，可以参看这些规范，为园林景观项目的规划设计、监督管理提供有力依据。

如《公园设计规范——CJJ48-92》中规定：建筑内部和外缘凡游人正常活动范围边缘临空高差大于1.0米处，均设护栏设施。其高度应大于1.05米；在高差较大处，可适当提高，但不宜大于1.2米。护栏设施必须坚固耐久且采用不易攀登的构造形式。有人集中场所的植物选用应符合：严禁选用危及游人生命安全的有毒植物；不应选用在观赏者正常活动范围内，枝叶有硬刺或星状刺，乃至有分泌物坠落等的植物种类。又如，国务院公布的《森林防火条例》中，第五十条：违反森林防火条例规定，森林防火期间内未经批准擅自在森林防火区内野外用火的，由县级以上人民政府林业主管部门责令停止违法行为，给予警告，对个人并处200元以上3000元以下罚款，并对单位并处1万元以上5万元以下罚款。第五十三条：违反森林防火条例规定，造成森林火灾，构成犯罪的，依法追究刑事责任。

此外，如《风景区规划规范》《城市绿地设计规范》等相关设计规范，也是设计师所要重点掌握的。由于园林景观行业缺乏像建筑之类的统一标准规范，设计师更应该合理掌握艺术性与规范之间的关系——在保证项目安全性的大前提下，才能对相关规范进行适度的突破。所以，在园林景观安全性规划设计的过程中，我们要遵守法规，依照相关规范进行设计，以确保项目的安全性。

六、坚持设计、维护、管理相结合

设计，是时间与生命的延伸，园林景观设计尤为如此。所有景观设计项目都需要一定的时间才能完全展现其独特的景观魅力。然而随着时间的推移，一些景观设施在风吹日晒之下难免出现一定的老化、破损。此外，在园林景观项目建成之后，难免出现一些人为破坏的状况，这种状况的发生多是因为游人的保护意识不强造成的。这就要求园林景观规划设计师与管理人员要坚持设计、维护、管理相结合的原则。

首先，设计师在设计过程中，应尽可能地采用环保、耐用的材料，延长景观寿命。比如：在挑选防腐木时，设计师应尽可能地选用防腐时间较长的材料，管理人员也必须意识到优质的材料能够大大节约日后的日常养护费用，而不应该在设计、施工时贪图便宜，使用一些不耐用的建材。

其次，项目管理者应加大日常的巡视与维护工作，对可能存在的安全隐患以及一些损坏的景观设施进行及时有效的维修与更换，及早消除安全隐患。

最后，设计师与管理人员还应在景区内多设置导览牌、指示牌、警示标志，防止游人因为自身意识不强等原因陷入危险之中。

园林景观项目从设计到投入使用，是一个复杂而漫长的过程，其经历了设计、施工等前期工作以及日常的设施维护与管理。在项目建成后的漫长岁月里，日常的维护与管理是保持项目安全性必不可少的环节。所以，在进行园林景观安全性设计时，设计师与项目管理人员要遵守设计、维护与管理相结合的原则，从多方面入手，保证项目长期的安全性。

总之，在园林景观安全性规划设计的过程中，要遵守上述六项原则。只有在明确的原则指导下，设计工作才能顺利地、不受影响地展开。需要注意的是，所有的原则都有同一个核心，就是在安全性规划的所有设计环节，必须是人本位，设计师要将自己带入项目中去。只有自己对项目有一定的主观感受，才能保证项目最终顺利地完成。

第四节　园林景观规划设计与养护的艺术性原则

一、园林规划设计的艺术构图法则

园林规划设计除了体现科学性外，还要注重艺术性，在设计中需要遵循一定的艺术规则。一是多样与统一的关系。多样化是指园林在设计时涉及体形、体量、色彩、线条、形式、风格等要素，那么就需要在设计时把以上种种因素全部考虑进去，使它们统一协调，形成一定程度的相似性或一致性，让人感受到统一中有一定的变化。如果在设计中各因素考虑不到位，则会出现多变的情况，这时就让人感觉到杂乱无章、没有章法。二是把握好协调与对比的关系。园林设计可能通过对体形、色彩、线条、比例、虚实、光暗等的把握与创新，使不同形态的对象形成统一整体，达到协调的目的。不同的景物要有关联。三是均衡与稳定的关系。园林设计当中，需要考虑到色彩问题，如果过于浓重则杂乱无序；还要考虑体量问题，如果太庞大，则会不协调。在进行设计时，考虑到各方面因素，将轻重不同的植物按均衡的原则合理搭配，才能获得稳定、舒适的感官。四是节奏与韵律的关系。[①] 植物形态、色彩、质地能够表现出景观的节奏和韵律，只有做好搭配，才能体现出整体节奏感。柳树需要疏密有致，考虑到情调和规律，使景观效果达到最佳。做好设计中的植被交替排列，使韵律感、节奏感更强。

---

① 王学才．园林规划设计的基本理念与原则 [J]. 绿色环保建材，2018(08)：248.

二、园林规划设计中艺术性的体现形式

空间布局能够展现艺术性，需要注重园林空间融合、动静分区的设计与规划。要想做好园林空间布局，则需要根据计划确定所建园林性质、主题、内容，进行总体立意。在进行设计时，需要合理、透彻分析场所和对象，做好周围建筑调查，掌握建筑的分布情况，合理进行空间组织。空间布局艺术性需要遵循以人为本、空间融合、因地制宜的原则。园林艺术中的植物是造景的主要内容，通过植被变化能够进一步提升美化效果，不同的园林形式决定了不同环境和主题。通过对植物习性的把握，做到合理搭配组合，兼顾到每个植物材料的形态、色彩、风韵、芳香等美的特色，考虑到内容与形式的统一，使观赏者在寓情于景、触景生情的同时，达到情景交融的园林艺术审美效果。

园林铺装起到点睛作用，不是主要景观，但却能够协调不合理的区域，通过合理规划设计，使各个区域更加明确；通过形态、纹样衬托并美化环境，增加园林厚重感。在选择上多以中性调为主，做好装饰，鲜明而不显俗气。在一般情况下，铺地色彩应与园林空间气氛相协调，利用视线感受，增强空间方向感和开阔感。

园林小品是在园林建设完成后的装饰，通过对花坛、灯具、花架、座椅、山石、草木、花钵、挂泉、雕塑点缀，满足人们生理和心理需求。园林小品通过分隔空间并联系空间，使各个景区有了明显标志；通过园林小品渲染园林整体气氛，表现独特意境。小品核心内容是通过设计与人对话，形成有生命力的形态，表达出回忆、探求、向往等意境。

综上所述，科学和艺术一直是相随的，在园林设计规划中始终统一协调，科学性体现了实际，艺术性则展示了品味。所以说，园林规划设计首先是科学的，然后是艺术的，即做到能用、好用、耐用，还要做到能看、好看、耐看。

三、园林景观的养护艺术性原则

（一）传达地域文化

在进行园林景观的养护设计时，必须要充分了解当地的历史文化、自然环境背景。在规划设计的过程中，园林规划师应力求每一个载体都能继续成为体现地域文化的载体和表达手段。

以园林景观汇总夜间景观为例来看，其作为延续城市（或典型性地标景观）文脉的一个重要体现，在养护时应坚守其既有的凸显地域文化的最初设定，让融合了照明技术的光影特殊表达继续成为该种地域文化传承的纽带。

(二) 注重节能环保

对夜间景观进行养护，光影的利用应该走一条绿色环保路线，其不仅能够带给人们一个灯火辉煌的夜晚，也能带给人一个安静、舒适的园林夜景观。绿色、生态、环保的夜景设计才是未来夜景观规划设计的发展趋势。

园林景观管理者在进行养护规划时，要尽量避免各类污染的危害，应把“生态环保”作为养护设计的主要原则。以绿色照明为例来看，规划者就应以节能环保的照明设计理念贯彻进去，在满足夜景观艺术美感的同时将绿色照明的理念融入整个养护设计中去。规划者在设计时应遵循以下几点：第一，要做到在设计中避免污染物或污染源的出现。以照明设计为例，规划者应分清主次，形成视觉焦点，那么城市天空溢散光就不会过高，夜空也保持其该有的昏暗度，视线区域内的光线也就不会过量堆积。第二，避免使用过于复杂的材料，以免影响既有的景观效果。以光影景观为例。设计者使用变化太复杂的造型确实可以增加艺术感，但是过于复杂的造型或是多层灯具的叠加，会造成烦琐凌乱的视觉感受，反而对艺术性夜景观的形成不利。第三，园林景观的艺术性养护应遵循“可持续发展”策略。遵循这样的策略既满足当代人的需要，又不对后代人满足其需要的能力构成危害。这个原则已经广泛应用于各个领域，所以对园林景观的养护规划和设计也应遵循。在尽可能节约能源的前提下，养护园林景观。第四，园林景观养护设计的所有方面最终都是为人类服务，所以“以人为本”原则在园林景观养护设计中也是非常重要的。在规划设计之初，就必须将这一原则与人们的生理、心理需求紧密结合起来，以人类的感官、精神、行为等各个方面为出发点，让养护举措满足人体工程学及行为心理学范围的各项要求。

第五节　园林景观规划设计与养护的整体性原则

一、园林景观规划设计的整体性前提

(一) 园林景观中生态系统整体性规划设计原则

传统的园林景观行业主要是从美学、文化和使用功能的角度来定义的。20 世纪 70 年代“Design Nature(设计结合自然)”[①] 的提法引发了各界对传统园林景观行业的

① 张蕊 . 浅析“设计结合自然”理论 [J]. 建筑与文化 ,2014(08)：147-148.

重新思考。在这一背景下，现代园林景观规划设计出现了一个新的支流，即园林景观规划设计与环境保护的不同领域如雨水处理、湿地保护等相结合，从可持续利用和发展以及使用功能的角度安排人与环境的关系。尤其是随着“可持续发展”“生态环保”等概念的提出及得到广泛的认同，生态系统规划及城市规划的项目越来越多。因此，生态系统规划及城市规划成为现代园林景观规划设计的一种类型，并从生态的角度对园林规划者提出了新的要求。

（二）园林景观中公共设施规划设计的整体性原则

与过去以经营为目的的公园相比，现在的公园更多是公益性的。因此，公园及娱乐设施规划设计作为现代园林景观规划设计的一种类型，更强调参与性，更注重环境保护，更具有创意。

总之，现代园林景观规划设计从总体布局到局部设计，涉及面非常宽泛。对园林规划者来说，无论是要全面发展，还是要精研局部，都应该对园林景观行业的发展以及园林景观规划设计的类型、内容和风格有一个整体的认识，以开阔思路和眼界。

同时，正如不同性格的人有不同的表情一样，不同类型的园林景观规划设计项目也需要采用不同类型的设计手法。这就要求园林规划者在掌握基本的园林景观规划设计方法的前提下，更多地关注不同类型园林景观规划设计项目的实际案例，并且多思考、多比较，从而不断丰富自身的专业知识和提高规划设计能力，以便能够顺利地完成不同类型的园林景观规划设计。

二、园林景观的整体性养护原则

（一）周围资源环境与园林内资源环境的整体性养护

在对园林景观展开养护规划时，应将园林景观的周边资源环境纳入进来，实施全要素融合的大格局养护原则。首先，应将周边环境要素与园林景观内的各类要素看作一体，延续既有的自然与人为景观融合特色。其次，园林景观的未来发展趋势应与所在城市的发展相融合，实现园林景观发展与城市发展的一体化，实现旅游资源上的互补互促，最终使园林景观与周边的环境及区域形成一体，实现总体旅游资源的整合性发展以及景观旅游文化品位的协调发展，这种养护策略将为整个园林景观的发展带来更大的机遇。

（二）“保护优先，景观点亮”的原则

在进行园林景观养护规划时，应以园林景观的保护为前提，即在不破坏园林景

观各种元素的基础之上，做好景观点亮工程，使其从环境特色及视觉感官上更具招徕性和魅力度。如可通过景观节点、景观视廊、景观片区等点线面相结合的手法，将该园林景观进行景观上的整体拔高，形成以大型主题景观为引领、以系列景观小品为补充、以绿化美化景观为指导的各园林景观养护体系。

在展开景观养护设计时，园林规划者还应对园林景观展开充分的尊重，应因地制宜利用本地景观要素，尊重本乡本土自然环境，等等。只有这样，对园林景观的养护在理论可行性以及现实可操作性等方面切实落地，对园林景观的养护才能变为现实。

（三）园林景观养护整体性原则应处理好的关系

在实施园林景观养护整体性原则时，景观设计师还应当注重以下几组关系的处理，这样才能使得园林景观养护规划设计得更加科学。

1.园林景观保护与利用开发的关系

园林景观的整体保护是一个包括历史环境、文化环境、自然环境在内的系统工程，应该遵循园林景观风貌完整性、真实性、系统性的保护原则，对各个片区进行有针对性的保护。对很多园林景观而言，文脉是其根源所在，应该将各园林景观的文脉作为文化体验的核心区重点开发与养护。可以说，文化体验旅游开发、养护是园林景观、文化景观再现的重要手段，园林景观整体风貌的保护与养护则是文化旅游开发的前提和必要条件。

2.既有的传统景观与现代商贸业态的关系

园林景观是本区域重要的文化、贸易等的集散地。在开展园林景观养护时，应将保证当地传统景观的完整性和系统性作为前提，同时保证居民生活和商贸活动的正常运转。目前，很多园林景观的商业业态主要以游客购物、民俗体验为主。在开展园林景观养护时要延续突出其文化特色的思路，在恢复传统商贸业态和手工作坊等的时候，园林规划师还应将便利性、舒适性融入现代服务商贸业态的规划与设计中。

3.重点院落恢复重建与原有格局、建筑的真实风貌的关系

重点院落是当地特色园林建筑的代表，其园林建筑格局及风貌反映了本地建筑的历史沿革，具有很高的历史价值、文化价值和美学价值。在对这类建筑进行养护时，园林规划师应遵循真实性、完整性的原则，根据其原有格局和建筑风貌进行修复、重建和养护。

4.园林景观落后的市政设施与居民改善居住环境愿望之间的关系

在对原有的园林景观基础设施和服务设施加以改进时，园林规划师要确保周边居民的居住环境及生活品质不受较大影响。随着园林景观经济的发展和旅游业的繁荣，居民对园林景观改造提升的愿望越来越迫切，因此园林规划师在进行园林景观

的改造与提升时应尽可能顺应民心。

第六节 园林景观规划设计与养护的历史文化延续性原则

一、园林规划设计与养护中历史文化延续性原则产生的背景

随着社会的发展，人类社会价值观念也随之更新变化。社会革命、新技术革命以及带来的社会经济结构、人们价值观念、生活方式、生活习俗的革命，也带来园林规划设计的革命。这种变革加速了人类文化蜕变，形成与传统有所不同的文化形态空间结构。所以，现代园林规划设计既要尊重传统、延续历史、继承文脉，毕竟园林历来都是文化的重要载体[①]，又必须有所创新、有所发展，实现真正意义上的历史延续和文脉相传。

在“全球化”影响下，面对当前传统文化的丧失、外来文化的冲击，当代园林景观建设中的问题，园林规划者必须注重对当代文化的思索，探求适合我国现代园林发展需要的继承与创新之路。即使文化全球化强调文化多元，各种地方文化都能独立地参与世界“全球概念”建构，却仍然面临着危机。其一，在“全球概念”与“文化多元”旗帜下，不加批判地弘扬差异，并由此建构起一个个片面的“他者形象”以充实“全球化的文化想象”，这种理解下的多元主义、全球主义实际上是文化分离主义。其二，对不同地区园林文化性解读背景，由于缺乏足够的地区历史文化知识，更重要的是缺乏必要的“地方体验”，这种文化性解读很容易沦为寻找、辨识文化符号和身份印记的“征候式阅读”。

在上述背景下，分析现代园林规划设计实践中的文化现象，探讨继承与创新的关系与内涵，在当代园林规划设计中提出了“继承传统、学习古人，但不单纯地复古，亦不是单纯的模仿，复古而不泥古，信古而不迷古，在传统的基础上创新，为了创新而学习传统”的设计理念，进行继承与创新文化原则在现代园林规划设计中的具体应用研究，取得的研究成果具有一定的应用价值。

二、继承与创新的文化原则内涵

文化继承与创新具有可持续内涵、地域性内涵、时代性内涵、民族性内涵和超越性内涵。

① 阳慧.以生态和文化为导向的现代城市公园设计研究——以杭州市市民公园方案设计为例 [D]. 杭州：浙江大学，2011:4.

(一) 可持续内涵

园林文化和历史文脉可持续发展，就是将可持续发展思想运用到园林规划之中，即采用适当规模、合适尺度，通过调研项目的传统文化和历史文脉，确定规划（改造）内容和要求，妥善处理目前和将来的关系。保护和发展传统文化与历史文脉不仅是把旧东西保留下来，把传统文化物质载体和精神载体保留下来，更重要的是要注入新生命力，使之具有活力，从而复苏城市文化环境，这是重新创造的工作，也是可持续发展的要求。

(二) 地域性内涵

一个城市或地区注定是要以环境个性的存在作为资源和文化价值的依据条件。地域性内涵是地理文化的体现。地理文化是指由所处地理位置和气候条件所形成的文化，具有地理或空间上的结构特点。这种文化的时空特征不能不说与景观特征有联系。因此，研究中国园林文化，地域性内涵是很重要、很有必要的。

(三) 时代性内涵

时代性源于生产力发展和社会进步（科技、经济、意识形态等）。所谓时代性，是指当前创造的园林应具有鲜明的时代感，能反映当代社会经济、文化水平和人的思想观念。任何一种文化都有其自身社会基础、体制背景，园林文化也不例外。园林是社会历史发展的产物，因此在其内容上会留下鲜明的时代烙印。

(四) 民族性内涵

不同民族风格的园林是因为各民族自然条件、哲学基础、审美观点、社会历史、文化背景等不同而形成。中国园林以中华民族文化传统为基础，其“天人合一”思想贯穿园林发展，形成了独特的自然式写意山水园魅力，与西方民族宗教、哲学思想中“人定胜天”文化思想影响下而形成的几何规则式园林有明显的分别。

(五) 超越性内涵

对于传统园林文化，传承是本，是源，超越才是其走向。对传统园林文化的继承，是要充分理解传统园林文化、借鉴传统园林文化，取其精华，去其糟粕，融入现代思想理念，加以现代技术、材料去发展，最终达到超越传统园林文化的目标。

第三章
园林景观规划中的水体景观设计研究

第一节　水体景观概述

一、水体景观特性分析

（一）水体景观的生态性

水体景观既包括自然水体景观，又包括人造水体景观。以自然水体景观的集大成者湿地为例来说，其作为与森林生态系统、海洋生态系统相并列的三大生态系统之一，有着鲜明的生态特性。人居环境（如超级城市）中的水体在调节区域温湿度、水分供给等方面都发挥着重要的作用。此外，不同的水体景观空间内还有着丰富的湿地动植物资源，这些湿地动植物作为不同水体景观重要的构成要素在丰富各类水体景观中的内容的同时，分别通过自身的行为活动、生长等，间接、直接影响了各类园林的水体水文过程，也进一步影响了园林内的水体景观。

（二）水体景观的多样性

1. 地域的多样性

地域的多样性包括因园林景观选建地点的差异带来的水体景观的地域多样性，以及同一地域上园林景观水体在不同立地背景下景观设计的地域性差异等。我国幅员辽阔，地形多样，不仅南北气候差异明显，平原、高原也因海拔等原因有着各自的气候特点。园林景观内水体因区域间的气候、地形差异，而呈现出不同的水文特性。此外，在我国同等海拔的平原地区，北方水体相对于较南部水体特有的冰冻现象也将为北方的园林水体景观带来不同的景观效应——除去景观观赏上的差异性，也会给游人在水体景观空间内的游览行为带来影响；而人类游览行为的差异性也将反作用于各类水体景观设计，影响到不同园林水体景观的季节性景观设计等，从而进一步丰富水体园林景观设计的多样性。

2. 水体类型的多样性

园林景观中的水体类型颇为多样，有湖泊、河流片段、开敞水面、浅滩、溪流等不同的形式。同一水体在不同的地形条件上也会产生不同的景观效应，同一水体的不同规划设计形式也会带来水体景观形式的多样性发展和影响。

3. 水体设计形式的多样性

各地园林景观中的水体在静水水体、流水水体的不同水体类型组成上存在差异。而静水、流水又因其尺度面积、流速等的不同而在各自景观设计上具有差异性。此外，在不同形态水系的不同位置也可设计不同尺度、不同形式的水体景观游憩节点，进一步增加水体景观设计上的多样性。

在空间范围内设计水体景观时可以结合湿地植物配置，在静水水体不同区域围合出开敞、半开敞、封闭、半封闭等不同空间特点的水体景观空间区域，在同一条狭长线状水域的不同流线位置上设计以上各形式的水体空间。

人工设施是园林水体景观中的一个重要方面，它配合园林中的自然景观营造出了更便于人们亲近、观赏的水体景观。人工设施因功能、目的性差异也存在多种形式，如交通功能的桥、栈道、游步道等；以游憩观赏为目的的有亲水平台、观鸟屋等以及以点景为目的的人工雕塑小品等。人工设施除材质上以及因地域文化差异等在单体设施设计形式上的不同，供游憩的场地设施在以为游人提供亲水、近水、观水等不同感受为目的进行设计时，因与水间距离的差异也有着不同的设计形式。

4. 空间的多样性

园林中的水体按其所在位置可分为地下水体、地面水体、地上水体，位置的不同所营造的俯视、仰视、平视空间设计也不同。园林水体环境是由园林水体、湿地植物、湿地动物、地形及人工设施等要素共同组成。其中，水体因类型、尺度的差异可以形成狭长水域空间、大尺度开敞水面空间和小尺度小水面空间等不同形式。湿地植物有沉水、浮水、挺水等不同种类，不同种类湿地植物搭配种植可以营造不同纵向上景观层次的水域空间，而同一湿地植物往往在水域空间中成带状分布，横向上则会营造出不同的水域植物空间，再结合栈道、游步道等人工交通游览设施进行疏密不同的植物配置，又可以营造出舒朗、郁闭等不同感官体验的景观空间。

地形设计是园林水体景观设计的内容之一。对水域、近岸陆域不同的高差设计，会给予不同位置观赏园林水体景观的游人以俯视、仰视角度上不同视觉空间感知。此外，根据不同湿地动物生活习性的差异而进行的园林水体景观空间内的湿地生境设计，也将因湿地动物种类的多样性，产生多样的生境空间。总之，一个空间的形成与存在是由多种要素相互联系共同影响的，其中各要素的多样性必然会带来空间形式的多样性；而园林水体空间中的组成要素，如湿地植物等，又会因时间而不断变化，在直接改变水体景观的同时间接地通过改变园林中的水文情况，进而带动园林水体景观上的变化，使园林水体景观空间具有时间维度上的多样性，从第四维度丰富了不同园林中水体景观空间的多样性。

（三）水体景观的脆弱性

园林的水体生态系统是一个生态有机体，是由多种有机成分相互影响、密切联系、共同组成的脆弱的系统。园林景观必然要受到人为因素的影响，其中湿地植被的抗干扰能力较差，易受到入侵物种的影响；水体景观空间中原有湿地植被景观的脆弱性，必然会造成水体景观的脆弱性。此外，如果湿地植物、水体等水体景观要素的后期管理不当，如植物残体、水域生境中鸟类粪便等的处理不当，不但会造成淤积、恶臭等环境问题，更有甚者会导致园林中水体景观的退化、其他景观的毁损等，甚至会导致整个园林景观丧失功能。

（四）水体景观的动态性

园林水体景观的动态性体现在多方面。首先，从最直观方面看，园林景观水体类型中包含溪流、瀑布、涌泉、河流片段等流速较大的水体景观；依流水的动态性，自然也赋予了各类园林水体景观以景观形象上的动态性。其次，不同的园林水体有着水量、面积、形态、深浅、流动态势及丰枯变化等方面差异，每一项的变化都将带来原有园林水体景观的动态变化。最后，园林水体景观是一个有生命的景观存在。随着时间的推移，园林水体景观也将是一个随着生态演替过程不断变化的过程。园林中各类湿地生境的不断成熟与变化会引来或迁出新的湿地生物，不断改变园林中湿地生态系统的物种组成，如吸引迁徙鸟类的停留等。与此同时，园林水体景观也将随着其中要素的不断变化而具有动态的变化。[①]

（五）水体景观的文化性

园林水体处于水陆空间的交错地带，各类园林水体景观所体现的生态特性是一种衔接了自然界陆地生态文化与水域生态文化的交叉融合性生态文化。此外，园林景观作为面向公众的一个公共交往空间，其水体景观也融合了人类文明，因而各类园林水体景观的文化性是一个生态与文明的多元文化的融合特性。

园林景观具有地域性，这一特性又必然赋予各类园林水体景观文化属性明显的地域特色、人类历史文化特色。纵观历代水体景观实体案例及古代诗词歌赋中的园

① 李小梅．绿塘河湿地公园水体景观特性分析 [J]. 绿色科技，2021，23(01)：20.

林水体景观相关内容可知，不同园林水体景观有着迥异的人文情感寄寓特性，如私家园林中，人们往往在水体景观的亭、舫、桥上应景应情而题作诗文楹联。苏州耦园有水阁“山水间”，北面廊柱上题一副楹联：“佳偶配当年林下清风绝尘俗，名园添胜概门前流水枕轩楹。”写出园主夫妇二人的伉俪情深，同时明了耦园的地理位置、空间环境。

（六）水体景观的可塑性

水体在固、液、气每一种状态下都可依其特性塑造出特色的水体景观，如固态的冰面水体景观、水汽状态的曝气景观等。除此之外，水体的可塑性还表现在与其他景观要素的协同作用上，如静水水体结合地形设计可以有不同形态的水体景观，流水水体结合底质、高差设计也可以有不同流速、不同视觉效果的落水水体景观等。

海浪涛声跌宕起伏、瀑布声势雄浑厚重、溪流水声清脆悠远，大自然中的每一种水体都牵携着游人的心境：豪迈、敬畏，甚至极致的平静。流水水体具有动态性，而动态水体又因为水量、流速及所接触的边际物体的差异而带来不同的声音效果。在设计水体景观中，每一种声音都因其无可替代的特性，而具有专属的音景观效应。对每一种声音加以合理利用，可以增补和完善水体空间动态的丰富性及水景观的多样性。

二、水体景观构成要素

根据园林景观的生态性、主题性、文化性等特点，本书将水体景观分为水体要素、其他自然要素、文化要素、设施要素四个部分。

（一）水体要素

1. 水体类型

水体是一个完整的生态系统，可分为静水、流水两种类型。在一般视觉形态下，静水主要成片状汇集，水流流速较缓或完全无流动，水流形态平缓；流水为有较强流动性的水体，流速较快，水流呈现可视性动态。静水、流水主要与水体的水深、流速、底质、地形、坡度等条件有关。在一般情况下，相同基底条件下，当水体水深小于 30 厘米，流速大于 30cm/s 时，水体的视觉形态一般为水花形式；而水深大于 30cm，流速小于 10cm/s 时，水体的视觉形态一般为平缓的静水状态，分别以浅滩和深潭为代表。在园林水体中，从视觉角度出发，将不流动的和流速较小、水面呈现平缓状态的水体称为静水水体，有湖泊、沼泽等；流速相对较大，可产生水花、呈现明显的流动状态的水体称为流水水体，有河流、溪涧等。

2. 景观形态

园林景观中水体因立地条件及水体景观空间中其他要素，如植物、设施要素等对水体的不同分割等方面差异而有线状、面状、网状、辫状等不同的水体形态设计。其中，流水水体多为线状、辫状等形式，如华盛顿雷通花园水系设计中活水公园排放区的流水水体设计形式即为辫状水体；静水水体水岸边界限定多成不规则小尺度块状、大尺度面状形式，如北京翠湖湿地公园静水水体以多种形式的面状、块状水体组成。

3. 水文

园林景观所在地的气候条件与地形条件决定了园林中水体的水文过程，水文过程又影响着湿地理化环境和湿地生物类群等。水文的优劣主要与水源、水文周期、流速、地下水位等因素有关，并直接或通过湿地生物等间接影响着园林内水体景观的优劣与变化。

(1) 水深

水深即水的深度，是指在全年较多数时间内水位高于地面的水域空间中水的深度。当水深大于两米时通常无法构成湿地环境，所以常水位水深一般规定在小于两米范围内。不同水深分布的湿地植物类型不同，不同湿地植物营造的多样性生境也进一步丰富了各类园林水体景观上的多样性。在进行园林水体景观设计时，景观空间中的植物群落分布、湿地动物景观设计应充分考虑到园林水体水深所带来的影响。

(2) 水质

水质主要受水源影响，好的水质须严格控制区域水体污染。水质是对水底基质和周边土壤水分条件等各方面信息的反映。水质的优劣可以体现在透明度上，在水体景观设计中可直接影响到水体本身的视觉观赏效果，并通过间接影响水体中植物的光合作用而影响到水体景观空间中湿地植物群落的深水区分布情况和园林水体景观的光影效应等。

(3) 水位

园林水体景观设计中水体的水位变化不应过大，年水位变化应控制在 0.5 ~ 0.8 米范围内，平均水位波动高度不宜超过 20 厘米。同时，在园林中可以通过泵、闸的方式形成水域之间的水位差，控制园林景观内水体的水流方向与水流速度，维持水体景观效果。

(4) 水文周期

园林中水体的水文周期可分为季节性与年季水文周期两类，通常指水体（包括自然水体和人工水体）的水位变化模式。园林景观中的滩涂、河流以及水稻田等人工或自然湿地都不同形式地受到水文周期的影响，相应的部分滩涂等园林水体景观也随水文周期特点而具有时间上的景观差异性，且在地势变化大、水位变幅较大的湿地区域内，水体景观因水文周期变化而带来的景观变化尤为明显。园林水体景观规划中，在较为复杂地形上的园林水体规划应注意控制水体景观场地环境的过水频率与时间，可通过人为控制其水位与水文周期变化来减少其对湿地植物等景观要素的影响，以减小其对已建成园林水体景观的影响与破坏。

（5）水量

园林中水量的大小及其波动直接关系着该区域水体的面积、分布与类型，而不同尺度的水体汇水面积、水体的分布位置以及水体类型等又直接影响着园林内水体景观的设计形式以及景观视觉效果等，并进一步影响了整个园林的景观质量，因而在水体景观规划设计中应对园林内的水量进行科学控制。现阶段园林内的水量保证主要考虑一个或多个水源以保证水源充足、为减少水量的蒸发与渗漏适当应用管道输水、结合雨水收集来调蓄水量、科学管理区域水系以协调配置水量等方式。此外，为加强园林内水系的联通性并适应瞬时水量变化等，可通过连通园内的小水域，以增加汇水面积的形式来减小水体水量、水位的瞬时增大给不同园林中水体景观带来的影响。

（二）其他自然要素

自然要素主要包括园林水体景观中的自然组成部分，如水体、植物、动物、地形、气候等。

1. 植物要素

湿地植物主要指在诸如湖泊、池塘、河流等水岸线以及长期或周期性的土壤过湿或过饱和的湿地环境中的植物，即所有适于生长在水体中植物的统称，可分为湿生植物、挺水植物、沉水植物、浮水植物。各植物类型在水体景观空间中有带状分布的特性，可形成不同植物层次的生存空间。湿地植物不同的生存空间方式叠加可形成不同的湿地植物群落，湿地植物群落也因其生境条件和其中各湿地植物在生境适应性上的不同而存在差异。在景观场地空间中，长势最为良好的植被组合为该空间内的代表性群落，且数量最多、生长状况最为良好的湿地植物为该空间内的主调植物。代表性群落景观通常可成为水体景观空间中水景观展示上的基调背景，有着烘托、突出水景观的作用，而其中的主调植物除铺陈一个空间的背景基调，也是一个水体景观空间特色性体现的可利用要素之一。

湿地植物是部分鸟类、湿地动物的重要栖息地，水中的藻类植物可以作为鱼类的食物来源，部分蜜源植物也可以为园林水体景观空间吸引蝶类昆虫等，充分地丰富园林水体景观内容。此外，湿地植物通过自身生长，可以改变园林水体环境条件，特别是地貌等特征，影响区域的水文过程，并进一步影响不同园林中的水体景观。

2. 动物要素

园林中的动物有鸟类、鱼类、两栖类、昆虫等，其中鸟类、鱼类、两栖类的观赏价值相对较高。园林水体景观中的鸟类主要为候鸟、留鸟，并且以候鸟所占比重较大。这些湿地鸟类不仅给予园林水体景观以动态性，也因为候鸟等湿地动物的季节性而在景观有着明显的季节性景观特点。

以水体中的周期性过水滩地为例来看，其为游禽（鸭雁类、鸥类等）、涉禽（鹤类、鹳类等）提供了栖息地，有开阔水面让它们畅游，还为很多湿地鸟类的迁徙提供了条件。这类水体必须满足一些基本水文条件，如鸭雁类栖息水位须大于100厘米，而在微生境尺度上，水深与植被盖度也将影响丹顶鹤的生境选择，等等。这些因素都决定了造园者在进行园林内水体规划时，应有针对性地科学控制各季节水位、水体面积等，并设计适当比例的潜水域与光滩等，以满足各园林所在地湿地鸟类所需的栖息地条件。

3. 土壤与驳岸

水体土壤通常被称为水成土，有兼受地表积水和地下水浸润的土壤或只受地下水浸润的土壤以及由灌溉水或有地下水共同影响所形成的人工水成土，常见的有黏土、沙土、壤土等。水体土壤的改变影响湿地植物的演替过程，进一步影响园林水体景观随时间的变化过程。

水体驳岸设计以生态驳岸设计为主，应以自然式生态驳岸代替硬质河岸，以保证水岸与园林水体间水分交换与调节，并具有一定的抗洪功能。护岸形式有非结构性护岸和结构性护岸，分别包括自然护岸和生物工程护岸、柔性护岸与刚性护岸。其中，刚性护岸为硬质景观，阻碍了水体与陆地间的生态流交换，生态性较差。

4. 气候要素

园林水体景观设计中的气候要素主要指日照、降雨、气温等。日照对园林水体景观的影响主要依从时间线路，可根据各地一日之间光影特点、一年之间日照变化等进行水体景观的日出、日落景观设计与观赏角度设计。雨是区别于园林水体中可利用的另一自然景观水体形式，也是园林水体的一种水源补给形式，因地域差别而具有季节性、随机性特点。在园林水体规划中，可根据雨水质量等设计微地形引导雨水流向、汇集雨水；对于雨水质量较差的地区可以适当延长径流线路、丰富湿地植物种植、降低微地形坡度等方式，利用湿地植物等沉降雨水中污染物，净化水体。此外，在水体景观设计中可以充分利用降雨时的瞬时性增加园林水体水量的特点，设计或丰富流水景观中的跌水景观。北方园林中水体景观受气温等地理气候特点的影响较为明显，这一点也是北方水体景观的制约要素。北方园林水体景观因气候因素影响主要体现在有明显的季节性枯水期和较长时间结冰期的特点上，导致季节性水体景观效益减弱或消失。此外，部分城市有着季节性风沙现象。风沙不仅会对水体的透明度、纯净度造成一定的影响；而且当风力达到一定级别，必然会影响部分水体景观（如落水、喷泉等）效果的发挥。

5. 其他

在园林水体景观规划设计中，除水体景观自身所产生的附带景观效益，如流水景观的声音效果等，各水体景观要素之间也存在着相互联系、相互影响而产生的增益景观效应。由于园林水体水深、水中矿物质元素等方面存在差异，不同水体在光的反射、折射、散射等条件下就具有多种多样的水体景观效应，如因蓝光在纯水中易被散射而多呈现浅蓝色，并随着水中悬浮物质的增多而逐渐加深为绿色、蓝绿色或黄褐色等，在进行园林水体景观设计时，可以根据水体的反射、折射等所产生的景观效果进行植物配置或人工设施安置；当水体深度大、悬浮物质多、镜面效果明显时，需对水体景观空间中植物层次进行优化设计，并注意植物色彩搭配以营造好的植物倒影景观；当水体澄澈、水中悬浮物质相对较少时，应注意水体底质设计，营造美观度高的水底折射景观。

（三）文化要素

文化要素主要指水体景观要素中可以体现文化特色的景观要素内容。水体景观空间中文化要素可分为园林水体文化、地域文化、文人文化、创新文化。文化要素按其存在形式可分为实体文化要素、非实体文化要素，实体文化要素如芦苇拼贴画作等，非实体文化要素如土家亭桥文化、侗族风雨桥文化、亭桥所负载的故事或情感寄托以及一些与园林水体相关的历史文娱活动等。

园林水体景观空间中的文化建设应充分挖掘和诠释园林水体空间中的文化素材，提炼其主要元素进行文化建设，文化景观主要由不同水体的生产方式、历史遗迹、多元融合文化三方面构成。水体景观空间中不同景观与文化要素结合，从而让园林空间拥有了丰富的历史人文观赏内容，这些内容一般以图文、人文活动、语音等形式得到展示和演播。

（四）设施要素

设施要素主要指水体景观中的实体人工设施，包括桥、亲水平台、码头、亭、展示牌、栈道等，按设施功能性可划分为游憩场地型、交通型、标识型、观赏型。游憩场地型设施要素主要指场地面积相对较大的游憩空间设施，如亲水平台、码头、亭、临水广场、观鸟屋等；交通型设施要素主要指游人游览线路上的设施要素，如木栈道、桥体、游步道以及游船等；标识型设施要素主要指水体景观空间中的牌示、标识等；观赏型设施要素主要指水体景观空间设施要素中以单纯观赏为目的的设施要素，如水中雕塑、艺术小品等。

景观设施要素在选材上应以对环境影响相对较小的自然生态的木质材料为主，尤其是水域空间中的桥、栈道等交通型人工设施要素，其他选材还有竹材、茅草、石质材料、仿生材料以及钢筋混凝土等，选取时应以生态性、经济性、美观性、因地制宜及贴近自然等为原则。设施材料应以保持原有自然本色，朴素、淡雅、自然、柔和的色调为主，减少人工设施对自然环境视觉上的冲击，将人工设施和谐融入自然景观之中。人工设施的布设形式有出挑、漂浮、探入等不同的形式，如伦敦湿地公园内悬挑的亲水平台、香港湿地公园内的浮桥等。以上设施的布设形式在减少对自然生态环境干扰的同时，在一定程度上可以解决设施要素设计中普遍存在的水体保护与设施构建之间的矛盾，同时可使游客能近距离感受到人造和自然的水体景观。

三、水体景观空间分布

景观空间是一种由客观物质围合下的虚体环境，以物质为本质，有知觉空间、行为空间、围合结构空间等不同形式，分别强调了景观空间给人的心理感知、行为引导以及空间的围合形式等。在基本空间层面上，人类是以自己的方式来感知空间和在空间中移动的，而在复杂和更高层面上，则是以人类自己的方式使空间具备意义，空间有益使人类对所处的环境感觉合适，这一观点中也强调了人类与空间的交互关系，即人类感知空间、空间影响人们感觉，这进一步说明空间与人的心理感知之间联系的重要性。此外，景观空间在设计层面上通常就是场所的意思，所以水体景观空间的设计在一定程度上也可以理解为园林水体景观区域内空间场地的设计。根据园林水体类型及静水、流水水体的特点，水体景观空间中的水域空间表现形式主要有小面积点状水域空间、狭长线型的水域空间、以水体为核心不同面积的开敞水域空间、绿网等形式分割的网状水域空间四种形式。根据不同园林类型中水体水域空间的特点，以及游人的亲水、近水等行为心理特性，水体空间中的游人可达区域可设置不同的人与水关系的游憩场地。

在通常情况下，场所在人们的活动与社会、物质形态相一致时，是具有相同形态的。而在相同条件及目的下所建设的空间场所又具有相似性，所以园林的水体景观空间设计可以以某一类型空间的空间特性为支点，可从人的知觉、空间形式角度出发，如郁闭的半开敞空间的特性，结合不同水体景观要素设计出多种形式具有这一相同空间特性的水体景观场地空间。

根据园林保护恢复湿地的目的及科普宣教的功能性，园林水体各尺度景观空间中必然有游人可达、不可达两个大的分类；园林水体景观空间根据游人的可达性有以提供自然生境的水体景观空间和供游人可达性游憩的水体景观空间两部分组成。园林水体景观由水域景观、岸带景观、近岸陆域景观三部分组成，园林水体景观空间相应可分为水域景观空间、岸带景观空间、近岸陆域景观空间三部分，并分别包含自然生境部分和游人可达性游憩空间部分。水体自然生境空间部分主要指园林空间中游人不可达的水体空间，如水中生境岛、植物或人工围合的陆域空间。可达性游憩空间部分主要指游人可以直接通达的水体景观空间，包括水域、岸带、近岸陆域空间中游人可单独或成组通过人工设施或直接到达的水体景观空间。

（一）水域空间

水域空间主要是园林中水体处于低水位时的水域空间，主要由自然景观要素组成，如水体本体、水生植物、水生生物以及水中生境岛、枯木等，也有人文景观要素中的栈道、探水平台、游船、水中展示设施以及部分水域空间内的文化活动等。

（二）岸带景观空间

园林水体岸带空间区域，指的是园林水体低水位与高水位之间的受水位变化影响的陆地区域。水体岸带空间的植被景观兼具陆生、水生的植被特点，可分为纯自然生境岸带空间和可达性岸带空间。纯自然生境岸带空间主要指水体岸带景观中游人不可达的岸带空间，以水体自然要素组成的岸带景观为主，为岸带廊道中基本不受游人游览行为干扰的区域，可为园林中的湿地生物提供栖息、繁衍的空间等。可达性岸带空间则主要指非封闭、游人可达的岸带空间区域，其景观要素组成包括自然要素中的水体岸带植物景观等，以及人文要素中的木栈道、人工道路、亲水平台、雕塑小品、相关标识设施等。

（三）近岸陆域空间

近岸陆域空间主要指园林中水体高水位之上的陆地区域，紧邻园林水体，可成为园林的部分水体景观背景或园林中水体观赏点的设置区域等。近岸陆域空间的植被主要以不耐水湿的乔灌木向耐水湿乔灌木过渡。景观要素组成则主要自然要素中的湿地植被及人文要素中的游憩场地、人工道路、栈道、观鸟亭等组成（表 3-1）。

表 3–1 园林水体景观空间分布

内容＼类别	自然生境部分	游人可达游憩部分
空间分布	游人不可通达的水域空间、岸带空间中的自然生境岸带空间和纯自然生境的封闭性近岸陆域空间	部分边界游人可达的水域空间、游人可达的岸带空间和近岸陆域空间
要素组成	自然要素、人文要素（少）	自然要素、人文要素
景观内容	生境岛、水生植物群落景观、水中自然枯木景观等	自然景观、道路、栈道、桥体、人工雕塑、探水平台、游船、码头展示设施以及一些水域空间内的文化活动
其他	微型人工湿地展示区等特殊水体景观形式	

（四）空间边界

空间与空间之间的衔接设计（即各个景观空间的边界设计），与各空间的边缘景观的构成要素、景观材质、景观肌理等各方面因素是有关的，其也是景观异质性最明显的区域。换言之，空间场地之间的过渡具有一定的边缘效应。对于自然界中林地与水体之间的交界处，往往是植物较好的生长环境，并因植物种类、生境的差异性、多样性而成为许多动物的觅食、栖息地。因而，空间与空间之间衔接地带的生态化设计也是园林水体景观规划设计中的一项重要内容。

四、水体景观规划设计原则

园林中的水体形式具有多样性，相应的水体景观也具有多样性；在对园林中水体景观进行规划设计时，也有着多样的水体景观设计原则。

表 3–2 园林水体景观设计原则

原则	内容
生态性原则	在进行水体景观的规划设计时，应遵循最大化园林水体的生态环境效益原则、水体景观与湿地环境相协调原则、园林水体设计与气候条件相适宜原则及节约用水原则等。在设施用料选择、架设形式等方面也应以不对湿地生境产生影响为前提，如用材以木质为主、架空形式布设人工设施等
整体性原则	园林中的水体是一个有机的整体，在对其水体景观进行设计时应从全局出发、统筹规划
技术更新原则	在园林水体景观规划设计中研发和引进新的生态节约型技术，如湿地丰枯水季水体水量控制技术等，在水体景观展示系统设计中引入传感技术等

续　表

原则	内容
空间多样性原则	空间多样性是指在园林水体景观设计时应尽量避免规划设计的单一性、重复性，尽可能多地为人们提供不同的景观体验等。具体而言，如在横向上设计多种形式的水上、水中停留空间等，纵向上亦可利用湿地植物特点于水域附近围合封闭、开敞、半开敞等多种体验空间
文化性原则	园林水体景观设计时应深入挖掘当地的湿地文化、历史文化、地域文化，让文化特色渗入水体景观组成的各个部分，同时应当注意园林的自主文化创新
教育性原则	园林水体景观空间场地在设计时应充分体现其教育性，如克雷斯特维尤小学的户外湿地课堂场地设计、湿地知识的展示型标志牌设计等。对园林水体景观场地、人工设施、焦点景观等的设计都应以具有教育性为原则
艺术性原则	在进行园林水体景观设计时，应结合美学理论，在游人可观之处设计可观之景；此外，园林水体景观场地中的设施要素等在设计时也应在融入湿地自然风光的基础上增添其现代艺术性
亲水性原则	首先，水体景观设计应充分考虑到游人的心理需求并合理地加以运用。其次，为满足其猎奇性心理可利用湿地植物等设计“只闻其声不见其形”的隐蔽型流水景观。在设计游赏性水体景观时还应满足安全性原则、以人为本的游憩性设计原则等。
安全性原则	园林水体景观空间中不同与水距离的场地设施设计时应考虑水体流速、水深等不安全因素，加强空间场地的安全性，如对两米范围内水深大于0.7米的院桥、平台等应设计护栏
因地制宜原则	对园林内水系、水体形态进行设计时应根据现状地形特点合理规划，在对现状场地最小变动量的基础上达到最优质的水体景观设计。此外，设计时还应对场地现有原材料进行充分合理的再利用，遵循可持续性原则、节约性原则
舒适性原则	园林水体景观空间场地中的设施要素应满足人体工程学原理，提高其舒适度。加强水体景观空间中不同游憩场地的环境舒适度，如在进行空间设计时，应控制好封闭空间的游览距离，以减弱封闭空间给人的舒适度略低的水体景观空间体验

实际上，无论是对去过者还是未去过各类园林者，他们都最为看重水体景观的美观性，其次才是水体景观的亲水性。去过湿地公园类园林景观的人则对水体景观空间场地的安全性、艺术性较为重视；对未去过湿地公园类园林景观者来说，其对场地设施的舒适性和场地安全性较为关注。

第二节　园林景观规划中水体景观规划设计的主要内容

一、水体规划

在园林水体水系设计中应将不破坏水体自然形态作为前提之一予以考虑。水系按水体类型可以有流水水系、静水水系两种形式，规划时应尽量避免园内水体的破碎化，加强园内不同水体间的连通性，在丰富不同水体类型的同时，为人们提供多样的水体景观体验。

（一）流水水系设计

流水水体往往形成狭长水系。流水水体的流速越快，水体的更新速度也越快，易于恢复，但当流水水体的流速超过一定的范围时会对水体岸线造成侵蚀，所以设计时应注意加固受流水水体冲刷较为严重区域的岸带结构。岸带结构的加固有木桩、石块、石笼等形式。

流水水体的存在往往以一定的地形高差为前提，而针对不同的高差地形也会形成不同形式的流水水体形式，如依高差由大到小的变化，可以形成瀑布、跌水、溪流等不同形式。在进行水体景观流水水系设计时，结合公园的地形条件，可在同一条狭长水系上于不同位置设置不同高差的流水景观，丰富流水水体落水景观的多样性。

落水的景观在设计时，不同高差条件下落水水体产生的声音效果也存在差异。针对声音的差异性，可以结合植物种植、游览道路设置，设计可闻、不可闻、微可闻等不同的景观感知空间，增加园林水体景观音景设计。自然界中的流水水体各狭长水形交叉还可以形成辫状水体形式，在水体景观的规划设计时，也可结合场地条件，针对不同的流水组合形式进行变化多样的景观设计。

（二）静水水系设计

静水水体多形成不同尺度的面状水系，因其边界线的差异又有着水系形态上的多样性。根据人的视距尺度及视觉特点（表 3-3），园林静水水体景观的规划设计可以结合水域尺度对游人可达可视的静水水体空间进行可传达不同感官体验的景观设计。

表 3–3　静水水系设计

<table>
<tr><th>尺度</th><th>视觉感知特点</th><th>景观设计</th></tr>
<tr><td>25 ~ 30 米</td><td>可看清景观细部</td><td>对景观细部进行精细化设计。水体景观空间中自然景观良好的该尺度范围的水域，可优选优质的自然景观区域，并以此为观赏点在对岸设置适宜的小尺度观赏场地，如亲水平台等。若该面积水域景观美观性不突出，可在观赏点所在空间范围内设置景观小品等作为点景来诱导游人视线</td></tr>
<tr><td>70 ~ 100 米</td><td>可确认一个物体的结构、形象</td><td>该面积水域景观空间内，应注意静水面轮廓设计，优化水系边界线。结合植物种植，丰富岸边植物景观层次，细化分设不同的水体景观空间，并利用植物及其倒影等优化水域整体轮廓、景观</td></tr>
<tr><td>250 米 ~ 1200 米</td><td>可看清物体轮廓</td><td>该尺度范围内的静水水体设计可以利用水体空间内植物色彩配置对人的视线进行导引，也可通过植物配置遮挡游人视线、划分不同的水域空间。水体景观设计时应充分考虑当地气候要素，如可根据各地日照情况，优化观赏点对岸植物天际轮廓线的设计</td></tr>
<tr><td>500 ~ 1000 米</td><td>适宜光线、色彩下可捕捉可观物体轮廓</td><td rowspan="2">应注意观赏点的景观细节刻画，如可在近观赏点水域空间内适当安设人工设施景观，适当突出地域特色；注意水体两岸近观赏点 1000 米以内的彩叶植物的合理配置，观赏点的选取也应考虑日照及远观天际线的特色等，如可依此设计相应的日落景观</td></tr>
<tr><td>> 1200 米</td><td>仅可分辨轮廓线</td></tr>
</table>

二、水体景观要素设计

(一) 自然要素

在对园林水体区域进行规划设计时，应尽可能地营造多种多样的水体类型，恢复原有的自然水体环境并为习性不同的湿地生物设计适宜的生存环境，加强植物群落的丰富度、水体景观空间中生境的稳定性，为湿地鸟类创造良好的觅食、栖息场地。

园林水体景观规划时应因地制宜充分利用原有条件，尽量保留原有环境中的自然要素。在对场地现状条件进行宏观分析的基础上，也要对具体的每一类景观要素进行细致规划，依据生态学、美学等原则对原有园林水体要素进行景观再设计，如可对水体区域中原有的枯木、孤植树等进行合理保留与配置，优化景观的同时可将其作为湿地鸟类、动物的栖息地存在，进一步可以其为焦点对周围环境进行空间设计，确定设施要素中的景观观赏点、景观设施类型等。

1. 湿地植物

园林水体水系有线形、面形等不同形式，在对不同水系进行景观设计时对湿地植物的设计也存在差异性。此外，因各地气候、水文、日照、海拔等方面的地域性差异，设计湿地植物景观时在植物的选择、配置上也具有显著的差异性，因而在对园林水体景观中的湿地植物进行配置时，应根据当地情况因地制宜地规划设计，利用湿地植物加以完善和提升水体景观的观赏效果。

(1) 植物选择

在对园林水体景观中的植物要素进行设计时，为最大限度发挥生态效益的理想模式，可有选择性地借鉴、模拟自然形成的湿地的稳定植物群落景观结构。园林水体具有地域性等特点，在选择植物前应对园林所在地的湿地植物及水体水质进行全面调查，在选择植物时应以原有的优势乡土湿地植物为主。为丰富植物群落结构，也可以在不破坏植物生态系统稳定性的前提下科学、严谨、合理、适当地引入其他湿地植物，增加园林水体景观空间中植物类型的多样性。此外，因各类湿地植物净化水质的特性不同，在进行选择时应以抗污染的、水质净化能力强的芦苇、香蒲等植物为主。若原有生境的破坏较为严重，则可通过地形改造等手段，对理想湿地植物生境进行模拟配植，并根据当地湿地鸟类生存、繁殖对植物生境的要求，恢复营建新的适宜生境。

(2) 植物配置

在水平方向上，水体景观空间中的植物配置可以利用湿地植物的色彩、形体等方面的特异性对游人游览时的观赏视线进行导引，从已设定的观赏点出发，在近观区域可根据植物高度的不同对视线进行遮掩，营造出开敞、封闭等不同空间，丰富水体景观空间体验；对适宜远观的水体景观区域，集合植物外形、株高特点合理配置湿地植物，可减小过宽水域的直观面积，加大景深。一般将水面植物量控制在水面的30%～50%之间，以留出倒影位置，而利用水面倒影成像的特点也可在视觉上拓宽狭窄水域面积。此外，因为园林水体水文特点，湿地植物在水体景观空间中的客观视觉界面往往呈现出片状、带状的特点。设计时应根据湿地植物的颜色、斑块特点等设计丰富的、起伏有致的植物界界线，丰富植物线条构图，并增加园林水体景观空间中植物空间的韵律感。对不同高度、不同色彩、不同外形的湿地植物进行合理搭配，增加纵向上植物层次的丰富性。沉水植物有着生长于水下的特殊性，兼不同深度、不同透明度的静水水体水下的可视度不同，在进行竖向设计时，也可充分利用水体与植物的这些特点，合理地向下延展竖向景观。

（3）背景优化

在小尺度水域的景观空间，湿地植物通常可作为焦点景观的背景存在，并起到空间划分和景观空间边界的作用。在大尺度水体景观空间中，园林水体景观的竖向变化较小；远近陆生乔木与园林水体挺水植物等形成的天际线，则可成为水体景观空间中相对较为容易人工控制的竖向景观，也是提升开阔水域水体景观质量的一种有效方式。设计水体景观时，小尺度景观空间内应考虑植物与景观焦点的色彩、形态上的突出与被突出关系，注意园林水体景观植物要素作为背景存在的颜色、形态设计。在较大尺度水体景观空间中，须对观赏点范围内的植物天际线进行合理的优化设计，或比较选取起伏有致的天际线位置为近距离水体景观背景，使其位于水体景观空间中远观视线焦点区域。

2. 湿地动物

湿地动物是各类园林水体景观中活跃的景观动态要素，在进行水体景观设计中，是作为增益水体景观效果的重要部分。总体来看，无论是游览过园林水体景观（如湿地公园中）的人还是未游览过园林水体景观的人，他们都颇为欣赏水体景观中的湿地动物景观。这在很大程度上说明，水体景观中针对湿地动物景观的观赏场地设计是有必要的，这样才方便游人欣赏这些动物景观。

园林水体景观空间中具有明显观赏性的湿地动物主要有鱼类、鸟类、两栖爬行动物。以湿地动物为景观焦点的园林水体景观设计，从其观赏的角度，可以有俯视、平视及仰观等形式。设计俯视场地时，针对湿地鱼类、两栖爬行动物，可设计一般性栈道、桥体、亲水平台等，如北京翠湖国家园林中有一处湿地两栖爬行动物展示区；针对湿地鸟类，如湿地保育区中湿地鸟类的俯视场地则需一定高度的观赏点，可以有高架木栈道、高层观鸟屋等。对鱼类、两栖爬行动物的平视观赏，可设计尺度适宜的下沉广场。仰观角度观赏鱼类景观时，则可设计水下长廊，如西溪湿地在一片静水水体中设计有水下生态观光廊，让人们从新的角度认识、欣赏园林水体的内部景观。

3. 地形

地形要素的设计，可以从水体本体区域地形设计及陆域微地形设计两方面分析。园林水体本体区域主要指水体最高水位时的水体覆盖面积，其地形在设计时应结合当地的湿地鸟类在觅食、繁殖时对园林水体的客观要求，如水深等，并有针对性地对滩地等水体类地形进行合理设计，为湿地动植物营造适宜的生存环境。临近水体区域的陆域微地形设计时应考虑到湿地生物对园林水体生存环境的要求。此外，以水体区域为观赏焦点的整个公园范围内的陆域地形，一定程度上也应纳入园林水体景观地形要素设计中，并从观赏方位、角度等方面加以考虑，结合其他景观要素，如不同高度的植物的框景、障景等功能对地形进行统筹设计。

4. 其他要素

除以上园林水体景观中的自然要素外，其他自然要素还包括园林水体的土壤、气候等诸多方面。在各景观要素之间，它们是相互独立又相互联系的关系，兼之园林水体自身所带来的光影变化、声音效果等。景观空间中的光影作用作为一种独特的空间设计手法，它的发挥是以景观空间中的实体要素为依托，如贝聿铭在水体静水面景观设计中运用光影效果结合实体要素绿树、白墙、水体创作的“一树三影”景观，虚实相映、简而不易、境意深远。在进行园林水体景观设计时，应将光影、声效等景观要素视为同一个有机整体的组成成分去协调设计、统筹规划。

当水体的深度、矿质元素组成不同时，水体在其透明度、自身颜色等方面均有差异，相应的水体产生的镜面效果也各不相同。对园林中水体进行景观设计时，则可结合光影、日照等因素及不同水体的镜面反射、折射的不同景观效应设计多样的水体景观，如开阔静水水面可设计日照景观，具体设计时可配合湿地植物种植在开阔水体与太阳升起的一侧设置观赏点，在水体的南北两面设计不同层次的湿地植物景观，并适当地利用植物色彩、形态等的合理规划配置来引导远观视线，结合植物天际线的设计营造出“近耀远暗、绿逝赤升、蔽日邀月”的日落剪影效果。

（二）文化要素

景观中的文化，是让人们铭记历史、直观自然的文化要素直接的展示与表达，也应当是与观者情感上的交流与共鸣，正如静水水体本身与人的宁静和理性。现阶段园林水体景观中的文化景观设计主要有原有地域历史文化的发掘重现、不同园林水体文化的展示、新的参与性旅游文化活动的开展等形式，其主要针对各类园林水体文化、地域文化、文人文化等内容加以设计。

在园林水体景观地域文化的设计上，主要是对原有地域实体文化要素的保留或重现，如对于当地古水渠、古桥体、古建筑的保留修复及重建等，以及对原有非实体形式文化要素的挖掘重现，如还原古代人们与水体相关的原有的特色民俗活动或生活生存方式等。园林水体景观中湿地文化内容的展示应以语言、文字的直接解说、展示形式为主，或利用园林水体中的实体要素进行艺术开发与设计，如芦苇画的制作等设计形式。文人文化要素的展示形式主要是将文人笔下的自然山水意境寄寓水上桥体、建筑，或将历史典故等通过水上建筑、水上文娱活动等加以重现，以及设计以文人诗词为内容的匾额、楹联等。

近年来，水体景观文化要素的展示在创新性上也有了一定的发展，如北京翠湖国家园林中水体景观空间中的局域小气候气象观测站等，主要侧重于面向公众的科研观测活动及展示内容上，但设施的利用度一般较差，并未达到其最初的实际设计目的。园林水体景观设计中，随着各园林水体景观文化要素创新设计的不断开展，这种针对某一项的文化创新，会不断被复制，最终成为缺乏个性的雷同性文化展示形式。在园林水体景观的规划设计中，在满足基本园林要素生态化设计的前提下，应设计彰显各园林专属的文化主题，打造自身的文化主题园，且文化内容不应局限于一般的园林文化要素，如以地域文化等为核心组成的园林景观要素，而应更具有开放性。具体到设计上，如若以汉字为某湿地公园的文化主题，则可以将文字要素拆分、拼合，或以初级的笔画、拼音字母等形式为设计元素，并将这些元素应用到水体景观中的其他要素中，如可应用到水体景观中人工设施要素的形式、内容等方面的设计中。

此外，在园林水体景观文化要素的展示形式上，可将多种展示形式与现代科技相结合，增加水体景观空间中文化要素展示形式的丰富性，也进一步为游人提供更为多种多样的水体景观文化要素的接触体验，如在部分以展示为主的实体景观体验区将语音媒体与压电传感器相结合，实现户外的自主媒体语音解说。

（三）设施要素

水体园林景观中的设施景观是颇为重要的，这是因为水体景观在园林中的重要性是显而易见的。水体景观的设施要素中与交通系统相关的有船体、桥、木栈道、码头、游步道等，供游人休憩的有亲水平台、水边广场、亭、景观座椅等，其他还包括观鸟建筑、景观牌示、雕塑小品等。对于水域空间范围内的设施要素，如果从与水体的位置关系考虑，则可以分为水上设施要素、水面设施要素、水中设施要素、水下设施要素四部分。水上设施主要包括高架于水面以上的亭、桥、高架栈道、亲水平台等，水面的包括浮桥、人工浮岛等，水中的包括一些小品雕塑等，水下有水下观光廊道等。

在园林水体景观的水域空间中，人工设施有水上栈道、亲水平台等人工设施。为减少对原生态环境及湿地动植物的影响，这类人工设施以架空、悬挑、漂浮等形式布设于水面之上，并配合湿地植物配置、水体形态设计等合理划分水域空间。各类人工设施的选材也应以木质或其他生态材料为主，以符合园林水体景观规划设计的生态性原则等。

景观设施要素在设计时应与文化要素相结合，将文化要素融入设施要素的设计中。此外，各景观设施设计应符合相似律的原则，使设施要素成为一个有机的整体。可结合人的行为心理需求进行人性化的设计，如人们往往有抄近路、靠右（左）侧通行、逆时针转向以及依靠等动作行为习性，在设计时可将此作为栈道、游步道、亲水平台等设施设计的一项参考内容。

三、水体景观空间设计

（一）人与水关系上的空间场地设计

人与水的距离有负向距离、零距离、近距离、中距离、远距离之分，当设定人与水之间关系为 s 时，则分别指 $s < 0$ 米、$s=0$ 米、$0 < s \leqslant 2$ 米、2 米$< s \leqslant 50$ 米、$s \geqslant 50$ 米。场地布置形式按游人位于场地之中时与园林水体之间的位置关系划分，可以有入水场地、触水场地、临水场地、远水场地等。

影响景观空间的因素主要包括环境、视觉、功能三方面因素，因而水体景观空间中游憩空间的场地在设计时除根据人们的行为心理需求，参考空间尺度变化外，还应从功能需求、视觉等多方面进行全面分析。比如，可以将克雷斯特维尤小学的湿地户外课堂设计移入园林水体景观规划设计中，在不对园林环境中的自然生态要素造成影响的前提下，可在平视、俯视等不同的视觉角度上进行合理的位置安设，丰富园林水体景观中的场地功能，为流水、静水水系景观空间的场地营造提供更为丰富、更为人性化、满足教育意义的功能场地。

（二）视觉尺度上的空间场地设计

人类对于远处尺度、方位等的感知中，视觉是最为直接、准确的。但在经由视觉搜集景观与场地信息的过程中，信息也会因所观焦点的距离、运动状态、观赏角度等的变化而有所不同。园林水体景观的规划设计是在对原有园林水体恢复、保护的基础上进行的人为规划，在园林保育区之外，并以自然的湿地生态景观为主要的观赏对象。在对原有水体进行下一步的景观规划设计时，在经过对原有水体水质状况、岸带情况、湿地植物分布以及原有的自然水体中优势自然景观等方面进行分析后，通常可以确定出部分水体景观空间中部分适宜设置观赏场地的区域及水体景观视觉焦点。

园林水体景观中可以作为视觉焦点的景观可以分为虚、实两类。虚的景观焦点主要指园林水体在气候、海拔等不同地域条件下特有的园林水体景观，如以水为基底或背景来衬托其他景观要素，并结合日照、湿地植物等要素共同组成的园林水体日落景观、水中倒影设计。实体的视觉景观焦点即以实体景观为主，如水中的倒木、枯木、生境岛、湿地动物或废弃的人工设施等。

场地的设置首先应当有可观的景观焦点，其次在位置上有水域空间、岸带空间、近岸陆域空间的不同定位。在水域空间中适宜选作观赏场地的区域往往接近陆地区域或有特色的湿地植物群落景观等；对于特殊形式的水域景观，如深入式的廊道场地设计则还需要考虑水体深度及水中的生物景观等。岸带空间适宜设置人工化场地的区域分两种，对于原有的园林植物稀疏难以恢复重建的区域可适当从其以人为本的目的性出发设置人工场地，如园林户外课堂的场地的设计；对自然生态景观良好的则可以设计开放性的纯自然生态岸带，如滩涂形式，或可以适当以架空形式设置局部景观焦点的木质观赏场地。近岸陆域空间场地设计主要是从水体景观的观赏角度出发，且通常是有一定坡度的区域。

认知外界空间，人类必须考虑空间的感觉和对外界的认知。当人在一个空间场地中赏景时，若视野内景观过于匀质，即在景观要素组成、色彩等各方面过于单一化，没有视觉焦点时，则一般很快就会引起观者的视觉疲劳，更进一步则会产生厌倦心理。因而，在对水体景观空间场地进行设计时，要避免视野中因无视觉景观焦点而导致游人视觉疲劳，造成场地的废弃；应当在观赏的最佳角度内设计景观焦点，或从已确定的景观焦点出发在可人工规划的区域范围内呈现出最佳的观赏场地位置。

人在赏景时一般是直立状态，头部自然地保持垂直或略微前倾，但因为人观赏的主动性也赋予了观赏以动态性。在园林水体景观的设计中，应在人较为自然的观赏状态下对景观焦点与场地进行设计分析。视域是指某一视点上各方向视线所及的范围，有着不规则锥状体的特性。在竖向上，平视视域主要是指人在直立状态下，头垂直或略前倾时视线与视平线之间20° 以内的视域范围，而人在自然状态下的“一般视线”是与视平线夹角成10° 视线，它与20° 视线之间的视域有着视觉变形的特点。与垂直距离成30° 的视线范围内是观赏中的视觉“死角”，易被忽略；进行水体景观规划设计时，此区域内水体景观并非设计重点，且可利用这一特点将水体景观中景观效应较差的区域设置在观赏点的该角度范围内。视线与垂直线角度在30° ~ 40° 之间的区域范围属于模糊视觉区域，同样属于非景观焦点安置区域。人视线的清晰区域分布在与视平线成20° ~ 50° 的视域范围内，是水体景观规划的重点区域，设计时重视该区域内的整体的水体景观质量；而其中成角约26° ~ 30° 的视域范围是观赏的最佳视角，在这一小范围内容易获得景观的完整构图与清晰影像，应当作为园林水体景观焦点的设置区域。此外，垂直视线中，在俯瞰的角度下与视平线30° 成角的视线是俯瞰的视野下线，它同与视平线成角在10° 视线之间的视域是俯瞰的中心范围，以此区域作为园林水体景观整体或景观焦点的设置区域，可以确定出远观园林水体景观的最佳观赏点。在水平方向，最佳水平观赏视角约为45° ~ 60° 范围内，再结合竖向观赏的最佳视角范围，景观焦点与视点间的最佳视距在水平、垂直视角下分别为景观焦点宽度的1.2 倍 ~ 1.5 倍、高度的3 倍 ~ 3.7 倍，对于较小尺度的景观焦点为其高度的3 倍。

以人的身高为1.65 米，以观赏点高为1.65 米计算，当已确定水域空间中景观焦点时，则将景观焦点置于最佳视角范围内得到俯视状态下两者之间水平距离约为1.4 ~ 4.5 米之间。

在已确定观赏场地的情况下，也可根据不同观赏角度的特点，在清晰视野区域内人工营造园林水体景观焦点，如区别于该水域景观空间基调的特色湿地植物景观、湿地动物景观等。此外，确定观赏点之后，对于观赏场地中的人工设施等要素，在满足人体工程学的基础上，根据观赏景观焦点观赏角度的要求选择合适的游憩设施形式，使园林水体景观的人工规划设计部分符合人性化等原则。

(三) 景观空间边界设计

湿地植物可作为园林水体景观各空间之间衔接的重要因素之一。如在对线型流水水体景观空间与道路空间进行场地衔接设计时，可通过园林植物丰富的层次性配植，利用植物独特的色彩、纹理、韵味等，和缓地对水体与硬质化空间等不同肌理空间进行分隔。此外，流水水体可以通过局域高差设计营造声音景观，对流水水体景观空间与道路空间进行场地衔接性设计，同时利用植物对游人的视线进行遮挡，这样不仅能起到声音削弱的作用，而且还能让游人产生循声寻源的探究欲。可见，声音同样也是被视为空间衔接设计的重要要素之一。利用植物对游人的视线进行遮挡及对声音的削弱作用，让游人因声诱而寻其源，这里的声音也同样可以视为空间之间衔接设计的要素之一。此外，园林水体景观要素中的水体、土壤、人工设施等以及其诸要素的色彩、材质等各方面都可以作为园林水体景观空间之间衔接的设计要素。

第三节　园林景观规划中的水体景观设计策略

一、水体平面形态梳理

(一) 水体平面形状分类研究

在上文中提到，水体的平面形状可分为点状水、线状水和面状水。水的平面类型不同，其对园林水环境的生态效益也不同。一般认为，水体面积越大、水体容积越大，其作为城市“海绵体”的效果就越好，其所能承载的水生态系统就越全面、越稳定，生态效能也就越突出。但是这一点只是一个方面，水体的生态效能还应当从水的流速、动态、流动的路线来综合分析。

1.点状水

园林中的点状水一般包括池、泉、人工瀑布、叠水等。点状水的最大直径不超过200米，因此仅仅从水体的面积上来看，点状水的生态效能是相当小的。一些针对水体生态的研究显示，在自然状态下，大部分在点状水中生活的生物为个体层级，其生活时段在几分钟至几个月不等，几乎不可能超过一年。这也就意味着点状水中无法存在长期的、固定的群落，更不可能存在完整的生态系统，其生态效能和自净能力自然比较低下。但是从水体的动态来看，除了静水（水池、水塘等），泉、人工瀑布、叠水等往往具有较高的动能，这可以促进跌水曝气；在较大的动能驱使下，不断流动、跌落和喷涌的水体可以促进水中污染物的氧化分解。

2.线状水

园林中的线状水指平均宽度不超过200米的河流、水渠、溪涧等。线状水是一类较为典型、生态效能较高的水体。自然状态下，弯曲的河流、水渠、溪涧等在其沉积岸都会形成土壤较肥沃、适宜动植物生长的河漫滩，河漫滩地区通常生物种类丰富，环境处于动态平衡中。此外，多数线状水具有丰富的水底地形，因此水体的动能较高，促进了污染物的流动和净化。线状水具有两个较为典型的特点：一是其水体流动性强，更容易稀释和净化污染物，但也更容易使污染物扩散，增大污染范围。二是线状水的水生态系统往往处在动态平衡中，有一些还会随着时间进行周期性的规律变化，如河流的河水涨落、动物的繁殖、候鸟迁徙的定点栖息、鱼类的洄游等，都是在研究线状水（典型的是河流）时需要考虑的问题。

3.面状水

面状水，包括湖泊、最大直径超过200米的池塘以及平均宽度超过200米的河流等。面状水由于其水体面积大、水体容积大、水体环境稳定的特点，非常有利于水生态系统的形成，其生态效益也较高。但是正是由于这种“稳定性”，面状水也存在一些问题，因此水污染一旦开始积累并超出其净化能力时，面状水就会迅速恶化。一些重金属污染物还会沉积于湖底，造成难以清除的污染。

（二）水体平面形态设计策略

1. 水体尺度确定

在前文中提到，水体容积越大，其所能承载的水生态系统就越全面、越稳定，生态效能也就越突出。在水体平面尺度确定时，主要应考虑水生态系统的构成在条件允许的情况下，塑造较大的水体尺度，为生物群落提供活动的空间。

通常而言，水体尺度对生物集群和生物活动的影响有如下一些规律：第一，在小于1～20米宽平滩河宽的尺度范围内，生物集群的级别是个体或单个物种，活动时间在数分钟至一年之内。这也就意味着，一个生物群落很难在这一尺度范围完成完整的生活史，完整的生态系统更难形成，而绝大多数的点状水都在这一尺度范围内。第二，在20倍平滩河宽至1000米长岸线的尺度范围内，生物集群的级别是物种和群落，活动时间是整个生命周期。这意味着，一个生物群落可以在一尺度范围完成完整的生活史，完整的生态系统也可形成，多数线状水、面状水处于这一尺度范围，因此在园林水体设计中主要关注的也是这一尺度范围。第三，1000米以上岸线的尺度范围，可以形成完整的生物群落甚至生态系统。这也是城市人居环境下园林生态规划中需要关注的课题。

2. 水体线型设计

在水体平面设计中，水体的线型大致可分为直线与曲线形。多项研究表明，曲线形相对于直线形拥有更高的生态价值，这主要体现在以下两个方面：

一是曲线形的岸线为水生生物提供了更多的栖息空间，这一点从自然环境中河道的蜿蜒形态可以看出。当河流中水的流向与河道的走向不完全一致时，自然河道分为侵蚀岸和堆积岸。流水不断冲击侵蚀岸，这一侧水的流速比较快；而又为堆积岸带来大量泥沙，这一侧水的流速较慢。久而久之，原本接近直线形态的河道变成弯曲的河道，堆积岸由于营养物质丰富、水流缓慢，形成了适宜动植物栖息的河滩，为河流带来较高的生态效益。

二是曲线形的岸线有利于污染物的净化，曲线形的岸线水体自净能力更好。衡量河流的曲线形态主要有两个指标：河流弯曲度和分形维数。河流弯曲度，指河流实际长度（沿河流中轴线测量的河道长度）与河流上下游断面间的直线距离的比值，其计算公式为：$S=\frac{L_T}{L_0}$

式中：L_T 为沿河流中轴线测量的河道长度；L_0 为上、下游断面间的直线距离。

分形维数，是描述分形不规则特征的特征参数，有多种定义和计算方法，最常见的为网格法。分形维数的计算方法这里不做详细探讨。

一些针对河流蜿蜒度和水体自净能力的研究表明，河流弯曲度、分形维数和水体自净能力呈较显著的正相关，即弯曲的河道具有更高的自净能力。水体形态的研究对园林水体设计有一定启示，可以将园林中的线状水设计为蜿蜒形态，做到“师法自然”，增强水体自净能力，同时为动植物提供更多的、适宜的栖息环境。实际上，河流弯曲度在1.3～3.0范围的河道属于蜿蜒型河流，也是生态价值、自净能力较高的一种类型。

3. 水体面域组织

园林中的点状水、线状水和面状水都不是独立存在的，而是相互联系的，形成一个可以流通的整体。园林水体的组织从平面构成的角度来看，可分为串联和并联。从生态的角度来看，水体面域组织的最主要目标有以下两个。

(1) 延长水体净化流线

水体净化流线越长，水净化能力也就越强。在水体设计时，通过串联、串联和并联相结合的方式将点状水、线状水和面状水组织在一起，使其发挥各自在水环境治理方面的优势。比如：将叠水、溪流和池塘串联在一起，叠水、溪流中的水体动能较大，可以进行跌水曝气，净化水中的污染物；溪流两侧的浅滩和池塘为生物提供栖息环境，增强生物净化的能力。

(2) 增大生物栖息的面积

生物群落是水环境的重要组成部分，它们可以形成稳定的生态系统，同时进行生物净化，提升整个水体的自净能力。在水体面域组织时，应当考虑为生物群落提供尽可能多的栖息面积，河流浅滩、湖泊能够为生物群落提供面积较大的栖息环境；在设计时可以考虑河流、溪流与湖泊串联的形式，形成面积较大、环境丰富多样的栖息环境。

在针对自然河流的研究中，水利学家提出，在自然的河道中存在一种“深潭—急流—河滩”的结构序列单元，这种结构在河流上下游不断重复出现。这三个结构单元之间相辅相成，它们从产生、发展到形成互为因果。“深潭—急流—河滩”对水中污染物的分解十分有利，同时为生物的栖息提供了多样的环境。这一自然状态下存在的水体组织形式也为园林水体的组织关系提供了思考和范例。

二、水体地形坡度塑造

(一) 周边区域地形塑造

在海绵城市的理论中，城市中的水体就是天然的“海绵体”，它们具有雨水汇集、水体净化、水环境调控的作用。所谓“海绵体”，指的是其对水的吸收和调控，在雨水集中、城市排涝困难的时期，“海绵体”能够有效吸收多余的水，减轻城市排水系统的负担，降低洪涝灾害的危险。在较为干旱的时期，“海绵体”积蓄着较多的水，能够使其周边环境保持湿润，调节小气候。在园林水体景观设计中，水体作为城市中“海绵体”的价值应当得到充分的重视，充分发挥其收集雨水、调节小气候的功能。

通过对园林水体周边地形的设计，可以有效地将其打造成一个“海绵体”。这个设计的核心在于：园林水体应当位于其收集雨水的区域内地形最低洼的位置。这样雨水就可以借助重力作用，通过地表和地下径流汇集到园林水体中。在园林设计时应当注意两点：一是当水体的位置可以选择时，将水体置于整个区域的低处，最好其四周有山体或起伏的地形，保证雨水可以沿着山形地势逐步汇入园林水体中；二是当水体的位置确定后，最好能够保证其周边区域的地势高于水平面，或者在水体周围设计微地形，促使雨水汇入园林水体中。

（二）水体边界地形塑造

1. 硬质边界地形塑造

水体硬质边界也就是所谓的“硬质驳岸”，处于城市中的水体常常由于行洪的需要，设计成规则式的硬质驳岸。相对于软质驳岸，硬质驳岸的生态效益较差，当然这也要视其材质情况而定。硬质驳岸按断面形式可分为立式驳岸、斜式驳岸和阶式驳岸。

（1）立式驳岸

立式驳岸是防洪河道两侧最常见的一种，即一面几乎直立入水的挡墙，材料通常是混凝土和块石。它占用空间小，排洪迅速，强度很高，当然也毫无生态效益可言。在条件允许的情况下，水环境治理中的园林设计不建议采用立式驳岸；当然，在空间狭窄、水流湍急的地方可以考虑部分使用。

（2）斜式驳岸

斜式驳岸是指从岸顶到水体先有一段缓坡，再有直立挡墙的驳岸。这类驳岸具有一定的生态价值，缓坡上利用植物增强驳岸的渗透性，以构建河道的水生动植物群落；相较于立式驳岸来说，材料选择上有一定的灵活性，也提供了人们亲近水的可能性，安全性也比立式驳岸好，但是占用了一定的空间。

（3）阶式驳岸

阶式驳岸即利用几层台阶来构建河道驳岸，对于水位变化大的河道很适用，可以满足不同水位变化时依旧可以有亲水的可能性。而在材料选择上也可以有更多的选择余地，以实现更好的生态效益，同样也可以有硬质与绿化等不同的灵活处理手法。但阶式驳岸对构造工程要求也很高，需要注意积水的问题以及可能的安全隐患。

2. 软质边界地形塑造

园林水体的软质边界一般指材质为土壤、砾石，并且缓慢放坡的边界，也就是常说的“软质驳岸”。软质驳岸是一种生态价值较高的边界。在自然状态下，它通常存在于河流的沉积岸上。由于河水带来大量营养物质淤泥，同时又不容易受到河水冲蚀，这里常常呈现一种浅滩状态，动植物在这里能够良好生长。软质驳岸的设计需要注意以下三点：一是地点的选择。前面已经提到，自然状态下的软质驳岸常常出现在河流的沉积岸上。在园林水体设计中，软质驳岸应当选择岸线较为弯曲、水流平缓的地方，因为其并不耐冲蚀。二是坡度的确定。软质驳岸基本为缓坡地形，自岸顶缓慢沿坡入水，其坡度不能大于土壤的自然安息角（约 30°）。根据《城市绿地设计规范》，这个坡度在 1∶2～1∶6 为宜。三是水深的确定。这和软质驳岸上种植的植物品种有密切的关系。

（三）水底地形塑造

水体边界的地形在长时间内受到关注，而人们对水底地形的关注却比较少。事实上，水底地形的塑造一样关系到水体的形态、水质情况和水生态系统的构建等。本书将从水底坡度塑造、水体深度确定、叠落地形的应用三个方面进行探讨。

1. 坡度塑造

水底的地形和水面以上的地形一样，是高低起伏的。任何坡度都能使水流动。坡度越陡，水的流速就越快。水底的坡度从坡度的塑造来看，静水（池塘、湖泊等）和流水（溪涧、河流等）是有差异的。

坡度对园林中静水的影响不大，除了底面平整的人工水体外，多数水体的底面自岸边向中心不断加深，呈缓坡状，模仿了自然水体的形态。静水对水底坡度没有过多要求，但是一般要低于土壤的自然安息角（约 30°）。根据《城市绿地设计规范》，参考驳岸的坡度要求，这个坡度在 1∶2～1∶6 为宜。

坡度对园林中流水的影响比较明显，水的流速与坡度呈正相关，当然也受水底材质、植物生长情况的影响。一般而言，坡度越缓，水体流速越慢；坡度越陡，水体流速越快。当坡度接近 90° 时，会形成垂直的落水，也就是我们常说的瀑布或跌水，它们具有较大的势能。一般而言，自然河道的地形较为复杂，其坡度也是不断变化的。而园林中的溪流和小型河道则是比较方便研究和设计改善的对象，在《居住区环境景观设计导则》中有类似的描述可作为借鉴：溪流的坡度应根据地理条件及排水要求而定。普通溪流的坡度宜为 0.5%，急流处为 3% 左右，缓流处不超过 1%。可见，普通的流水其底面坡度在 0.5%～1% 则水流比较平缓；坡度大于 3% 则流速较快，有一定的冲蚀性。

2. 深度确定

除了水体的坡度，水体深度也是园林设计时需要关注的对象。《公园设计规范》规定：硬底人工水体的近岸 2.0 米范围内的水深，不得大于 0.7 米，达不到此要求的应设护栏。无护栏的园桥、汀步附近 2.0 米范围以内的水深不得大于 0.5 米。这主要是出于对游客安全的考虑。而从水环境治理的角度来看，水体深度主要影响水质和水中动植物的栖息。

水体深度一定程度上影响了水质。水体越深，则水体的容积越大，也就意味着水量越多，这会对污染物有一定的稀释作用，同时水的自净能力也更好。当然，这也意味着被污染时，较深的水体比浅水更难治理。

水体深度还影响了动植物的栖息。从水生植物的特性来看，多数沉水植物适宜生存的水深在0.3～2.0米之间，挺水植物则更浅。而鱼类通常栖息在1.0～3.0米的水中。《居住区环境景观设计导则》规定：溪流宽度宜在1.0～2.0米，水深一般为0.3～1.0米。通过对许多园林中湖泊的调查可知，水体较深处深度一般在2.0～4.0米。

以河流为例，河流的水底地形在深度方面是不断变化的。科学研究表明，自然河流每间隔一段距离就会有一个较深的区域，这种较为规律的深度变化是比较有利于河流中污染物的净化和水生生物多样性的。

3. 叠落地形应用

除了坡度和深度的确定，设置叠落的地形造成跌水曝气也是水环境治理中常见的园林设计手段。

水体缺氧是河道黑臭的根本原因，选择适当的曝气气水比是城市黑臭河道生物修复的重要技术环节。水体中的溶解氧主要来源于大气复氧和水生植物的光合作用。单靠自然复氧，水体自净过程非常缓慢；对河道进行曝气充氧以提高溶解氧水平，恢复和增强水体中好氧微生物的活力，从而改善水体水质。根据卢萃云等在《曝气充氧和人工造流技术修复河道污染水体》一文中的研究得知，不同气水比对模拟河道的增氧效果是不同的，河道出水口的溶解氧浓度随气水比的增大而增大，说明增大气水比可以增加溶解氧含量，并使水体中溶解氧维持在一个较高的水平。

跌水曝气技术在设计运用时应当注意以下几点：

第一，曝气充氧能够明显改善河道的水质状况，增加水体自净能力且不带来二次污染。在实际工程中，为更好地发挥曝气充氧的实际效益，必须制定应用该技术的具体方案，得出可行的最优化组合，并充分考虑城市景观和经济性原则，从曝气充氧量、曝气方式、曝气机的安装位置等方面采取措施。

第二，在一定曝气充氧气水比基础上通过设置阻流板，延长了水体水力停留时间，增加了微生物与污染物的接触时间，可以提高有机物降解效果。在一项针对劣质类水体的实验中，在曝气充氧气水比为1∶1和水力停留时间为35秒情况下对污染水体具有明显有效的修复作用。

三、容体表面质地设计

（一）周边区域质地设计

园林水体周边区域通常存在着大量人类活动的空间，这些活动空间本身对园林水体并不造成影响。但是正如前文提到的，园林水体周边地形的塑造可以将地表径流进行汇集，并使之流入水体中，达到雨水收集的目的。园林水体周边区域的质地对园林水体的影响与上述类似，它会影响水体周边区域的地表径流。因此，在设计时，应当多考虑生态的、透水的材料，增加雨水的下渗。园林水体周边的道路和广场设计中常用的材料有木材、石材、透水混凝土和透水砖。

(1) 木材

木材是园林中滨水步行道和亲水平台常用的材料。和石材相比，木材虽然使用成本更高，耐久性也略逊，却是一种更自然的材料，其透水性也很好。园林中常用的木材是防腐木和塑木两类。

(2) 石材

石材也是园林水体景观设计中常用的材料，石材所包含的范围十分广泛。从雨水下渗、自然生态的角度来看，常见的花岗岩、板岩铺装的透水性并不好，而卵石、青石板、毛石铺装的透水性更好一些。总体而言，石材铺装的透水性和石材之间的缝隙、道路广场的基础结构有关。石材之间的缝隙越多、越宽（在不影响铺装耐久性的情况下），透水性越好。

(3) 透水混凝土

不同于木材与石材，透水混凝土的适用范围更广泛，可以适用于园林车行路、人行路、广场、停车场等各种铺装区域。与传统混凝土相比，透水混凝土更生态环保，除了可以用于铺装面层之外，还可以用于铺装基础中。透水混凝土还可以选择色彩和图案，是一种值得推荐的环保透水材料。

(4) 透水砖

透水砖由碎石、混凝土、废旧陶瓷、风积砂等材料加工而成，具有良好的透水透气性能，在园林中的人行路、广场铺装中得到广泛的应用。除了透水迅速，透水砖不容易打滑，还可以吸收噪声，是一种很环保的园林铺装材料。

(二) 水体边界质地设计

1. 边界类型及材料研究

(1) 边界类型

水体的边界，即通常意义上定义的“驳岸”。驳岸根据其结构和强度，可分为非结构性驳岸和结构性驳岸。结构性驳岸又可分为刚性驳岸和柔性驳岸。

①非结构性驳岸

其是指模拟自然驳岸的形式、运用自然材料构筑、坡度较缓的驳岸。非结构性驳岸的坡度一般低于土壤的自然安息角（约30°），其下层进行土壤的夯实，或者覆盖一层可降解的材料以增强其耐冲蚀的性质。然后铺设土壤、细砂、卵石等自然材料，形成与自然环境相似的草坡、石滩或沙滩。

非结构性驳岸是模拟自然环境而构造的，因此具有较高的生态价值。非结构性驳岸十分有利于动植物群落的栖息，也为水体的净化提供了场所。非结构性驳岸的问题在于其占地面积大（坡地小于30°），这一点对城市环境来说较为不利。此外，非结构性驳岸的强度不大，对于水流湍急、冲蚀严重的地区并不合适。在条件允许的情况下，非结构性驳岸可以创造最高的生态价值。许多湿地、自然保护区的驳岸都是非结构性驳岸。

②结构性驳岸

第一，刚性驳岸。刚性驳岸是结构性驳岸的一种。刚性驳岸是指用浆砌石块和卵石、现浇混凝土和钢筋混凝土等硬质材料构筑的驳岸，园林中又将其称为硬质驳岸。刚性驳岸是园林水环境中常见的驳岸类型，也是生态价值最低的类型。刚性驳岸能够使水体快速流动，表面上看更利于泄洪，实则阻断了水体径流，增加了洪水危险。刚性驳岸表面光滑，植物和其他生物也很难在上面生长和栖息。当然，刚性驳岸也具备突出的优点：强度很高，非常耐冲蚀，同时较为节省空间。

第二，柔性驳岸。其与刚性驳岸不同，是指将金属、石材等硬质材料与植物种植进行结合的驳岸。柔性驳岸的构筑材料一般有生态石笼、鱼巢砖、木桩以及一些混凝土构件。这些材料经过精心设计和结合，留有足够的孔隙，既能够保存泥土，又能为植物、动物的生长和繁衍提供足够的空间。柔性驳岸的生态价值高于刚性驳岸；而和非结构性驳岸相比，柔性驳岸又具有节省空间、强度好、耐冲蚀的特点。柔性驳岸应用范围广，在城市滨水区、湿地和自然保护区中都能够使用。

(2) 材料类型

材料的选择直接影响边界的类型，材料选择同样对水的流速、水质和动植物群落的生长造成深远的影响。根据前文对驳岸的分类研究，可知非结构性驳岸、柔性驳岸具有更高的生态价值，许多生态材料被应用到驳岸的建造中，包括如生态石笼、鱼巢砖等构件、生态连锁块、椰壳纤维捆扎、木桩、生态袋等。

①生态石笼

生态石笼是现代水环境治理中得到广泛应用的一种构筑材料，石笼是将金属线材由机械将双线绞合编织成多绞状六角形网，制成网箱后填入卵石和碎石。和普通土壤相比，生态石笼砌筑的驳岸稳定性更高，能够在一定程度上抵御洪涝灾害。和混凝土、传统石料等相比，石笼又具有更高的生态价值，其孔隙状的结构降低了水体的流速，又为湿生植物和水生生物提供了生存的环境。

②鱼巢砖

鱼巢砖又称作自嵌式植生挡土墙。长期的水力作用带起的泥沙等物遇到墙体的阻挡减速后，在重力的作用下会沉积在鱼巢砖的内孔，提供水生植物生长的土壤，水生植物和鱼巢砖本身多空的结构为鱼类产卵繁殖提供场所，起到“以鱼养水”的作用。鱼巢砖砌筑的驳岸具有良好的渗透性，增强了水分交换，还能有效抑制藻类生长，提升水体的自净能力。鱼巢砖结构的驳岸强度较好，同时具有一定的抗洪强度。

③生态连锁块

生态连锁块护坡一般是在土质边坡上铺设一层土工布，土工布上铺设连锁式护坡砖，正常水位以上采用植生型生态护坡砖，护坡砖孔洞内填塞种植土和草籽（或草皮）。连锁式护坡整体性较好，安全牢固，在水流湍急的地方也可以使用，因此经常适用于各类缓坡河堤上。而连锁块中的缝隙又为动植物提供了栖息的空间，可谓兼顾了防洪和生态两种功能。

④木桩

木桩，顾名思义，是用各类木材制作的、绑定在一起的短桩，常用的木材包括松木、杉木等，主要用于处理软地基、河堤等。松木含有丰富的松脂，能很好地防止地下水和细菌对其的腐蚀，有“水浸万年松”之说，因此不像其他植物材料一样容易受到腐蚀。著名水利工程——灵渠的基础处理即采用了松木桩。松木桩目前主要运用在水流较缓的水系沿岸，由于其取材于植物，可谓天然无污染，生态效益也相当好。

⑤生态袋

生态袋护坡，是在生态袋里面装土，用扎带或扎线包扎好，通过规则式或有顺序的叠加和固定形成的挡土墙。生态袋护坡中的土壤为植物的生长提供了基质。由于生态袋使用可降解的材料，不会造成任何污染。生态袋护坡比起单纯的土质河岸，更加牢固，不容易受到侵蚀。

2. 边界类型及材料选择之间的对应关系

非结构性驳岸和两种结构性驳岸的材料选择、生态效益、适用范围等方面有着一定的对应关系。

（三）水体底面质地选择

1. 水底糙率研究

糙率一般用 n 表示，又被称为曼宁系数，是描述地表下垫面对坡面流阻滞效果的重要参数。水体底面糙率对水体流速、流态及潜在侵蚀性能的影响效果显著。水底表面越粗糙，糙率越大，对水流的阻滞效果越强；边界表面越光滑，则糙率越小，对水流的阻滞效果越弱。糙率会影响水体的动能。在糙率较大的情况下，水体受到的阻滞作用强，水体流速缓慢，并且容易形成涡流等，增强了水体中污染物的氧化分解。在糙率越小的情况下，水体流速就越快，同时具有更强的冲蚀性。

2. 水底材料选择

上文已经分析了不同水底材料的糙率，经过归纳整理，水体底面的材质可分为土壤和泥沙、砾石、块石、光滑硬质材料（混凝土、花岗岩铺砌等）。多数水体底面由其中一种及一种以上材质构成。

（1）土壤和泥沙

土壤和泥沙是自然水体（尤其是湖泊、池塘、河流）中常见的水底材质，也被称为“底泥”。土壤和泥沙为大多数水生植物提供了生长的基质，同时为水体中的鱼类和微生物提供了繁衍和栖息的场所。此类基质的生态效应好，但是稳定性不高，不耐冲蚀。在园林中，土壤和泥沙的基质通常用于河湾区域、湖泊、池塘和浅滩湿地中，这些水体中水流缓慢，动植物类型比较丰富。

（2）砾石

砾石是指风化岩石经水流长期搬运而成的粒径为2～60毫米的无棱角的天然粒料，通常所说的卵石就属于这一类。与土壤相比，一部分的水生植物可以在砾石中生长。砾石形成的疏松多孔的结构，也为水体中的动物和微生物提供了栖息繁衍的场所。相比土壤和泥沙，砾石的稳定性稍好。砾石还是一种过滤性很好的材料，可以净化水体。在园林中，砾石的基质通常出现在池塘、溪流、部分河流中，也是较为生态自然的一种基质。

（3）块石

块石的直径要远大于砾石，块石的基质一般出现在人工水体中。与土壤和泥沙、砾石相比，块石的生态效应要弱一些。但是在其缝隙中，仍然可以生长水生植物，并为一些动物和微生物提供栖息环境。一些人工的块石基底会设计预留缝隙，并种植水生植物。块石比土壤和泥沙、砾石具有更高的稳定性，块石的基底十分耐冲刷，可用于流速快的河道中。同时，块石的形状各异，又耐冲蚀，更容易激发水的动能。在流速很快的浅溪和叠落的水体中布置块石，更容易产生跌水曝气的效果，加速水体的净化。与土壤和泥沙、砾石相比，块石的透水性能较差，但也正是这个原因，它可以被应用于小型水体和死水中，防止水体渗漏。

（4）光滑硬质材料

光滑硬质材料包括混凝土、花岗岩铺砌等，是人工水体中较常见的材料。光滑硬质材料的生态效能最低，动植物很难在上面生存。同时，光滑的表面加速了水的流动。光滑硬质材料也具有稳定性好及耐冲蚀的特点，同时其防渗性能最好，因此在城市的人工水体中依然能看到大范围的应用。

四、生物群落构建

（一）植物种类选择原则

园林水体中植物种类选择的原则主要体现在以下几个方面。

1. 适生原则

适生原则，即因地制宜的原则，选择的植物种类需要在该水环境中生长良好。这种“生长良好”包括两个方面：一是适应当地的气候条件，二是适宜自身所处的水环境。

适应当地的气候条件，即选择当地气候条件下生长好的水生植物，乡土植物就是很好的选择。不同气候带的水生植物种类也不同。荷花、水葱、芦苇、千屈菜、荇菜、黑藻等常见水生植物就可以生活在我国南北各地；凤眼莲、伊乐藻等生活在黄河流域及以南地区；美人蕉、水罂粟等生活在长江流域及以南地区；海芋、王莲最不耐寒，生活在华南地区。

适宜自身所处的水环境，指植物在自身生活的小范围水环境中生长良好。前文将水生植物分为挺水植物、沉水植物、浮叶植物、漂浮植物和湿生植物，这也就意味着，即使处于同一气候带中，不同类型的水生植物也生活在不同类型的水体中或同一水体的不同位置。挺水植物根系发达，抗风浪和侵蚀，大多生活于溪涧、池塘、河湖沿岸的浅滩湿地上；沉水植物同样不惧流水，生活在有一定深度的水体中离岸边较远的位置；浮叶植物生活于池塘、河湖的浅水中；漂浮植物最不抗风浪，一般生活于较静止的水体，在水边和水体中心都能生长。湿生植物则广泛分布于水体岸边和浅滩湿地中。在前文地形的塑造中，已经对水体地形的塑造和水生植物适宜水深范围有较多的探讨。

2. 净化污染物原则

在水污染治理、水环境修复的过程中，园林植物起到了不可忽视的作用。园林水体中的主要污染物一般是营养物（主要是氮磷元素）和有毒污染物（主要是重金属），许多园林植物都对这几类污染具有显著的作用。在设计园林时，应当注意针对水体污染物的类型，选择适当的植物种类，治理水体的污染。生态学方面对不同种类植物对污染物的处理能力有很多研究，综合来看，浮叶和漂浮植物对氮磷元素的去除能力最好，沉水植物则可以固定重金属，挺水植物和一些湿生植物对氮磷元素和重金属均具有一定作用。

沉水植物根部、叶部都可以蓄积很高含量的重金属（根部含量大于叶部含量），是很好的蓄积植物。轮叶黑藻、狐尾藻、龙须眼子菜和水池草等都是蓄积植物的典型。

浮叶和漂浮植物夏季生长迅速，抗性较好，在水质净化的早期阶段，具有去污能力强、见效快的特点，是污水处理时常用的水生植物。比较典型的是浮萍。浮萍在早期生长阶段会吸收大量氮和磷，同时生成的生物量可多种方式利用。

研究表明，挺水植物中有许多种类可以净化氮磷，菖蒲、石菖蒲、美人蕉、千屈菜等都对氮磷具有很好的净化作用。挺水植物的根系发达，根系与水体接触的面积大，也为许多好氧微生物提供了生存空间，它们共同形成了一个净化体系。

挺水植物的根部还可以蓄积大量重金属，其对重金属的蓄积作用根部明显大于叶部，水蕹就是一种很好的蓄积植物。挺水植物有许多种类，如风车草、鸢尾、石菖蒲、假马齿苋、席草、羽毛草和水薄荷等，被广泛应用于人工湿地、人工浮床等重金属废水处理系统中，都得到了良好的效果。①

3. 生态系统适宜原则

植物是水生态系统的重要组成部分，因此在设计时，选择的植物种类需要与整个系统相适宜。这种适宜性主要体现在以下两个方面：

一是为其他动植物提供良好的生态环境，包括作为食物，或提供生存的空间。沉水植物、漂浮植物大多数是水环境中草食性、杂食性动物的食物，因此它们作为生态系统中的生产者和第一营养级，其存在就显得十分必要。而多数挺水植物具有发达的根系，可以为水中的微生物群落和部分筑巢的鱼类提供生存空间。

二是不能侵扰其他生物的生存环境。一些植物由于没有天敌而迅速繁殖，大量挤占其他生物的生存空间，可以被称为“入侵植物”，这类植物在设计中要谨慎使用。凤眼莲就是一种著名的入侵植物。在一些水体净化工程初期，它可以很好地去除水中的污染物，但是一旦过量地繁殖，就会大量消耗水中的氧气，并遮蔽阳光，使沉水植物无法进行光合作用，导致大量微生物和鱼类死亡。

（二）植物群落构建

在植物物种合理选择的基础上，可以运用不同种类植物构成植物群落。针对水环境治理的园林水体设计常常有以下几种植物群落设计模式。

1. 物种多样化群落模式

陆生、湿生、挺水、浮水、沉水植物依序构成生态水景的组成部分，并逐步形成一个有机和谐统一的组合体，各组成部分比例协调，景观层次和色彩丰富。这是

---

① 王谦，成水平．大型水生植物修复重金属污染水体研究进展[J]. 环境科学与技术. 2010(05)：31-32.

最常见的一类水生植物群落。一般来说，其分布比较有特点：沿岸边浅水向中心深水呈环带状分布，依次为湿生植被带、挺水植被带、浮叶植被带及沉水植被带。值得一提的是，在一些水环境治理的实践表明：早期采用过多的植物种类，其生态群落反而不稳定。根据生态系统的演替规律，生物群落会逐渐从低级到高级，从简单到复杂，最后趋于稳定。因此，可以优先考虑部分沉水植物和挺水植物作为先锋植物类群，等到生态环境逐步改善，再添加更多种类的植物。

2. 优势种主导群落模式

优势种在水景中起主导作用，是景观的主体部分，也是景观的特色部分，其他物种为伴生物种。例如，大片的荷花形成的景观，点缀有香蒲、茭草和水葱。需要注意的是，优势种主导群落模式并不意味着植物种类单一，而是优势种植物在数量上占据优势，其他植物在设计时依然要做到种类丰富、比例合理。优势种植物在当地环境中生长良好，生态位稳定，不能是入侵植物。

3. 水质净化型群落模式

此类景观以大量的沉水植物和浮叶植物为主，水域内点缀少量其他水生植物，主要以保持水质良好、水体透明为主。水质净化型群落模式一般用于水体净化初期、水污染比较严重的环境中，沉水植物和浮叶植物抗性较好，又能够快速地吸收污染物，可谓良好的先锋植物。

4. 沉水植物配置原则

沉水植物在选择时主要满足以下几个原则。

(1) 根系发达

选择根系发达的品种，以固定沉积物、减少再悬浮，降低湖泊内源负荷。

(2) 净化效果好，去污能力强

选择对湖泊中氮、磷等污染物有较高的净化率的品种，以降低湖泊内源负荷，防止富营养化。

(3) 季节与空间搭配原则

根据沉水植物的生态习性选择不同类型的品种进行搭配，在季节转换过程中要选择适应当地气候的品种，并根据空间情况（如底质等）进行搭配，不仅能保证深水区沉水植物的正常生长，还能增加多样性。

(4) 生态安全

为防止外来物种入侵带来生态灾害，湖区植物尽量选取本土品种或外来本土安全品种。繁殖力强的、不易控制生长区域的品种不宜选择，应选择繁殖能力和生长区域均可控的品种。

（5）有一定的美化景观效果

浅水区沉水植物由于生长在较浅的区域，直接影响人们的视觉效果，必须兼顾湖泊的景观功能，选择一些漂亮的、人们喜爱的品种。

（6）容易管理

在满足以上要求的基础上，尽量使选择的品种容易管理，减少维护的工作量。

（三）动物群落形成

在园林水环境中，当植物群落得以设计施工并逐步完善，下一步就需要考虑动物群落的设计和完善。这样才能形成一个完整的、稳定的生态系统。在园林水环境的设计中，主要有两种构建动物群落的方式：一是直接进行动物投放；二是设计动物的栖息环境，以吸引更多的动物类群。

1. 投放动物种类选择

在园林水环境中直接进行动物投放是一种快速而直接的方式，它可以在短时间内迅速建立一些简单的动物群落，有时还能有效地治理污染（一些水生动物类群对特殊的污染有很强的清理能力）。这种方式一般适合初期的、简单的水生态系统。直接投放动物的种类一般为浮游动物和鱼类，这两类动物对水环境的适应能力更强，也更容易对初期的水环境形成有益的改变。

浮游动物大多以水体藻类为食，它们对藻类有较强的克制和调控作用。因此，在许多由于藻类过量繁殖而引起的污染中，具有很好的效果。鱼类是水生态系统中最重要的动物类群之一，也是动物投放时主要的选择。投放鱼类时需要把握以下两个原则。

（1）种类的选择应与生态环境、生态系统相适宜

这一点与前面植物种类的选择原则相似。选择的鱼类首先要能够在水环境中良好地生长和繁殖。此外，该种类要与整个水生态系统中的其他种类相适宜，形成合理的食物网，并与其他种类在栖息空间和食性方面能很好地互补，更好地利用水体空间和资源。

（2）控制动物投放比例阈值

动物投放比例阈值没有统一的标准，不同水体的营养结构都是其在和环境协同作用后所形成的特有结构，因此需要分析不同食性鱼类对水生态系统的影响，控制其投放比例，并对其进行长期的追踪管理。在一些研究中，总结了我国人工湖泊的建议鱼类投放比例阈值：草食性鱼类小于6%，底栖食性鱼类小于6%，滤食性鱼类10%～20%，杂食性鱼类10%～20%，肉食性鱼类40%～50%。

2. 动物栖息环境设计

动物群落的构建与植物群落不同，植物群落更加易设计和管控，而动物具有活动能力，动物群落是无法在设计初期就进行全面构建的。一些简单且适应能力强的物种尚且能够在初期投放，但是更多种类需要合适的栖息地才能够被“吸引”到此地生存繁衍。因此，在设计中需要对动物的栖息环境进行设计和构建。

动物的栖息环境进行设计和构建需要考虑动物的行为需求，在园林水环境生存繁衍的动物类群包括鱼类、鸟类、两栖类、爬行类、哺乳类和无脊椎的甲壳类。其主要的行为需求包括栖息需求、觅食需求、繁殖需求和节律行为需求。

(1) 栖息需求

栖息需求是包含范围最广的需求类型。大致是指动物在园林水环境中进行停留和行动的需求。满足动物栖息需求的空间需具备以下几个特点：有特殊的可供动物停留的设施，足够的安全性，良好的自然环境。

1) 可供动物停留的设施

栖息需求停留设施类型因动物的类型而异。在园林水环境中，最常见的动物类型是鱼类和鸟类。大多数鱼类没有特殊的停留设施要求，只需要适当的水生植物即可。而鸟类所需要的停留设施则非常有特点：伸出水面的树枝和木桩，在自然环境中经常可以看到鸟类停在水面的树枝上。在园林设计中，人们也根据鸟类这一行为特点，在浅水区域和湿地中人为设计树枝和木桩，以此吸引不同鸟类前来停留。许多两栖类和爬行类动物也有停留的设施需求，但是和鸟类竖立的树枝木桩不同，这几类动物不能攀爬到高处，因此在园林水体设计中，常常在浅水区域和湿地中人为放置卧倒树桩和浮木，供两栖类和爬行类停留。前文中提到的浮叶植物，除了水体净化和植物群落的营造功能，也为一些两栖类和昆虫提供了水上的停留空间。

2) 足够的安全性

在园林水环境中，大多数动物会对人类适当回避，还有一些动物具有领域特征。因此，如果希望动物长期停留和栖息，就需要为它们营造相对安全和私密的空间。这一点鸟类与爬行类表现得比较明显。它们喜欢栖息在具有一定封闭性的防护性浅水湾，所以在鸟类与爬行类经常活动的地方，需要适当种植一些具有遮挡性的植物，同时不要设计过多的人类活动设施。

3) 良好的自然环境

多数动物和人类一样，倾向于在自然环境更好的地方栖息。长势良好的植物、清洁的水体、湿润的小气候，都是吸引动物的特征。

(2) 觅食需求

觅食需求是动物最基本的生存需求；有食物，才可能存在相应的动物群落。动物的食性主要分为草食性、肉食性和杂食性。其中，肉食性动物在设计初期是难以吸引和控制的，需要生态系统的整体构建和维护。草食性和杂食性的动物可以通过初期植物种类的选择和植物群落的构建来解决，这一点在上文中也有所提及。

对草食性鱼类来说，多数沉水植物是它们的主要食物来源。因此，种植和构建丰富的沉水植物群落可以为草食性鱼类提供良好的生存环境。也有一部分植物可以为鸟类提供食物来源，如杨梅、枇杷、茭白、莼菜、慈姑等。而对一些昆虫而言，蜜源植物无疑是吸引它们的重要因素之一。

(3) 繁殖需求

动物若长期生活在某一环境中，就对环境有繁殖的空间需求。繁殖需求最需要的空间就是筑巢产卵的空间。在园林水环境中，不同类群动物的巢穴一般位于植物、水底和水岸上。几乎所有的鸟类的巢穴都位于植物上，因此在园林水环境中，岸边最好能有较高大的乔木，要不就需要具有遮挡作用的植物（如芦苇、蒲苇等），为鸟类提供安全筑巢的空间。此外，还有一些园林植物可以提供筑巢的材料，如水杉、枫香、女贞等。一些鱼类的巢穴位于水底，一般需要丰富的沉水植物和挺水植物（根系发达），以及较为粗糙的底面质地（如卵石等）。而相当一部分鱼类、两栖类和爬行类的巢穴位于水岸的池壁上，它们一般需要自然的土壤、石壁以及粗糙的表面构造。前文提到的鱼巢砖、生态连锁块材料，就为这些动物提供了大量筑巢的空间。

(4) 节律行为需求

节律行为是动物最常见的行为之一。在园林水环境中，部分鸟类有迁徙行为，而部分鱼类有洄游行为。鸟类的迁徙行为触发的主要需求是栖息需求，如上文中提到的一样，需要停留的设施和较为安全的环境。而针对鱼类的洄游，也有一些生态的设计手段，最常见的是鱼道。鱼道通常出现在水坝和桥梁中，由于这些设施影响了鱼类洄游的路线，因此人为开辟通道供鱼类通过。设计鱼道时，应当注意坡度和宽窄，以此控制水的流速——鱼道中水的流速应小于逆流而上的鱼类游动的速度，这样鱼类才能顺利实现洄游。

值得一提的是，根据对动物行为需求的研究，发现园林水环境中最适宜动物生长的区域是水陆交错的区域。这里由于水体的不断侵蚀和营养物质的堆积，为多个物种的生存提供了良好的条件，这里往往生物种类丰富，生态系统也较为复杂和稳定。水陆交错区是许多两栖类和鸟类的栖息地，干旱季节的水陆交错区为水鸟提供了庇护区和繁殖地，它还可作为鸟类迁移途中的歇脚地。因此，对水陆交错区域各类特性的研究，有利于水生态系统的构建。

(四) 生物群落构建

生物群落是生态系统物质循环的重要载体，群落的结构、物种等因素都影响生态系统的物质循环。河岸植被、水生植物、水生动物和微生物是水生生态系统的主要生物。[①]

微生物对水体中有机物和营养盐分解起着重要作用，但自然界中微生物种类复杂，稳定的微生物群落仅靠人工手段很难构建，往往需要为其提供适宜的生长环境。在园林水体设计中，需要有目的地考虑微生物生存环境的构建。常见的手段包括向水体中增加氧气、种植挺水植物、为微生物提供可以附着的介质等。

在动植物、微生物都有良好的生存环境时，需要对生态系统中的各类生物进行调查和调整，一是要使它们形成关系稳定的食物网，二是使它们的生态位能够很好地互补，更好地利用水体空间和资源。

五、基于人类活动的园林水体设计

(一) 满足人类亲水性要求的设计

人类具有天然的“亲水性”，这一点我们的祖先很早就意识到了。在欧洲古典园林中，人们常常会在水池边举行集会宴饮活动；我国古典园林中更是把许多亭、廊、阁、榭都设在水边，并认为这些邻水建筑是园中最佳的观景点之一。园林中的水环境设计，从人类活动的角度来说，首先要满足的就是人的亲水性需求。

不过从另一个角度来说，人的“亲水性”不能够过度扰动水环境，给水生态系统带来负面的影响。这就要求在设计园林水体景观时，应充分考虑亲水设施的地点布置、形态材料和施工方式，降低对生态环境的干扰，同时还要考虑这些设施的安全性，防止游客失足落水。

常见的亲水设施有桥梁、亲水平台、亲水广场、码头、栈道、滨水道路、观景观测设施等，还有一些服务设施的设计也对水环境有一定的影响，譬如公共厕所的布置与设计。

1. 桥梁

桥梁是园林水体景观设计中最常见的设施，是为连接水体两侧的通道而存在的。园林中的桥梁包括步行桥和车行桥。一些调查研究表明，桥梁在施工阶段会对水环境产生一些负面影响。因此，在桥梁设计和施工时需要注意：一是选材的科学环保，

---

① 应求是 . 健康型水体的设计探讨 [J]. 中国园林. 2007(06)：37-38.

尽量选择竹、木、石材等自然材料；二是桥梁设计阶段注意做到低能耗；三是在施工阶段注意管理，尤其是施工时的泥沙、混凝土不要大量混入水体造成污染，施工机械的污水也要进行适当处理。

前文中提到生物群落的营造，水生生物的行为需求也是影响设计的因素之一。在近些年的设计中，能够看到一些不仅考虑人类通行需要，还能考虑水生动物栖息的“生态桥梁”出现。许多桥梁结合“鱼道”，为鱼类的洄游提供了方便。

2. 亲水平台和广场

亲水平台和广场是园林中人们进行亲水活动的最主要设施。传统意义上的亲水平台和广场为人们提供了一个近距离观水的空间；在现在的许多设计中，则增加了许多较为有趣的内容，人们可以更加近距离地接触水体，增进对水环境的认识。

值得一提的是，亲水平台和广场的设计在增进游客与水体亲密接触的同时，还需要考虑安全问题，防止游客失足落水。

3. 码头

人们在码头主要进行两类与水有关的活动：泊船和垂钓。这两项活动都对水环境具有较深远的影响。泊船本身对水体影响不大，但是行船时使用的动力可能会污染水体，因此需要使用清洁的能源。垂钓是一项古老的娱乐活动，在对鱼类生存繁殖影响不大的情况下可以进行，但是大多数园林水体中的生物群落其实比较脆弱，因此需要对游客的垂钓行为进行管理，避免过度的垂钓。

4. 栈道

栈道是人类进行亲水活动的重要设施之一，是园林水体设计中道路的一种特殊类型，在设计中占有重要的地位。“栈道”最早指沿悬崖峭壁修建的一种道路，后来泛指各类下层架空的通道。栈道本身就是一种对水环境比较友好的设施，其“下层架空”的结构意味着减小对水环境的影响。栈道在设计时一般也采用比较环保的材料，最常用的是木材，石材、竹、钢结构也经常使用。

5. 滨水道路

滨水道路一般分为人行路和车行路。人行路除了前文提到的栈道，其他基本上属于满足人类亲水需求、在水边设置的普通道路，这类道路对水环境基本无影响，唯一需要注意的是多使用生态环保的材料。比如，使用透水材料，增加雨水的收集，使其汇入水体中得到净化和再利用。

车行路与人行路相似，对水环境基本无影响，但是需要注意的是，车行路在设计时最好不要离水岸线太近，同时在车行路和水岸线之间的区域可设计植被，减少汽车尾气对空气和水环境造成的污染。

6. 观景观测设施

观景观测设施出现在许多湿地郊野公园和自然保护区内，最常见的譬如观鸟塔，这些设施大多采用生态材料构筑。此外，一些设计还别出心裁地将人的观测活动与动物的栖息放在一起考虑。仍然以观鸟塔为例。一些湿地保护区中的观鸟塔同时具有研究、观测鸟类栖息的功能，既为部分鸟类提供巢穴，又为研究人员提供观测和科学研究的场所。

7. 公共厕所

公共厕所是园林中必备的服务设施。这里将其单独列出，主要是需要强调：公厕是生活污水重要的产生地之一；在设计时一定要有完善的给排水系统，并对生活污水进行妥善的引流和处理，避免对附近的水环境产生影响。

（二）实现科普教育价值的设计

在进行园林水体设计时，科普教育功能应当被纳入考虑范围中。目前已经有多种科普展示设施可供游客选择。从互动的方式来看，大致可分为非互动式科普展示设施和可互动式科普展示设施。

非互动式科普展示设施是最常见的类型，它包括绝大部分的科普展示牌和其他各类纯文字、图片和影像的展示设施。尽管它们比起可互动式科普展示设施，其科普教育的作用要小不少，也存在不容易被儿童等人群接受的问题，但是也有很多优点。其中，最大的优点就是造价低廉且易于施工，大多数展示牌的制作比较方便，用料轻便，可批量化生产，科普教育的内容也可以在书籍和互联网上轻易获取。另一大优点是耐久性好，便于管理。在许多园林水环境中，科普展示设施需要长期暴露在自然中，受到风吹日晒。相比可互动式科普展示设施，非互动式科普展示设施可选择石材、金属、木材等作为材料，并且不会因为过度使用而快速损坏。

可互动式科普展示设施是近些年来的研究与设计热点之一，“可互动”意味着游客不是被动接收图片、文字等信息，而是可以主动地查阅自己感兴趣的内容，并通过对动态现象的观察、听觉视觉触觉的全面感知、交互游戏等方式更加深刻地体验科普教育的内容。可互动式科普展示设施的优点是显而易见的，它更能激起游客的兴趣和求知欲，展示手段也更加活泼和多样化，其科普展示效果也大于非互动式科普展示设施。但是可互动式科普展示设施也存在一些问题，比如造价昂贵，维护也比较麻烦（一般需要专门维护，否则容易因为过量使用而造成损坏）。此外，目前的可互动式科普展示设施多为电子设备，一般只能放在室内或者半室内空间中，在野外环境中极易造成损坏。在园林水环境中，水就更容易对它们造成损坏。

（三）反映审美情趣的设计

景观是环境中具有普遍价值并能被人的视觉感知到的外部形态的组合。简言之，景观给人以美的感受。因此，在园林水环境治理中，水环境治理的生态价值与美学价值需要相互平衡，我们应该以既有利于人体健康的生理愉悦，又满足人们视觉感官美观的心理愉悦为出发点，通过生态设计、生态工程的科学方法来建造美的“生态景观”。美的园林设计一般遵循以下三个原则。

1. 统一与变化

统一与变化是形式美的主要关系。统一意味着部分与部分及整体之间协调的关系，让人产生温和、稳定的感觉；变化则表明其中的差异，给人丰富多变的视觉体验。一个景观的整体应该是统一的，而变化是局部的。统一与变化表现在景观的形态、排列、质感、色彩等多个方面。对园林水体设计而言，水体平面边界的设计大致可分为曲线和直线两种，仅仅从美学的角度来看，曲线形和直线形各有特点，曲线形代表着自然、柔和的形态，而直线形则更加富有现代气息。在实际应用中，曲线形则具有更大的生态效益，因此在设计时，可考虑以曲线形为主，在人群活动较多的地区灵活运用部分直线形，达到生态价值与美学价值的平衡。

此外，水体的植物设计同样遵循统一与变化的美之法则：湿生植物群落的配植主要考虑群落层次形态和季相变化两个方面。层次形态应注意高低错落，疏密有致；季相变化方面则要注意四季皆有景可赏、植物色彩的搭配和变化等问题。

2. 比例与尺度

比例是使构图中的部分与部分或整体之间产生联系的手段。比例与功能有一定的关系。空间的大小尺度不同，给人的感受也就不同，其功能各异。在自然界或人工环境中，大凡具有良好功能的东西都具有良好的比例关系，如人体、动物、树木、机械和建筑物等。就水环境而言，不同的水体形态给人以不同的感受；海洋给人深邃辽阔之感，湖泊给人宁静惬意之感，江河瀑布汹涌浩荡，山涧小溪轻快活泼，水体的不同尺度给人以不同的感受与美。地形设计也对水体的美学价值产生了重要影响，可以大大丰富场地的空间层次和景观的多样性。地形设计在水环境治理中又可以和跌水曝气、雨水收集等技术相结合，应用十分灵活。

3. 多方面的感官体验

视觉体验固然是景观的重要组成部分，但是听觉、嗅觉等体验也起到了不可忽视的作用。就听觉体验而言，水体是景观中重要的声音来源，高差造就的流水带来悦耳动听的水声，这是有别于视觉美感的另一种美。听觉、嗅觉等体验造就了景观不同层次的美，也使得游客的体验更加丰富和完善，是园林水体设计中值得关注的一环。

六、水体长效管控

(一) 动态发展模式与分期治理规划

动态发展模式或者说可持续发展模式最早由美国著名设计师詹姆斯 - 康纳（Tames Corner）领导的菲尔德设计团队提出，被应用于美国纽约清泉公园的生态修复与设计中。野外作业（Field Operation）的规划不同于以往的固定化设计，它提供了一个建立在自然进化和植物生命周期基础之上的、长期的策略，以期修复这片严重退化的土地。该方案在尊重场地现状的基础上，既使环境得到了逐步改善，又为场地的长期发展赢得了资金。[①]

水环境治理的思路十分需要动态化的考量，可以说，整个水生态系统的形成是一个长期的、需要不断调控的过程。因此，在后期管理中，可以将水环境的恢复分为若干时期，为每个时期制定可行的目标，再依据每一阶段的治理成果，适当调整下一阶段的目标与计划。这既使得水环境得到逐步改善，又节约了开支，为水体长期的良好发展创造了条件。

(二) 设施维护与即时监测

在后期管理中，设施维护和即时监测是两个重要且基本的环节。

设施维护主要是指污水管网和公共设施的维护。污水管网直接关系到水体外源污染的排放，因此需要严格把控。公共设施所涉及的面则比较广，包括环卫设施、交通设施和其他服务设施等。环卫设施在维护时处于相对重要的位置，如化粪池、公共厕所、垃圾桶等这些环卫设施一旦维护不当，容易对水环境造成污染，因此最好设立专属人员进行管理维护。

即时监测可以说是检视水环境优劣的一双“眼睛”，它可以随时发现水环境可能面临的危机，或为后期的持续治理提供帮助。即时监测最基础的项目是水质监测，可以直观地反映水体受污染的程度。此外，鱼类活动、底栖动物栖息、植物生长等情况也是监测的常见项目，它们对水体生态系统的调控具有积极意义。

(三) 生态保护与管理

生物—生态修复技术与传统的物理化学技术有一个显著不同，就是对后期的生态保护管理要求较高。生态系统的恢复是一个缓慢的过程，因此该地区的生态系统

---

① 熊红明，潜江东干渠治理工程生态湿地规划设计 [J].水利水电技术，2016(08)：14-15.

需要持续的保护与管理。

对生态系统的保护管理主要体现在水生植被管理、动物群落管理和长效运行机制的建立上。水生植被管理是在设计及并初步建成水生植物后进行的，此时的水生植物群落比较脆弱，可能会出现各种问题，如某一种类取得优势后，抑制其他种类的发展，群落趋向单一，生物多样性降低，从而降低了整个生态系统的稳定性。此时就需要对植物群落进行动态的调控，控制水生植物密度和优势度，以保证其稳定。

动物群落管理与水生植物群落的管理相似，一开始的动物群落相比植物群落，更加脆弱和不稳定，因此需要对动物群落进行监测与调控。此外，在生态系统构建的不同时期，需要保持不同的动物群落结构，对各种动物生物量与体积进行控制，以促进整个水体生态系统的良性发展。

长效生态监管机制的建立是为了确保整个水体生态系统处于良好状态。在系统优化调整的过程中，通过对水体生态系统中各个要素的连续监测来分析影响该生态系统正常运行的内外因素，同时优化水生高等植被结构、食物网结构和底栖生态系统结构等，进而统筹协调生态系统各营养级，最终建立稳定、长效的清水型生态系统。

第四章
园林景观规划设计中的植物景观设计研究

第一节 园林景观规划设计中的植物景观空间属性分析

一、园林植物景观的空间特点

（一）空间的变化性

首先，植物景观空间的组成元素是有生命活力的植物。随着植物生长的变化，空间随着时间不断发生变化。其次，由于植物是有机生物体，所以它的形态不像雕塑、建筑那样一经确定就变得边界清晰而分明。植物的枝、叶、态势都在悄然变化着，其轮廓也随着叶形变化而不同，一般呈锯齿状。最后，由于植物的萌发，一株植物很快就发展为多株，它的空间形态显然发生了变化。

（二）空间的同质性

园林植物景观的空间是由园林植物组成的，几乎所有的园林植物都有相同的组成部分枝、叶、花、果实等。植物形成的空间都是由这些植物组织、组合形成，所以植物空间有一定的相似性，似乎它们的差异只有空间尺度的差别。这一特点可以称为同质性或匀质性。单株植物空间形态可以概括为枝干形成的下部空间以及树叶形成冠状的体型，或大或小。总观一株植物，一般可归纳为一种锤状的形体。植物的群体空间又由多数个体组成。

（三）空间的异质性

园林植物景观空间显然存在很多变化，不仅空间大小、尺度会由于植物种类、形体的变化而产生差异，并且植物景观空间会由于功能不同产生形式的变化。在植物群的边缘，植物空间产生了梯度变化；在植物群中有意设置的视线通道，可以形成区别于植物林下空间的空间形式；植物群遇到大面积水体或者硬化地面，植物景观空间被阻隔、打断。植物景观这些变化的集合就是植物景观空间的异质性。对于空间异质性的研究甚至比匀质、同质空间的研究更有意义；它更能揭示植物景观空间与园林中其他空间、植物匀质空间的区别，而这些区别也许正是容易引起游赏者注意的区域。

（四）空间的领域性

空间是一种客观存在，但感知及衡量起来比较抽象，增加了认识空间的难度。对于园林植物景观来说，无论是单株植物还是植物群体，其实体部分在空气中占据了一定的体积，也是容易由视觉辨认的内容；而其形成的场、态等特征，却只能通过意识感觉。为了加强理解，文章将植物占据的空间放进实体型的空间范围内。其底面尺寸即植物单体或者群体的垂直投影面积；其高度是植物单体的高度，或者植物群体平均高度，或者群体中最高植物的高度。这种潜在的体块空间就是植物空间的领域。

在植物景观空间中最直观的统领就是植物体或者植物群体的体量。体量越大，其占据的空间资源越多；植物的高度也具备统领作用，如同设计中的制高点，高度越高越醒目，也容易统领一块空间领域。植物造景中常使用大型乔木作为空间的统领，这些乔木在高度和体量上都可以支撑一定的空间，配合其他植物类型就可以充分支配这块空间领域。

二、园林植物景观空间的构成属性

园林植物景观空间的构成的几大要素包括构成的内容、构成的方式、构成的形式等。对于植物景观的空间构成，其内容是植物空间，构成方式是利用植物作为点、线、面要素，构成的形式是植物空间的不同形态。

（一）“点”空间特征

园林植物景观的点状空间是个相对概念。例如，一棵孤植树周围是点状空间，一丛植物周围也可以成为点状空间，所以“点”是以周围空间为参照的一种空间形式。园林植物景观的点状空间常作为主景，吸引游人注意。

1.“点”空间的界定

几何学意义中的“点”既可以是圆形，也可以是各种规则、不规则的形态。空间中的点具有视觉集中作用，周围的元素都存在着被吸引的趋势；同时，点具有向外扩张的倾向，表现为对周围空间的辐射力。点的向心和辐射的特性使我们感受到点的周围存在一种“力场”，占据了周围一定范围的空间。保罗·克林认为，空间中一个单一的点可以产生视觉力，且具有表情。可以看出点在空间中的构成是复杂而多变的。那么，在园林空间中“点”所表现的各种形态，是能够被感知的，具有一定空间吸引力的。如果站在森林角度来看，一株树的空间就可以称为“点”。

2.“点”空间的构成

点的构成是单体与群体共同组合的。

第一，单体的点是力的中心，静止时，具有固定位置的不动性格，表示安定，带有标志性和向心性；若在其中设置标志物，则更易构成一个序列空间中引人向前的目标或轴线的结束，或者在某空间区域中提供一个视觉焦点。

第二，空间中的两个点，其间会产生相互吸引力，且暗示一条潜在的线；两个相隔一定距离的点，表现出某种庄严的对称性，因此在空间构成中，可以处理成标志空间出入口，或强调空间序列的轴线及对称性。

第三，空间中两个以上的点，其间产生相吸或相斥的视觉力，会因点的大小、距离、质感、色彩等相异而各不相同。

第四，空间中多个等距离、大小相同的点，没有动感和强烈的印象，只表示静止的闲适感；不等距离的、大小不同点的设置，产生动感。如果大、中、小点并列时，会产生反复的动感，大、小不同点群也会产生点的动感。点的节奏变化也可以产生动感。

第五，植物景观中点状空间构成的来源有几个方面：主景展示区，两条或多条线形排列植物的交点，轴线的节点或端点，游赏时视线需要凝聚的区域，为了均衡构图而适当点缀，为了强调而着重指出，等等。

3.“点”空间的运用

植物景观中点空间最典型的运用是以孤植树或者丛植树作为主景，这一类型表现的要点是：植物个体或群体需要一定的体量，可以作为吸引视线的空间重点；周围空间需要有一定的延续性，并保证空间重点的孤立；前景与背景有大比例的对比关系，如色彩、形状等。

另外，可以利用植物围合出点状空间，这个空间的重点不再是植物，可能是停留的场地，也有可能是静置的雕塑，或者是刺激视觉有节奏出现的点状序列。其展示要点同样要将空间重点与周围空间明显区分出来。

(二)“线”空间特征

1.“线”空间的界定

线是点移动形成的轨迹、点与点之间的连接，面相交后的交叉线都能看到或暗示着线。在几何学里，线没有粗细，有两个端点或者向两端无限延展。但在植物造景中，线具有粗细宽窄和长度，这几种要素是植物景观线空间的主要特征。线也是相对的尺度概念，它可以是滨河带、绿化带，也可以是行道树、弯曲的绿篱等。线的移动、线的集合可以成为面，线的疏密排列具有进深感或立体感。线根据其走向可分为分直线、曲线。

2. “线”空间的作用

植物景观中线形作为空间构成的重要手段，其变化及与周围空间的交流量大大多于点状空间。

(1) 视觉延伸

“线”空间可以提供连续的、以人视点进视效果为主的、富有变化的“视”景观效果。结合结点分布，可以创造出连续的植物录观。

(2) 空间引导

“线”空间具有引导空间的属性。人们只要行走在这类空间环境中，就会无意识地感受到连续的景观空间。在这种连续的引导过程中，不仅体验线状空间内的匀质感，也会在游赏中看到设计者有意安排的视觉变化，使连续的植物最直观、更加富有戏剧性，能引起人们的反应。

(3) 空间序列

线性空间从宏观上来说是由一系列空间单元构成的。即使在直线形的道路线性空间中，也可由不同性格但总体协调统一的空间形成一系列的空间序列。空间系列是指在模式、尺度、性格方面达到功能和意义相统一的多种空间的有机组合。

3. “线”空间的构成

线性空间的实质是植物景观点状空间的延续，所以构成“线”空间的基本单元还是“点”空间。

(1)“直线型”空间

直线的集合定义是空间中两端无限延伸的线。直线在植物造景中即线段，两侧有起始、结束，常以水平线、垂直线出现。

1) 水平线。水平线与视觉的方向一致，可以产生舒缓、宁静、沉稳和无限延伸的感觉，有强烈的空间导向作用与透视效果。水平线与视线方向相交 (包括垂直)，如果仍然呈序列，则延伸的空间效果依然存在，并形成一种强烈的节奏韵律和气势感。否则，这样的线状元素是为了打破空间的沉闷。

2) 垂直线。在园林中常以垂直线状空间的有序排列形成有节奏的律动美。如用垂直线造型的疏密相间的行道树或树木造型等，有序排列图案给人带来律动美的感受。

（2）“曲线型”空间

曲线在园林中运用最为广泛，曲线可以在有限的园林中最大限度地扩展空间与时间。曲线分三类：一是几何曲线，二是自由曲线，三是拟合曲线。

1）几何曲线。如椭圆、抛物线、双曲线、螺旋线等，不管哪种曲线，它们都具有不同程度的动感，给人轻松、流畅、华丽等感受。几何曲线空间在园林植物景观中也随处可见，如花坛、植床等的布局设计，规则场地边的围合种植，色块的几何造型。

2）自由曲线。植物群的林缘线形成的是一种自由的线型，这种线的空间代表了自然、和谐、连续的空间感受。

3）拟合曲线。它是最近园林中比较流行的一种线状形式，利用经过曲率评价的拟合曲线塑造空间或者空间边缘，给人现代感、科技感、未来感。

4.“线”空间的运用

植物“线”空间的典型运用是围合线状的通道空间：行道树的种植加强了道路的空间通道作用，其线形随道路变化而改变“线”空间，还可以用在需要引导视线的空间，同样用植物塑造空间通道效果；用在场地周田，加强场地的围合感。

植物“线”空间的经典运用是“绿廊”。20世纪60年代以后绿色廊道的概念在美国逐渐成熟，绿色通道就是绿色的、中至大尺度的线性开放空间。从生态的角度看，绿色廊道是物质、能量和物种流动的通道。生态学家普遍承认，连续的廊道有利于物种的空间流动和本来孤立的斑块内物种的生存和延续。①

（三）“面”空间特征

1.“面”空间的界定

几何中的面是由无数彼此间没有孔隙的点排列组成的，或者由线按照一定的移动方式划过空间形成。在植物造景中“面”空间对应了一定面积的空间形态，但仍然是相对概念；大面积草坪可以看作面空间，而密林树顶也可以形成面空间，虽然其平整度较草坪差距很大。所以，“面”的空间界定需要一定尺度的视距及一定的植物密度。

2.“面”空间的构成

园林植物景观的面空间是一定面积的植物空间形成的。面的构成形态有多种，其原因来自点与线空间的多样化。一般分为平面、几何曲面、折面、自由曲面等。如，大面积草坪形成的草坪空间，可以是平整、规则的平面，也可以随着地形起伏

① 王志芳，孙鹏．遗产廊道：一种较新的遗产保护方法[J]. 中国园林，2001:85-88.

形成自由曲面，还可以根据人为加工为几何曲面、折面。远观的大面积山林同样形成面状空间，其曲面的形态根据山体起伏变化。

3.“面”空间的运用

“面”形成的是开敞、宽阔的空间效果，同时容易将观赏区域尽可能展示给游赏者。在紧凑、密闭的空间之后设置开敞的面空间，给人先抑后扬的空间感觉，在游赏过程中变化也更加丰富；用在高大景观或者建筑之前，充分展示出建筑物等的气势；用在植物主景后，当作背景面，烘托主景效果。

三、植物景观空间的形态属性

以上对植物景观构成属性进行总结与分析，利用植物点、线、面的构成要素对植物景观空间进行塑造，需要对植物空间形态进一步认识。衡量植物景观空间的要素包括对空间边界的认识、空间形态的分类以及各种形态的组织方式。

（一）空间的限定

谈到植物景观空间具有领域性，领域性是植物景观空间的“场”。这个场于空间中有三个维度的尺寸，所以园林植物空间形态的限定因素表现为水平限定、垂直限定和顶面限定。浅显来说，植物空间是由地面限定，垂直种植组织，林冠、林片组织三个“面”组成的。通过这三个要素的调节，形成了植物景观的空间领域。

1. 水平限定

在园林的水平面中，设置了园路、场地、水体、绿地等界限，明确了水平空间的范围。绿地的边界也决定了植物生长的立地范围，可以说，绿地的界限是由草坪、花卉、地被植物等与其他水平元素相交形成。

水平限定对于植物空间来说是非常重要的边界限定，它决定了植物空间“底”的尺度范围。正是由于存在这种关系，所以设计中可以利用平面图反映各种元素的边界及布局情况。

2. 垂直限定

垂直限定包括两部分内容：一是以植物群自身的高低错落关系作为限定标准，一般用于限制观赏空间；二是以人与植物相对高度为标准控制，一般用于限制游赏空间。

(1) 植物群的高度组织

植物群的高度组织最典型的便是植物的层次种植。层次种植来自自然植物群落内，是植物对环境适应而自然产生的层次结构。其包括乔灌草、乔草、乔灌、灌草等种植形式，一般作为观赏空间来塑造。观赏点不同，游赏者与植物之间的距离也不同，植物层次变化的缓和或剧烈程度也不同。

(2) 人与植物相对高度控制

既然谈到相对高度，也就是说，这部分空间的高度组织与人关系非常密切，可以相互影响，这种环境一般是游赏空间。

植物对空间进行围合，其围合程度可以按照围合高度来定。有的围合感很强，既不能通行，视线也不能穿越；有的虽不能通行，但视线可以部分穿越；有的既可以穿过，也可以看出去。

3. 顶面限定

植物顶部是树叶组合形成的冠状体，众多植物的树冠形成了大面积的枝叶片层。在水平限定后，植物种植点位基本确定，而植物的树冠面积要大得多，同样在垂直空间中形成了一定的影响力。

(二) 空间形态分类

"形态"包括两个含义：其一是外部形状；其二是态势，是空间中的倾向，二者是不可分割的整体。植物景观空间的形态按照空间联通与否分为相连空间与阻隔空间，按照使用要求分为观赏空间与游赏空间，按照结构内涵分为静态空间与流通空间，等等。空间的分类方法很多，诠释角度也不同，这里按照静态空间与流通空间解析植物空间形态。

1. 静态空间

静态空间如同水体中的湖泊的水面，水流到了这里就会停下来，或者相对静止下来。这样的空间经常被用来供游人休息、停坐。水流速度的减缓是通过较深的水深或者较宽阔的岸线实现的。在植物空间中其实存在像水流一样流动的场或者物质，所以在植物的静态空间组织中，需要加大空间的尺度，并且增加空间深度，避免外界的干扰。至于空间形状可以采用各种几何形状，也可以使用自然形状。

2. 流通空间

流通空间表达的是一种动态的、不安定的空间形式。植物空间比较浅，气流与场容易产生对流。其形态最直观的表现是一种线性空间形式，常作为引导空间，可以是自然式或规则的廊道空间。空间具有强烈的引导性、方向性和流动感；线性空间尺度越狭窄，这种流动感就越强。

(三) 空间形态组织方式

园林植物空间需要通过水平层和垂直层的相互组合、作用形成。根据组织形式、外部形态的不同，园林植物空间常可以划分为 U 型、L 型、平行线型、综合型等不同的类型。

1. U 型植物空间

“U”型是广泛使用的植物空间组织形式。除了完全封闭的四面型空间，绝大多数的空间形态呈现“U”型，即三面封闭的园林植物空间，形成内向的焦点，同时又具有明确的方向性，与相邻的空间产生相互延伸的关系。三面环绕的空间形式组织灵活，空间的封闭感或者开放感可以通过边的长短调整。

2. L 型植物空间

“L”型植物空间是从较为封闭的“U”型空间逐渐打开的过渡空间形态。随着三面围合变为两面围合形式，空间更加开敞，加强了与周围空间的交流，并使空间具有一定的指向性；当游人位置在“L”的转角位置休息时，面对的都是开敞、流动的空间，而局部空间则安静、稳定。

3. 平行线型植物空间

平行的植物空间如同若干个平行的通道子空间，其中每一个子空间都具有独立的空间效果，而这些子空间又通过一定方式组织起来。平行的空间形成较强的序列感、方向感。

4. 综合型植物空间

综合型植物空间形态多种多样，组织方法也各有特色。在园林空间里植物空间往往不是单一形态的，无论全封闭还是大部分开敞，其空间形态互相穿插、相互融合。植物的空间形态组织常根据场地具体需要进行。

四、园林植物种植的形式属性

植物的种植形式其实并没有公式一样的固定模式，无论规则式或者自然式都是应用点线面的素材组织不同的空间形态，应用空间水平限定、顶面限定的结果。

（一）自然式种植的形式与空间特征

自然式种植是通过人工的方法模拟自然界植物群落的组成形式，进行植物造景的一种种植模式。其特点是“源于自然，高于自然”。自然式种植结构的基本法则是植物群落的组成规律，而构建植物群落的手法则为了突出植物搭配后的艺术效果。自然式种植的空间效果与自然环境中的植物环境一致，空间的变化似乎比较随机，然而自然式种植会有意对空间大小、空间内景观效果进行思考。

1. 孤植的形式与空间

孤植树是单株种植的植物，然而在一定的环境中怎样辨别植物是孤植树？在一定面积的硬化地面中单独种植的乔木，我们认为其是孤植树，因为场地的底很容易区分开来；在绿地中植物环境内，辨认孤植树要从其所占空间比例来判断。孤植树的周围应该留有部分空间，使树木枝干向四周充分延展。

在植物造景中，孤植树是一种点状空间：当连续的植物群落对人眼形成了固定的刺激，那么孤植树的空间感觉或者色彩可以打破这种惯性，给人形成新的刺激，所以孤植树一般作为画龙点睛的妙笔。

一般人的最佳视距是树高的4～10倍，所以孤植树的最佳布局是至少在树高4倍的水平距离内，附近不要有形状雷同、高度相近、色彩一致的其他植物或景物。在这个距离内，人能舒服地看到植物整体，然而实际操作中受到用地限制，往往不能达到这样的比例。

当人正视前方时，由远及近地观察孤植树，所得视域会逐渐缩小。远离时可以看过树梢并能看到树木整体部分，包括孤植树所占的空间氛围。这时的空间感受比较宽敞，可以给游客心胸开阔的感觉。走到树前只能看到树木的局部，由于树冠高度不同，这时孤植树下的空间感觉决定于树木树冠下沿的高度。如果其高度较低（如低于普通人视线高1.5米），树木遮挡了视线，并且不易通过，则所得空间感受是阻隔的，这样的孤植树最好作为中远距离观赏用。而高度较高时，则可以利用孤植树的树荫，在树下休憩。此时人的位置在树下，所以空间感受取决于孤植树周围空间的宽阔与否。在植物造景中利用这些高度、距离数据可以营造不同的孤植树观赏效果，安排不同的游憩项目。

2. 丛植的形式与空间

树丛也是空间中的重要组成，通常作为主景，也可以作为点状空间。乔木，或乔、灌木组合而成的种植类型。树丛的组成数量不算多，但能够形成一定的植物群体美，同时每一株植物又有其个体美。

树丛应适当密植，尽量形成一个整体，这样的空间效果比较强烈。如果空间足够延展，单个树丛的空间效果如同孤植树一般；如果有多个树丛组合，则树丛间的疏密要得当，留有一定空间，否则便与群植难以区分。

树丛在功能上除作为组成园林空间构图的骨架外，还有空间遮蔽作用，利用一个或几个树丛形成对空间的部分阻隔。一般用单纯树种组成的树丛，这样整体性比较强；可用作主景，空间特点类似于孤植树，主景树丛用乔木结合灌木，形成比较丰富的空间效果；可发挥诱导作用，利用树丛的空间诱导作用，用在主景或者空间变化较大的位置，作为视线引导。

树丛的个体空间也应该得到体现：一方面通过同种植物形成树丛内植物间距离疏密变化；另一方面通过不同植物的搭配丰富空间效果。树丛的配植一般按照其数目分组：如两株丛植的种植形式每一株是一个组，最好是同种植物：如为不同种，外形差异不宜太大，也不应雷同。

通过以上分析发现，树丛的空间模式可以分为两大类：一类是树丛作为整体与周围环境共同形成的空间效果；另一类是树丛自身内部空间疏密的变化，这种空间组合模式主要遵循三角构图模式形成。在植物造景中进行丛植的组合模式可以按照空间需要、树丛体量决定配置植物数量，再按照植物的数目分组形成变化丰富的空间构图。

3. 群植的形式与空间

群植数量比丛植大。在城市公园的植物造景设计中，数群的比例是非常大的，因为城市公园用地面积有限，很难塑造森林、树林等种植形式，群植能最好地模拟、象征自然丛林。在空间上，孤植、丛植都是几乎完全暴露于环境中的种植形式，而林带又相对封闭。树群则处于二者之间：其外部仍然暴露，但一定数量的植物又产生了内部空间；在生态关系上，树群介于外界干扰以及种间作用的双重影响下。

树群的内部空间一般是较封闭的，受到数量的影响，群植不会占用太大空间。一般群植规模在平面 50 米 ×50 米以内。根据最佳观赏视觉比例，群植的范围最好不要呈正方形，但长边不应该超过短边的 3 倍（由人的最适视域决定）。

树群为了达到最好的观赏效果，其树种高度应尽量分层，每层中观赏效果最好的局部一定要露出来。树群的层次组成一般笼统地分为乔木层、灌木层、地被层三个层次。树群中间的高度应该高于周围植物的高度。乔木层由于高度有优势，一般设置于群体的中间部分；从中间向外，高度逐渐降低，依次为亚乔木、大灌木、小灌木。这样形成梯度布局，互不遮蔽。

树群内部的植物不能随意组织，应当遵循一定的规律。因为植物群里没有过多的空间，如果树群内设计为不能进入，则植物密度可以适度加大，树群内部空间变化可不做过多考虑，其外部空间特征显得更加重要，通过对局部植物配置的控制达到良好的观赏效果；如果树群内部可以进入，则内部疏密显得更为重要，将内部空间的体验作为游赏的主要感受，可以安排林内的一些休闲活动。

植物造景中在重点位置群植树木最好是成型的大苗木，这样可以保证栽植后的空间效果。然而，在种植初期，一般苗木的规格比较小，很难直接形成丰富的空间效果。所以，重点区域保证效果后，其他区域适度密植。

4. 林带的形式与空间

林带是呈现带状分布的大片植物群体，在空间中起到联系、过渡的作用。林带一般是狭长条带状，可以看作线形空间；在理论上平均长边距离达到短边距离的 4 倍以上。

林带有一定的宽度，且内部郁闭度①达到1.0。这样它可以连续地围合空间，如果是直线排布的林带，则可以将空间分为两部分；如果呈“8”或者“S”状排布，空间就会出现多种体验。“一”字形林带空间较简单，两侧都是开敞空间，靠近后单侧狭窄。

一般在植物造景中使用林带作为前景的背景，连续的色调与线形可以忽略其中细节的颜色变化及树木姿态变化，所以林带呈现出的是大群体的整体景观效果，并不十分关注个别树木姿态。

5. 风景林的形式与空间

风景林有别于森林，一方面，森林不光树木的数量大，种类多，而且在单位面积中的密度也比较大。另一方面，森林内部植物之间的生态关系稳定且显著，互相作用比较强烈；森林对外部环境的改变影响也比较明显。

风景林内部塑造的是一种安静的空间效果，一般分为密林与疏林两种形式。密林的郁闭度为0.7～1.0，又包括混交林与单纯林。单纯林的植株基本上外形相似，所以其垂直景观效果较差；可以通过适当自然化、疏密配合种植，改变单一的空间效果。混交林在垂直方向上分层效果明显，景观也比较丰富。其组合方式如同树群的层次组织，但精细程度要减小很多。郁闭度小于0.6可以算作疏林，视线可以进入，其中的空间可以丛植作为主景，也可以设置一些林下活动的场地及空间，周围植物可以提供良好的围合效果。

风景林不单种植在平面区域，许多风景林依山就势栽植在山体地形之上。作为远景观赏时，其自身高度几乎可以忽略不计，仿佛贴在了地表，可以看作面状空间。空间效果主要来自风景林内组团间的疏密组织，以及山体起伏形成的凹凸感。而这些空间变化只能通过组团的组织或者色彩来调整、控制，树种的高低不同不能起到主导作用。

（二）规则式种植的形式与空间特征

规则式种植形式应用很广，尤其在西方园林中，对数理的崇拜，对规则构图的热爱，形成了大量的规则式植物种植方式；我国古代也有植物行列式种植的先例，植物规则种植也是现代园林中植物运用的重要形式。

1. 对植的形式与空间

对植就是符合一定对称关系的种植形式，一般是两株或两丛植物分列于公园、建筑、道路、广场的出入口，同时结合庇荫和装饰美化的作用，在构图上形成配景

---

① 李永宁，张宾兰，等．郁闭度及其测定方法研究与应用[J]．世界林业研究，2008(01)：40-42.

和夹景。对植的空间效果随着表达重点的不同而变化；如果强调建筑物入口雄浑的气势，在植物造景中需要选择那些高大、直立的植物材料。比如，许多建筑入口都布置了雪松，因为其塔状的树形、挺拔的树姿能更好地衬托建筑开阔的空间感；而一些小型山门周围的对植，为了衬托出建筑幽静、清雅的空间特征，选较低矮、延展的植物材料，尽快将建筑物轮廓隐藏于其间。两丛或两棵树的体量大小及距离决定了其形成夹景的空间状态。

也有的对植设置在草坪中或者道路两侧，整个对称的布局形式给人整齐、开敞的空间感受。而对植不同于阵列栽植，其空间深度较浅，影响范围比较小，这也是为什么对植模式常用于“门”的空间形式附近的原因。

2. 列植的形式与空间

列植即行列式栽植，是指树木按一定的株行距成排成行地种植，是一种规则式种植形式，可以看作线形空间形态。其空间效果取决于植株的高低栽植距离，如果是同成年人高度相仿的行列密材，能够形成屏障似的通道效果；如果是大型乔木列植，形成整齐开敞的气势。这种气势需要配合一定尺度的道路或者广场才能实现。

列植一般用在道路、广场等区域，行列栽植宜选用树冠体形比较整齐的树种，如圆形、卵圆形、倒卵形、椭圆形、塔形、圆柱形等，要求枝干比较直。一般的栽植距离按照成形后树木的冠径决定。

由于行列式种植一般分枝点较高，所以很难对树后的空间进行遮挡。一种处理方式是枝下种植低矮灌木或者绿篱，阻隔空间的流通，减少游人对列植树后空间的好奇，也能加强树下的观赏效果；另一种方式是选用高分枝点乔木列植，将列植树下的空间进行整洁处理，留出地面，但地面需要花卉或者地被覆盖，则视线可以穿过树干看到树列的后面，在列植树后空间背景中做复层植物栽植。

3. 篱植的形式与空间

绿篱是园林植物经常使用的一种表达方式，一般的绿篱是由小乔木或者小灌木按照等间距排列成行，密植形成的规则条带式种植形式。一般的绿篱都经过修剪，形成不同的形式。绿篱的空间效果由它的高度与宽度决定，长边的形式或者直线，或者曲线不定。高度超过 1.6 米的绿篱，基本上能够将人的视线阻隔，这时候的绿篱像一堵墙，所以称为“绿墙”。它对空间起到阻隔作用。如果希望将空间分开，就可以在植物造景中使用在这个高度范围内的绿篱。1.2 ~ 1.6 米的绿篱可以阻挡人们通过，但是视线基本可以穿越，称为高绿篱。这种绿篱对空间有一定的阻隔作用，但两侧空间仍然联通。0.5 ~ 1.6 米的绿篱是平常常见的绿篱高度，这个高度空间中是一种边界意向，对空间的分割作用并不强烈。不同的绿篱高度起到不同的阻隔作用。

绿篱的宽度由一株植物的冠径起始，理论上不限制最大宽度。普通意义上的绿篱起码由两株植物宽度组成，因为这样可以做基本整形工作；宽度一般为几十厘米。如果宽度达到几米到十几米，则形成色块。绿篱空间形式还取决于植物有未经过修剪：经过修剪的植物让人感觉空间很整齐，如常见的黄杨篱、紫叶小檗篱等都经过修剪；一些使用迎春等葡萄状枝条的植物则让空间更加自然。

绿篱最常用的功能是划分边界和防护，用绿篱来划定区域的范围。一些不希望游人进入的区域，则通过较高的绿篱将空间分隔开。绿篱在园林中可以起到塑造空间结构的作用，如凡尔赛宫外部绿地几乎都由绿篱围合，绿篱塑造的线条勾勒出整个园林的大结构。

绿篱作为装饰效果显著：在植物造景中，利用绿篱色块造型的空间效果一般比较开阔，给人面状空间效果结合线形艺术的欣赏效果，所以在我国广泛地运用于高速路互通空间中植物景观的表达。这样不但色块尺寸可以放大，并且在高架上观赏者可以看到植物色块的全部造型。

在种植绿篱时需要注意密度。密度越大，则整体性越好，景观看起来越健康。拿黄杨来说，一般小苗可以种到每平方米 16 ~ 25 株，密度很大，随着植物生长可以适当间苗；如果用来做条带状曲线造型的绿篱一般需要至少 2 ~ 3 株为一排，且苗木需要多分枝个体，这样才能修剪出弧度。

4. 植物造型的形式与空间

在中国传统园林中，人们对自然的偏爱映射到植物造景中去，所以植物的整形与修剪仅仅局限于清除病、黄、枯死枝叶，甚至连残花都不忍摘取，也要吟咏一番，抒发自己的感情；盆景这种形式却是通过人工方式对植物生活进行干预，达到欣赏其姿态的效果。而西方园林中保持着对植物修剪的旺盛热情，认为只有经过精心修剪的植物才是有观赏价值的植物。

(1) 盆景

中国传统盆景在整体空间中的作用并不明显，体量较大的树桩盆景可以作为主景来欣赏，如同孤植树的空间效果。但其更需要注重与植物、其他园林要素的配合，树桩盆景不宜群植。

(2) 个体造型

将植物修剪为各种规则的形状，或者动物、人、特异形体等，增加了景观的趣味性。

(3) 群体造型

多株植物共同修剪形成造型样式，有篱状、墙状、毯状花纹等，与绿篱及植坛基本一致。

植物造型的空间基础一般是平整的绿地，整个植物氛围也以经过修剪为主。植物造型作为点景物出现，其独立的特异空间作为匀质空间的变化通常成为吸引人视线的焦点。

（三）混合式种植的形式与空间特征

1. 混合式种植的普遍性

前文系统地论述了规则式与自然式种植的空间形式。这些种植形式在园林植物景观中应用非常广泛，但在一整块用地中从来不会只应用一种种植方式。现代园林的种植形式多数呈现自然种植与规则种植的混合形式。

2. 混合式种植的空间多样性

自然式种植或者规则式种植各自都含有多种种植样式，所以如果按照随机组合这些样式的话，混合式包含了更多可能的空间组合形式。按照主次来分，包括：以自然式为主，规则式穿插的形式；或者以规则式为基础，自然式穿插的形式；或者互相渗透、融合的种植形式；等等。

混合式的种植形式空间变化多样而丰富，合理运用会使植物景观空间既有秩序性、引导性，又有穿插性与融合性。

（四）林下与林缘的形式与空间特征

即便顶层乔木连成一片，地被灌木也浑然一体，乔木与灌木中间（即乔木树干位置的空间）也是互相联通而渗透的，这个位置是林下空间；在植物群的边缘地带，空间效果常常变化剧烈，这个位置是林缘空间。这两种空间类型可以对游览体验形成较大的影响作用。

1. 林下空间特征

林下空间在功能上可以分为两种：一种是不可进入的观赏空间，另一种是可进入的游憩空间。在观赏用林下空间的植物造景中，观察点在植物群外，欣赏的目的是植物群的外部形态、林下灌木、地被姿态、林下斑驳树影，以及林下空间深远的感觉。用作游憩用的林下空间，其内部形态决定了开展林下活动的多种可能性。这部分空间在植物群的边缘是继续渗透出来还是被边缘截断，是边缘空间处理的重要任务。

衡量林下空间的一个重要尺度是其高度，林下空间的高度由三个要素决定：其一是乔木分枝点的高度，其二是地被植物及灌木的高度，其三是地被植物及灌木的生长密度。

一般来说，疏林草地的林下空间不需要考虑灌木干扰，其高度决定于乔木的分枝点高度。而通常的植物群都是乔灌草混植，灌木的上缘（灌木足够密时）与乔木的树冠下缘共同限定了林下空间的纵向尺度。

林下空间中主要内容除了空气以外，大部分是植物的枝干与灌木、地被。乔木的干有粗有细，种植有疏有密，通过平面组团分布的研究，结合乔木密度可以确定林下空间中乔木树干的分布；加上乔木树干规格，就可以知道枝干所占空间的多少。

在植物造景工作中通过选择不同树种、不同规格、不同分枝点高度的乔木，限定林下空间的高度，结合林下空间的布局规划（游人进入或不进入，视线通透或阻碍），有效地布局灌木的位置、数量与密度，共同塑造林下的不同空间感受。

2. 林缘空间特征

总体来说，在植物群的边缘地带，空间往往有梯度式变化。这类边缘地带空间可分为两种：一种是利用植物群边缘设计，使林下空间与树群间空间相通，另一种是利用植物群边缘设计将林下空间与树群间空间相分隔。

相通的空间结构，林缘边没有灌木封闭，这时边缘空间属于乔木与地被相结合的种植形式；如果是边缘阻隔空间的模式，则林缘有灌木圈定边界，那么一般形式是乔灌学的顺序搭配，这样林冠线呈现坡度下降。

林缘的空间特异性来自林缘是一种过渡性空间，也可能是一种跳跃性空间。如果林缘一侧是密集的植被层，而林缘另一侧是草坪空间，接着仍然是另一植物群体，则林缘起到纵向空间的过渡作用；如果林缘一侧是植被层，另一侧是面积较大的水体或者硬化地面，则空间呈现一种断层分布，有一定的跳跃性。

与游憩过程结合，植物群与道路、水体相交界面空间以及植物自身边缘空间的处理，显得更加重要。

(1) 植物林缘空间与道路边缘结合

笼统地将这种空间形式分为两种：一种是弱化道路空间通通感，一种是强化道路的通道感。

①弱化空间通通感。一个原则就是“融”，将道路的形体、空间领域都融合在植物空间，一般用在比较自然、追求宁静的景观游赏氛围中。道路的铺装也被落叶、树皮等融入植物群落的地表，道路的边界也被模糊。走在林中的路上仿佛走在了林间土地上一样，使人的游赏活动由被引导状态转为了主动识别状态，增加一定的趣味性。头顶上的空间仍然是植物群落的林下空间，道路的空间领域已经融入自然环境。

这种弱化空间的设计方法，往往用在级别比较低的道路设计中。道路与植物边缘交界处植物仍然保持道路两侧的组织形式，不必做过多的变化；头顶的树冠也没必要沿着垂直通路的方向打开，可以保持封闭。

②强化通路空间。强化的最终效果就像是一支滚烫的烙铁放进了厚厚的积雪中，

烙铁会给积雪留下深深的烙印。这个烙印就是通路，积雪层便是植物群落。显而易见，强化的目的是：不仅将边缘部分区别开来，就连整个通路的通道空间都要强烈地展现出来。

利用植物造景强化这种通道最为合适，包括多种手法：用行道树、绿篱勾勒整个线性空间，利用道路两侧放大的草（花）地将道路空间扩大化，利用植物层次变化的坡度搭配、强调通道感，等等。

(2) 植物林缘空间与水体边缘结合

植物群落遇到足够面积的水体会被迫形成边缘交界；植物如果遇到小型水体或者溪流，也可以将其包含在植物空间中，如同植物空间对道路空间的弱化。

植物对大面积水体可以形成三种交界形式：其一，植物边缘几乎与水体边缘相接，并且部分进入水中，衍生出水生植物；其二，植物向远离水体的方向退让，露出一块平整的草地，并以草坡驳岸入水，一般配合逐渐向上的地形；其三，水体边缘有硬驳岸，植物种植在硬化地面空出的种植池内。

水体周围种植植物是传统园林流传至今的植物造景手段；植物的优美造型，加上水里植物的倒影，给人良好的视觉感受。

五、园林植物种植的层次属性

植物造景的层次变化是通过合理、有效地组织不同高度、不同形态的植物种类，在立面上寻求丰富的空间变化，是对空间组织的垂直限定。

在园林植物景观中常见的层次搭配有乔草搭配、乔灌搭配、灌草搭配、乔灌草搭配。由于大面积的灌草搭配比较特殊，一般灌草搭配限于小面积种植，往往是乔灌草搭配形式的延伸，这里不再详细分析。

（一）乔草搭配的空间特征

乔草搭配就是乔木和草本之间的搭配。自然界中典型的乔草搭配的植物景观是稀树草原与疏林草原，主要形成原因是当地的地理、气候条件。在植物造景的长期实践中提出了稀树草地与疏林草地的种植形式，这两种种植形式都是乔草搭配的具体运用。

1. 稀树草地

林木郁闭度大概在 0.1 ~ 0.3 的范围内，从空间看来基本上是空旷的草地。稀树草地的主要景观是单株树木与空旷草地形成的，没有灌木的加入。而乔木除了树冠以外，树干部分不占据太多空间，这样对树冠形态的要求就很高。如果选用枝叶繁茂的球形、卵形树冠，都是比较收束的视觉感受，与稀树草地表达的发散空间感不太协调。故而，在一般情况下，在稀树草地中乔木选择那些伞状树冠、外形观赏价值较高的品种。

根据空间特点以及植物郁闭度的比例来计算，以空间中一株树冠直径在 6 ~ 8 米的单株树木为中心，其周围直径 10 ~ 13 米范围的圆就是孤植树占有的空间范围。在这个范围内只有中央的乔木及地被植物；乔木作为空间的主体，领导这个空间隐藏的长、宽、高等维度的潜在关系。

可以看出，如果人眼最适观测角度为 60° 的话，将孤植树周围稀树草地空间全部感知的距离在距乔木 9 ~ 11 米的范围内，这个距离是体验稀树空间效果的最适合区域。如果超出了这个范围，稀树的空间支配感降低，与周围植物群体空间开始渗透、融合，失去空间效果，所以在设置观察点的位置时尽量放在这个范围内。

当然，稀树草地本身遮蔽性较差，游人以观其空间效果为主，所以其内部道路、广场面积应当尽量减少，不组织游人大量进入。这个空间的植物未免有些单调，在外部与其他植物群体相接的边缘区域，植物搭配可以尽可能丰富、华丽，色彩可以更加明亮，形成鲜明的对比。也有的设计师将稀树草地空间留出，在周围以几排灌木整齐“束边”的方式，强调出两块空间的异质性，给人干净、明朗的感觉。同时稀树空间内的草地可以设计为缀花草地，增加其欣赏效果。

2. 疏林草地

林木郁闭度大概在 0.4 ~ 0.6 的范围内，仍然是乔木与草地搭配类型，不使用或少用灌木。株行距在 10 ~ 20 米之间，错落搭配，不成行列式种植。

欣赏规律同稀树草地类似，区别在于由于植物数量的增多，且未必有固定的主景搭配，所以远观以欣赏局部空间效果为主进入游赏的概率比稀树草地还要大，因为其能够提供比较好的庇荫效果。草地上可以开展的活动较多，仍然需要耐践踏的植物种类，一般选择耐旱的阳性禾本科植物材料。同样可以设计缀花草地。由于花卉不耐踩踏，所以加设园路，方便通行与观景。

雪松加草坪是典型的疏林草地种植模式，花港观鱼的雪松大草坪正是这种模式的经典运用。其采用的是，在大面积的草坪空间基础上，将植物群大致分为三个组团，再由这三个组团围合了两个半包围的空间，外部则留有开敞空间。这种手法既保留了植物形成空间的私密性，又在某个方向打开了空间的通道（如箭头所指），使围合感减弱。整个空间呈现一种流通的半围合状态。在每一个围合空间内，内向地安排了植物的层次变化，高点处则由雪松的高大枝干及塔状树形引导，集中种植体现出树种的群体美。在体量上相互衬托，结合适当的缓坡地形，强调了雪松的伟岸姿态，体现出南方植物少有的硬朗；面向观赏面的是配置精巧的花灌木，局部穿插具有本地特色的代表树种和观花树种的香樟、枫香、无患子、桂花等，表现出刚柔并济的植物景观效果。

这种层次不但加强了空间的向心力，并且极大拓展了观赏面。而在草坪外部游赏时，预留的空间通道形成了视线通廊，增加了步移景异的空间变化。这种种植方式既明确地限定了空间，又充分保留了观景与活动空间，景观效果与功能都得到了极大的满足，所以雪松大草坪在空间尺度及景观丰富性上都无疑是大乘之作。

（二）乔灌搭配的空间特征

这种植物搭配模式以乔木与灌木为主要组成树种，忽略或者减少地被植物的用量，这同样是构成植物种植空间的一种形式。在自然界中并不是所有的群落中表土都有植物覆盖，许多土地都是裸露的。这种环境下群落内分成上层与中层，地表却比较突兀。通常设计中认为裸露的土地是影响景观效果的消极因素，所以在植物造景中使用乔灌搭配的区域是有限的，总结起来分为以下两点。

1. 远景视觉忽略

在游览路径不能到达的地方，以背景出现的密林，其林内地表可以不用地被覆盖，远景中视线的不足可以忽略地表的裸土影响。

2. 近景植物遮挡

有成排的灌木挡住了乔木的下部，人的视线不足以看尽林内的状况，林内可以不必覆盖地被。这种设计必须参考乔木分支点的高度与前景灌木的高度，否则会留下视线缺口，让人看到裸露地表的林内空地，与前景锦绣的花灌木形成鲜明对比，这种反差加大了不适的心理感受。

（三）乔灌草搭配的空间特征

乔灌草搭配是植物造景中最常用的形式，其由来不光出自对自然植物群落分布的模拟与研究，还在于对植物塑造空间意义的探索。乔灌草分别代表了不同的高度层次：乔木最高，其占据了群落的上层；灌木与亚乔木比乔木低矮，占据了中层；一些地被植物仅有几十厘米的高度，自然处于最底层。乔木由于高度优势，接受光能力比较强，一般是阳性植物；处于群落内部的灌木、地被植物由于长期得不到充足的光线照射，逐渐发育为耐阴品种；在群落边缘的灌木、地被品种，则保留了喜阳特性。在植物造景过程中考虑乔灌草搭配种植，应该依据图中距离及高度的关系进行控制，也为植物复层种植提供了数量化参考与支持。

（四）花卉、地被的空间特征

花卉、地被为乔灌草搭配的最下层，空间较多面状、线状构成元素。

1. 花卉的空间特征

花卉应用一般分为花坛、花境、花台、盆栽等，其中花坛与花境是常用形式。

(1) 平面花坛

花坛是将同期开放的多种花卉，或不同颜色的同种花卉，根据一定的图案、主题设计，栽种于特定规则式或自然式的苗床内，以发挥群体美效果。花坛一般分为平面花坛和立体花坛。平面花坛高度较低，与地被的种植相仿，根本区别是平面花坛是典型的主题性面状空间的展示。平面花坛一般用作点景，因为较为平面化，空间效果比较开敞。

(2) 立体花坛

立体花坛又名“植物马赛克”，起源于欧洲，是运用不同特性的小灌木或草本植物，种植在二维或三维立体钢架上而形成的植物艺术造型。从体的概念来说，其设计实质同雕塑相似，也就是用花组织一个有主题的雕塑。但在设计形体的时候需要注意其尺度，一般根据观赏空间的大小决定。对于花卉的选择需要参考设计图案的内容，一般写实的立体花坛尽量找与实物颜色相近的，与之配合写意的用色则可以有多种变化。

小型的立体花坛犹如雕塑，在空间中起到视线焦点的作用；而体量巨大的写实花坛其空间可以塑造为多种形式，如可以塑造地形、山石、植物群落等，或者是片段式的景观展示，或者是连续、有序的空间序列。

(3) 花境

花境是模拟自然界中林地边缘地带多种野生花卉交错生长的状态，运用艺术手法设计的一种花卉应用形式。又因为组成花境的植物比较低矮，按照植物空间中层次搭配的原则，花境的空间位置一般在植物群落边缘位置，利用大量草本花卉塑造了狭长的空间，或者种植于园路两侧、小型场地周围，林下空间几乎不布置花境这种形式。它是园林中从规则式构图向自然式构图的一种过渡的半自然式种植形式。

2. 地被的空间特征

地被的空间作用非常大，它属于空间组织中水平限定的要素，具有空间边界的标识作用。在植物种植层次中，地被与花卉同属最下层。花卉由于耐受性较弱，被安排在日照充足的区域；而地被往往在乔灌木大范围遮阴下。

地被植物的空间效果取决于种植密度及高度，一般地被植物平均维持在几十厘米的高度，对人的路线或视线都不能起到阻挡作用，但地被植物的面积往往较大，形成面状观赏空间；而种植密度越大，观赏效果越好。

第二节　园林景观规划设计中的植物景观艺术构成属性分析

一、园林植物景观的艺术特点

（一）艺术效果的变化性

“世界上没有两片完全一样的树叶”，这一哲学论断不仅提到世界上没有绝对相同的事物，并在事物内在联系中，承认万事万物处于不停的发展变化之中。所以，即使是同一棵植物，下一刻与这一刻也绝对不会相同。

植物景观的艺术效果存在更丰富的变化性，这也是植物景观的迷人之处。由于植物的有机活性，其肌体比建筑物更加柔软，更有张力；植物的组成结构既有规律（有相同的组成结构），又大有不同（每种结构形态差异明显），这样植物景观的表现力既有统一性，也存在变化；植物一生的生长、发育呈现出周期性的节律特点，也有从生到死的时间变化；植物的不同部位有不同的色彩，相同器官色彩又随着季节轮转而变化；等等。

植物就是处于这样的变化之中，丰富而有规律。植物造景需要掌握这些变化的规律，给予正确引导；掌握这些艺术效果的变化性，从而形成丰富的植物景观。

（二）自然与人工的综合性

1. 植物景观艺术是自然的结晶

所有的植物景观艺术性都来自植物自身，植物的叶、花、果实都是自然孕育出的精华，没有一种人工手段可以做出有生命力的植物成分；植物色彩是植物本身材质的光学反应，或者植物自身物质的化学反应，并非人工上色；植物的生长更是自身之力，是与自然界物质交换并积累的结果。所以，植物景观艺术是自然界的优秀产物。

2. 植物景观是人工化的艺术

为了使植物景观的艺术效果最大化展示、最优化组织，人工开始干预植物的生长。植物造景正是这样的干预活动，人工促使植物发育更饱满，肌体更健康，生长更茁壮；人工给植物一些化学物质，使其色彩更鲜亮；人工修剪、维护使植物叶、花、果实等可观赏部位更加美好；人工组织植物色彩，使多种色彩同时或者相继展现。园林植物景观正是由于人工的干预才能脱胎换骨，超越自然景观的艺术存在，供人欣赏。所以，园林植物景观是一种人工化的艺术。

3. 自然与人工的协调发展

植物人工痕迹过重，让人觉得不自然、拘泥而做作；反之，植物景观保持自然状态，杂草丛生、色彩黯淡，又大大削减了艺术效果。所以，植物造景的人工化程度需要拿捏得当，既保证了有效维护、组织，又要延续植物自然的生长形态。在特殊的展示阶段或者展示要求下，人工引导处于强势，而多数时期以自然生长为主导，人工仅仅扶持其生长，最终协调发展。

（三）个体与群体的综合性

植物的艺术效果体现于植物个体之上，同样体现于群体之中。个体展示的是点状、局部的艺术效果，而群体展示了整体色彩、构图等艺术特点。园林植物景观的艺术属性体现在个体与群体交相辉映的气氛中，需要群体对艺术环境整体塑造，个体有差别地集中展现，二者综合起来集中展现植物景观的艺术效果。

二、园林植物景观的色彩属性

植物造景需要对园林植物色彩属性了解并掌握，熟悉现代社会、不同人群对色彩的偏爱，依据色彩心理学、色彩构成理论、色彩四季理论等理论知识，有效组织植物景观的色彩属性。

（一）植物景观色彩的产生与组成

植物景观的色彩是一种重要的景观特征，这里所说的色彩包括三个方面：其一是常态的色彩，也就是植物在季节变化中呈现的、时间较长的绿色。其二是季相颜色的变化。这个季相变化包括植物开花后的颜色变化以及植物叶色随季节、温度变化的特点。其三就是在人为组成群落时有意地进行色彩搭配，目的是营造一定的色彩空间与景观效果。

1. 植物色彩的产生

我国古代把黑、白、玄偏红的黑称为色，把青、黄、赤称为彩，合称色彩。现代色彩学把色彩分为两大类：黑和白，以及中间过渡灰色组成的无彩色系和包括色相、纯度、明度三大特征的有彩色系。

(1) 色彩产生的光学原理

植物的颜色，是由植物的不同部位反射可见光进入人眼形成色觉而产生的。而植物体不同部位具有不同的反射率。以植物叶片为例。地球上大部分植物的叶片都被人眼识别为绿色，这是因为在所有的光合放氧生物中，都存在叶绿素。叶绿素对太阳光有两个吸收高峰，分别是440纳米附近的蓝区和680纳米附近的红区，一个位于蓝光区域，一个位于紫光区域，而对于处在500～600纳米之间的绿光吸收的甚少，所以我们看到的植物基本上都是绿色的。

同样的道理，植物其他部分，如花朵、干皮、树枝等的颜色都是由于对不同波长光的反射造成的。但是仅仅对单色的反射远远不能形成五彩缤纷的园林植物色彩美，影响色彩形成的还有一个重要因子，那就是色彩的混合。

(2)“三原色”理论

谈到色彩混合，不得不谈的是“三原色”原理。何谓三原色？就是说三色中的任何一色，都不能用另外两种原色混合产生，而其他色可由这三种颜色按一定的比例混合出来，这三个独立的色称为三原色（或三基色）。

起初由牛顿用三棱镜将白色阳光分解得到红、橙、黄、绿、青、蓝、紫七种色光，所以他认定这七种色光为原色。后来物理学家大卫·罗伯特进一步发现染料原色只是红、黄、蓝三色，他的这种理论被法国染料学家席弗通过染料配合试验证实。从此，三原色理论被人们公认。

(3) 植物的色彩混合理论

①加色混合与减色混合。色光的三原色是红、绿、蓝（蓝紫色），颜料的三原色是红（品红）、黄（柠檬黄）、青（湖蓝）。色光混合变亮，称之为加色混合。颜料混合变暗，称之为减色混合。加色混合效果是由人的视觉器官来完成的，因此是一种视觉混合。

植物在自然界中受到自然光的照射，属于加色混合类型。所以，在植物造景中，运用色彩混合的原理，通过不同色彩的配合就可以产生诸如调和色、过渡色等混色，也可以根据需要通过植物色彩的对比组成边缘清晰的纹样。

②空间混合。由于空间距离和视觉生理的限制，眼睛辨别不出过小或过远物象的细节，把各个不同的色块感受为一个新的色彩，这种现象称为空间混合或并置混合。

第一，空间混合的特点。近看色彩丰富，远看色调统一。在不同的视觉距离中，可以看到不同的色彩效果。这就给植物造景提供了依据。利用空间混合的原理，植物色彩在不同距离观赏时产生不同的效果。

第二，空间混合的运用。最适合运用这一原理的植物造景形式是利用花卉营造景观。花卉是一种群体形成的景观，本身颜色多样，通过空间混合原理的帮助可以选择几种颜色进行过渡融合，成功地形成自然界没有的花卉色彩，给人以新奇的感受；也可以通过色彩混合塑造过渡渐变的色阶效果，使景观效果既统一柔和，又变化丰富。

2. 园林植物观赏色彩的组成

可供观赏的园林植物色彩与园林植物的观赏特性紧密结合在一起。在现代的植物培育技术影响下，有的叶色呈金黄色（金枝槐），有的叶色呈现暗红紫色（紫叶李），还有的呈现彩色。但是植物的叶子最普遍的颜色是绿色，且国际照明委员会经过测试发现，人眼对绿色的相对视敏度最高，所以植物的绿色是最容易辨认且面积最大的颜色。

温带地区的植物叶色经过季节转换，会产生有规律的色彩变化，这也是植物令人着迷之处，它们的色彩呈现动态变化的美。初春有些植物叶色偏黄（栾树）；秋季大多数植物叶色变黄（银杏、白蜡），也有的会变成红色（五角枫、黄栌）。所以，为了加强这种色彩变化的效果，在植物造景时有意地选择叶色变化明显的植物材料，可以达到良好的栽植效果。

如果仅有植物叶片的绿色，仍然比较单调。观花植物的花色往往比较鲜亮，色彩多样，正好弥补了色彩不足这一缺点。乔木开花、灌木开花，也能增加不少色彩，但固定于植物之上，灵活性比较差。不同的花卉形式，如花坛、花镜、盆花、野生花卉、花钵等，通过草木花卉不仅增添了色彩，塑造了各样的植物空间，而且便于组织、使用灵活。

植物的果实颜色也随着季节有规律地改变，观果植物也可以提供良好的色彩原料；植物干皮的颜色同样丰富多彩：从最常见的深褐色，到青色（幼年树）、红色（红瑞木）、白色（白皮松）等。

植物各种观赏特性都提供丰富的观赏色彩，这些色彩便是园林植物景观色彩的来源。在植物造景的方案构思中，如果将植物观赏特性及其观赏色彩集合起来，则合二为一，效果更优。

（二）植物景观色彩的作用

游赏者首先通过视觉感知对园林植物景观色彩进行认知，经过脑部分析，表达对应色彩的词汇或者评价色彩的语言才能形成。优秀的设计通过植物颜色对比、呼应的效果，传达地块的景观意义；此外，植物色彩可以引导人们联想与体会，形成与设计思想的共鸣。

1. 吸引及诱导视线

其实植物景观色彩最显著的作用还是对视觉的吸引及诱导。“万绿丛中一点红”，为什么红色容易被人识别？就是因为色彩对比，大面积绿色形成认知的迟钝，而对比强烈的一点红色就能够吸引人的注意。研究游赏者的识别特点发现，色彩的强对比及差异最先被认知。

所以，在植物造景的色彩运用中，有意地对色彩进行组织，将游赏者视线吸引到要重点表达的物体上，或者诱导游赏者观赏附近的景物。

2. 改变游人心理感受

通过园林植物色彩的不同搭配，改变人们对空间的感受，从而影响游人的心理感受。例如：在大面积草坪等开敞空间，由于植物景观底色基本为绿色，在这样的底上用大色块、多色对比处理的花丛、花坛来烘托明快、豁亮的气氛；在林间的封闭空间内，用小色块、淡色调、类似色处理的花境给人幽深、雅静的心理感受；山形、水体颜色较深，适度使用淡雅亮色，形成对比，给人清晰、明朗的心理感受。

3. 传递信息

植物色传递了以下三个方面的信息：

第一，固定的审美模式留下的联想契机，容易被植物及其色彩开启。例如：看到红色，人们就与热情等同起来；纪念烈士常使用红枫与茶花，因为"红枫似丹""杜鹃啼血"等表达了缅怀革命者的心情；陵园也常用松柏等植物，凝重的绿色传递出对过往者的敬重与肃穆之情。

第二，传递节日或盛会等欢欣、热闹的气氛。例如：国庆、五一等节日，北京街头利用色彩丰富的花卉装点出节日气氛；在奥运会举办期间，街旁绿地植物景观色彩多以五环色为主，大会主题一目了然；上海世博会选用许多新技术培养的彩色植物，"城市让生活更美好"的主题也反映得清晰、明朗。

第三，充分传达季节更迭之美。早春枝翠叶绿，仲春百花争艳，仲夏叶绿浓荫，深秋枫丹如血、秋菊硕果，寒冬苍松红梅，展现出植物景观色彩四季多变的美丽。

（三）植物景观色彩的构成方法

这里所指的人工色彩构成，是人为利用植物色彩进行构成之义。

1. 协调配色法

这里具体指植物的色相搭配。色彩的色相分为同色、类似色、邻色、补色、对比色等。在色彩搭配时需要注意色彩间的协调性。

（1）同色协调

同色协调，即多数植物的绿色。初春时分绿色明度较高，其中黄色偏向较重，所以色彩看起来比较浮，令人感觉焦躁。这个时节主要通过早春观花植物来打破植物色调的沉闷。进入夏季后，繁花褪尽，植物叶色油绿，给人感觉趋向沉稳，这个时节可以通过不同植物绿色明度的差别进行搭配，同样可以塑造丰富的色彩。

（2）类似色协调

12 色相环中，三格之内的颜色为类似色，这一区间中的颜色属于统一的色相范畴，但有不同的颜色倾向，它们属于弱对比色。例如，绿黄相配，绿蓝相配，赤与黄橙相配。其特点是能产生宁静、清新的感觉，在配色中选择这一区间的颜色一般不会出现大的失误，也是运用比较多的配色方法。

(3) 邻补色协调

12 色相环中，位于 90° 外、150° 内的两个色相（五格之间）为邻补色，有明显差异，但还是可调和，属色相的强对比。补色之间有一种互相期望的感觉，产生原因来自阳光的分解。如果要产生和谐的自然色彩，有了其中一个，人眼自觉期望其补色的出现，许多艺术家、设计师也是运用邻补色的高手。邻补色有一种莫名的活力，使用得当会使颜色倾向变得活泼。

(4) 对比色协调

色环上相对的两种颜色就是对比色。对比色对比强烈，常用来表达强烈的情绪。如赤与青绿，俗话常说的“红配绿”是人们认识对比色的典型。而植物景观中红配绿是最典型的配色习惯，包括紫配黄绿（紫叶系植物加黄杨、女贞之类）也是惯用颜色。这种配色能对二者都起到突出作用，增强观赏性。

2. 对比配色法

对比是植物景观人工配色的重要方法。有彩色系的对比，虽然不比纯黑白对比那么强烈、艺术效果趋于单纯，但补色、对比色共同使用对比也十分鲜明。植物造景需要利用植物色彩的色相对比、明度对比、饱和度对比调节出反映不同色彩信息的颜色关系。

第一，色相对比配色。前面已经介绍了色相环上的颜色其对比作用随着距离、角度增加而增加，180° 对应的两种颜色对比最为强烈。

色相统一则变化较少，艺术效果趋于宁静、平和，适合漫步观赏；色相相对则对比强烈，跳跃、热情，适合心情欢快条件下的游赏。在这两者之间属于过渡区域，需要根据不同艺术效果的表达来配色。

第二，明度对比配色。明度指某种颜色的明亮程度，明度高则色彩明快、轻盈；明度低则色彩凝重，可以塑造出一定的神秘感；明度居中显得朴素、庄重，也比较容易控制。按照色彩学原理，将某一图面中不同明度的颜色进行定义形成明度基调等级；其中关键数据为 70%，高明度色彩占 70% 以上就是高明度基调，中明度色彩占 70% 以上就是中明度基调，低明度色彩占 70% 以上就是低明度基调。

树木等植物的叶色明度在四季中有规律地变化着，早春明度较高，晚春至初秋明度降低，容易给一些色彩明度高的花卉、构筑物等充当背景。中秋开始到落叶前，落叶乔木叶色变黄，叶色明度升高，可以适当安排叶色明度较低的常绿树与之配合，形成明度对比。

植物的花、果实等器官色彩一般较鲜艳、明度较高，有为了吸引虫媒传粉的原因，也有化学物质组成及日照等原因，所以这些观赏部位一般作为点缀，形成色彩亮点。

第三，饱和度对比配色。饱和度同样是衡量色彩的一项重要指标。饱和度高低，简言之就是色彩的浓烈与灰淡，同一构图从黑白色到浓郁的彩色就是饱和度变化的区间。饱和度也分为高、中、低三级，同样以色彩的70%为划分标准。

高饱和度可以给人热烈、欢闹的感觉，也可以吸引人的注意力，但过度地追求色彩饱和度会使人感到喧闹、艳俗，然而植物色彩并不是颜料，自然界中没有饱和度过高的品种，所以一般不会造成植物色彩饱和过度的现象；中、低饱和度都可以给人明快、简洁的感觉，并且饱和程度容易控制，再加入主景的高饱和度色彩也显得和谐而统一，所以在植物景观配色中，通常使用这两个等级的饱和度标准。

三、园林植物景观的画面构成属性

园林植物景观是设计者给欣赏者提交的一幅幅优美画卷，通过对植物景观的塑造，希望欣赏者产生美好的身心体验。而这种体验的得来依赖于景致对欣赏者感官的刺激（视觉、嗅觉、触觉、听觉），而其中视觉又是最直接、最有效的信息获得渠道，所以反馈于设计中，对植物景观画面感的塑造是最直接、最打动观众的。

经常可以看到在一些植物景观前游人拍照留念，说明在个人的审美观念中，这一片植物景观可以留下美好的印象。这种认识的得来，源自植物景观强烈的镜头感或者画面感。叶圣陶曾在《游临潼》中说“绿树红叶跟山石配合，俨然入画”。可见“入画”是其对植物景观的高度评价。把植物景观作为一幅画来评价与分析，也是SBE法的指导思想，是对园林植物景观艺术构成属性的概括与总结。

（一）植物景观画面的构图

同其他艺术构图形式类似，植物景观所形成的画面也有其构图规律，这种构图是在人视角度对构景物的布局，确定了构图形式后需要将画面植物正向投射为平面图或立面图，继续探索其中的关系，反馈为平面与人视构图的联系，最终形成平面构图的固定模式，帮助植物造景工作开展。

1. 常见的构图形式

常见的构图形式有以下几点：

第一，黄金分割点式。把主景植物放在整个画幅的黄金分割点处（将一条水平线分为0.618与0.382两部分的点），这种效果符合人们普遍的审美心理，也是一种传统构图方式。或者放置在水平线处，这是黄金分割法的简化形式。

第二,三角式。三角式即“品”字形构图，是使用广泛、方便理解的构图形式。主景植物与配景要素形成三角形的构图关系。在形式上给人一种稳定的感觉。不仅画面构图可以用到三角式，平面构图中也广泛使用。

第三,九宫格式。九宫格式是将画面用两横两纵四条线分成九个大小相当的方格的构图参照形式，也叫“井”字形构图法。“井”字形构图法中，四条线的交叉点就是主景的最佳设置点，同样可以运用在平面构图中。

第四，充满式。充满式常用于平面构图，以密实的植物平面充满指定的构图区域，其他区域有意识留白、留空。这是强烈对比的构图形式，常对应空间的疏密变化。

第五，平行线式。植物形成的平行曲线、直线、折线形成的构图形式，具有强烈秩序感，也有强调空间的作用。

第六，交叉线式。构图交叉线形成的实质是一块块或大或小的构图区域，其总体形态还是寻找画面构成的平衡感。在平面构图中交叉线的形态灵活而有张力，空间组织有序，经常被用在植物景观的构图中。

2. 画面构图的平衡

人在观察画面时会自觉地将画面轴线作为参照，来衡量整个画面色彩、画面内容的布局情况。画面的均衡不仅要求色块面积分布均衡，还包括色彩明度的均衡、构成内容体量的平衡，最终达到画面整体的均衡。如在园林中常用孤植树点景、补景，就是为了弥补构图不平衡的缺陷。这是一个复杂的平衡关系，常常只能依靠构成感觉来调整。

3. 画面构图的呼应

如同文章的前后呼应，画面中的任何色彩、任何景物在布局时都不应孤立出现，它需要同种或同类色块在周围彼此呼应。画面的呼应方法有局部呼应与全面呼应两种形式。局部呼应即同种色彩或色调相近色彩，在画面中呈现一定联系的分布，不孤立，也不连接；全面呼应指的是每一色彩中都含有共同的色彩成分，也许这种颜色已经分别和其他色彩调和，但其中仍然有潜在的联系。前文中提到过植物种植的“丛植”形式，一般丛植都会由几种植物形成不同的组；如果每组中都是不同种植物，就会丧失协调性。所以，在植物的组织过程中，每组中都有植物种类与其他组相同，以形成呼应。

4. 画面构图的主从

画面构图一定要有主从关系，如同文章的主次关系。主从关系分明使画面重点突出，有张有弛。主景色彩、体量不一定最大，但它综合地发挥着关键作用。主色一般多用在重要的主体部分，以增强对观者的吸引力。单纯的主色很难作为构图的主景使用，就如同大面积纯色在园林中很难使用得好一样道理。一般在植物造景的主景塑造中，往往通过不同体量的植物或者植物与其他园林要素的结合使用，来达到构图目的。从色服从主色，色彩饱和度等也要有所控制，否则会喧宾夺主。

5. 画面构图的层次

植物景观并不是布局在同一平面内的。由于植物种植前后距离不同，植物景观产生构图的层次感。通过色彩的明度、饱和度、对比等方面的配合，将画面中的景物按照前后叠加顺序或者近景、中景、远景的顺序排列布局，形成丰富多变的色彩效果，并利用植物景观的前后关系暗示出植物空间的深度。

（二）植物景观画面的焦点

一幅完整的画面可以提供大量信息，这些信息的外部表现是画面元素的组成。其中，焦点是这些信息中有特色的区域，也是园林植物景观艺术性、戏剧性的集中体现。灵活运用画面焦点，会增加植物景观艺术的表现力。

1. 焦点的特点

要想在植物造景中给植物景观添加画面焦点，首先要认识焦点，即了解画面焦点的特点。

第一，焦点与主景。植物景观画面的焦点并不能等同于植物景观主景，因为在画面中焦点是人观察的兴趣点，是通过强烈对比关系或者特异形体产生的，这些因素都不一定是主景形成的原因。焦点可以是主景，也可以是主景以外的其他植物景观，可以作为主景引导存在。第二，焦点的色彩。辨认焦点的一个鲜明特征就是焦点部分色彩对比强烈，容易引起人的注意。实际上，所谓色彩特征不仅包含了色相的对比，也包括明度、饱和度的对比。第三，焦点的形态。除了夸张的色彩对比，独特的形态及空间构成感也是焦点的特色，同样成为感知及辨认画面焦点的重要办法。构成中特殊体态的部分容易成为画面焦点。植物景观中区别于周围的植物，如大型孤植树、造型植物、平面序列构成中的变异等，这些都是容易跳出构图形态而成为画面焦点的元素。

2. 焦点的运用

认识到画面焦点的特点，发现焦点概念在传统园林中很早就已经出现，利用框景、漏景的设计方法来表达画面焦点，即将画面焦点作为主景塑造。框景就是将园林中建筑的门、窗、洞或者乔木树枝抱合成的框景，将主景突出展示出来。漏景从框景发展而来，框景景色全观；漏景若隐若现，含蓄雅致，可以用漏窗、漏墙、漏屏风、疏林等手法。[①] 这些手法的灵活使用，给人以“入画”的感觉。

(三) 植物景观画面的景深

景深是指在摄像机镜头或其他成像器前，沿着能取得清晰图像的成像器轴线所测定的物体距离范围。[②] 摄像、摄影中常用不同的光圈值来产生不同的景深效果，也可以适当地调整焦距或与被摄物体远近来产生画面的景深层次。

通常来讲，景深就是画面清晰可辨的程度。常用“深、浅”来形容景深的效果，深的景深指画面的清晰范围比较大，浅的景深指清晰范围比较小。浅景深除了焦点处一小段清晰的像以外，前景与背景都是模糊的效果。浅景深也经常被用来强调主体景物。如今景深也常被用来描述画面的层次感与深度。

1. 景深的控制

在摄像、摄影技术中，通过控制光圈值的大小也就是调整仪器进光量，结合焦距调整、被摄物体距离调整，得到景深效果的把握。大光圈景深浅；镜头焦距越短清晰范围越宽；离被摄物体越近，清晰范围越窄，也就是景深越浅。所以，控制景深的深浅、清晰范围的宽窄是通过这些因素综合作用的。

2. 景深的运用

园林植物造景利用画面景深的原理可以达到突出造景主体、深化造景层次等作用。在观察植物景观的时候，不能希望眼睛产生如摄像机一样的光圈变化效果。在园林植物景观的画面中，常通过植物色彩对比产生的眼睛焦距变化、空间序列的安排，以及对观赏点位置的设计来达到“欺骗”眼睛的目的，而产生不同的空间“景深”效果。

(1) 利用植物色彩调节景深

当光射入眼睛时，由于存在不同的折射率，焦距产生远近之差。在一般情况下，波长短的冷色光往往在视网膜前成像，而且较波长长的暖色光成像小；波长长的暖色光往往在视网膜后成像，并且较波长短的冷色光成像大，故而波长长的红橙色有迫近感与扩张感，而波长短的蓝紫色有远逝感与收缩感。同样道理，由于物体光线到眼内的焦点落在不同的平面上，所以视网膜上的影像清晰度就有所区别。光波长的暖色具有一种扩散性，因此相对模糊光波短的冷色影像具有一种收缩性，就比较清晰。

(2) 利用距离关系调节景深

通过拉大居于不同层次的植物距离以及限定游人的观察位置实现景深效果：将

---

① 封云．园景如画——古典园林的框景之妙 [J]. 同济大学学报（社会科学版），2001，12(05)：1-4.

② 韩振雷．试析成像器尺寸和景深及实际应用的关系 [J]. 影视制作，2009(11)：27-29.

游人的观赏位置设置在靠近主景的区域，能够突出主景。“一叶障目，不见泰山”是用极端的方式说明这种关系；并且随着植物景观间层次的拉大，空间中产生的大气对光线进行散射、折射，产生一定的雾感、空间感，使背景产生朦胧的观赏感受，也能将前景与背景很好地区别出来。

在植物景观的营造中，有时在植物群体前设计大草坪或者水面，限定游人的观赏路径，将游人与植物景观的距离拉大，造成广阔的空间效果；而为了强调植物的细节观赏特性，将游人的观察点设计在离植物景观较近的区域，能够比较清晰地展示植物细节，使游人体会近景之美。

（四）植物景观画面的连续性

园林植物景观在同一时间内是静态的，但欣赏者在不停行走。游人如同拍摄时使用的移动摄像机，在一定的轨迹上移动，并且镜头方向可以做360° 旋转，这样游人眼中形成的并不是一帧帧的静态画面，而是连续变化的画面。

通过对游人游赏画面连续性的分析得知，在一般游赏过程中，路径的设置、植物景观的连续性、主景刺激的节奏感与频度是决定画面流畅、精美与否的重要因素。

1. 路径设置

游赏路径是游人观赏点位置的集合。可以通过对现有的公园、绿地等资料进行分析，按照路径区域人流量的检测（卡口法测量）[①] 划定公园内停留区域的布局图。从布局图中可以看出哪些位置是游客停留的重点区域，也就是说，这些位置应该是观景的最适宜区域，通过区域与周围景物的分析总结游人活动规律。在以后的路径设置中，设计者应考虑这些规律及干扰因素。路径的设置应遵循便利性、流畅性、安全性等原则。路径的合理设置保证了游人获得景观画面的连续性。

2. 植物背景的连续性

即便植物的空间有疏密之分，林缘有曲折之态，但应该有统一的背景或者维持景观连续性的元素。这些背景及元素保持游赏画面的连续性，使植物景观不会出现断档、豁口等不适因素。

3. 主景出现的频度与节奏

主景出现的频度与节奏是在连续的植物背景前出现的重要节点的频率及韵律感。控制这些节奏的原理来自人的生理反应。人对复杂事物的选择性反应时间达1 ~ 3 秒，要进行复杂判断和认识的反应时间平均为3 ~ 5 秒。在路径两侧频繁出现主景节点会使游人不断地产生刺激反应，不断地进行判断，最终产生疲劳、烦躁的

---

① 郑云峰 . 自然保护区生态旅游区环境容量计算初探 [J]. 林业调查规划，2005，30(03)：72-75.

感觉，而过于稀疏的节点设置则让人感觉单调无趣。

（五）植物景观的画外音

画外音的意思就是画面以外的声音，是摄像、电影中常用的表现手法。园林植物景观中的画外音打破了画面景框的界限，能传达出更多的信息。植物的组合是一种实景展示，游人往往只欣赏它们的表象与色彩，通过一些技术手段，设计者可以透过植物景观的表象传达出独特的感悟与情结。

能使用植物景观的画外音，已经上升到了植物造景的高阶境界，它是植物造景技巧纯熟使用的质变，也是设计者个人修养的体现。

夏日的午后，斑驳的树影、满眼绿意的画面，给人一种静谧的画外之音，提醒游人停下来，闭上眼，感受生活的气息；密林后的一片花海，空间先抑后扬，色彩突然绽放，使游人禁不住拥抱这怒放的青春。这些情境都是植物景观的直观表象下传达出的联想、通感等信息，设计师渴望用植物景观表达其对生命、对美的感悟，这种真情流露在植物造景中也最能打动游人。所以，园林植物景观的画外音最关键的是气氛的控制与把握，是源于生活场景的景观升华。

四、园林植物景观的观赏艺术性

园林植物比较其他植物最显著的特点是其观赏特性比较突出，从审美角度来看，观赏特性对人的刺激来自形状、颜色与势。形状就是植物整体及细节形式；颜色包括植物的叶色、花色、干皮颜色等；“势”是从“态”衍生出的一种描述，态是一种客观的形象；而势是一种场，是由态与周围的空间共同组成的，并经过人脑判断的一种影响力。

（一）植物景观视觉感知顺序

在进行园林植物景观欣赏时，激发游人观赏兴趣的点不同，存在潜在的观赏顺序。一般是从整体到部分的层次顺序：首先辨认植物群体；其次是单体植物外形；最后落到植物的观赏细节，即单体植物观赏特性。这种观察顺序是以距离植物景观的远近来排序的，比较自然。

人们在开始观察植物细节的时候，最先看到的是那些色彩对比度较大，反差也较大的观赏部位，奇异的形状也率先引起游人注意。即使进入细节部分，也符合从整体到部分的观察顺序。如说到叶的观赏特点，首先从叶的群体组合状态（叶的排序）入手，再到一般性的叶形分类。有的人由于存在某种认知习惯，会从上往下或者沿着某种顺序观察植物景观。

（二）植物群体的观赏艺术性

从整体欣赏的角度来看，树木给人的直观感受首先是它们的群体姿态以及色彩。群体姿态主要受其中大体型种类及数量优势种类的影响。比如，以钻天杨为主的常绿落叶混交林，在春、夏、秋三季，其群体映像是根根笔直朝天的枝干。这些枝干远观的整体形象形成一种群体，植物密植形成一种屏障式的空间效果，而在群体中混交的常绿树只有在冬季杨树落叶后才能显示其形态及颜色；相反，如果以雪松为主的混交林中，则常年可以看到其群体形成的锯齿状林冠线。

与群体形貌共同引起人们兴趣的还有植物群体的色彩。植物整体的色彩由于远距离观赏形成空间混合的原因，即使对比强的颜色组成也会被削弱，但是群体颜色的差异还是会出现暖色前进、冷色后退的视觉误差，引起游客的观察兴趣，所以在植物造景中，对远景的塑造可以通过颜色来进行引导。

（三）树形观赏艺术性

随着欣赏距离的缩短，游客会对单株树木整体形成印象。由于植物体量比较大的部分是树冠，所以这种印象会首先针对植物的树冠形成。而在观赏时，人脑会自动地将树冠形象化或概括化；有的游客很容易发觉树木形状像某一个其他物体，而有的却直接以“球形、方形”来描述植物形态。这是由于人的认知习惯不同造成的。

从大众审美角度出发来看，笔者认为可将树形分为球状、卵状、扁椭球状、馒头状、伞状、塔状、圆锥状、钟状、倒钟状等基本的形体。

实际上，在园林中，无论是自然生长的树形状态还是人工育种选择的树形状态，这些不同形状的树形状态都是绿色雕刻，也都能激起游人的欣赏和遐想。以自然风致形的树木来说，比如生长在悬崖上的迎客松，由于其枝干受到重力作用而逐渐弯曲，加之常年受山风的作用，树冠呈现片状、旗状等形态。这种颇为极致的形态，能给观察者以极大的震撼，因为其不仅高大，挺拔，耸立于悬崖边，展现出了勃勃生机，而且弯曲的枝丫和树形更将悬崖、峭壁等地貌背景下的生命张力以极致的动态韵律形式展现了出来。

（四）局部观赏艺术性

1. 叶的观赏艺术性

第一，叶的观赏顺序。对植物整体形状有了认识，随着观赏距离再度缩小，植物的细节也都展现在游人眼前。首先，对于植物的叶，最明显的特征是叶子的色彩。这是最容易让人发现与辨认的观赏特性。其次，游人比较敏感的是针叶或者阔叶。

因为多数人都可以辨认出这种差别。再次，引起人注意的便是单叶或者复叶。这种叶的排列属于植物叶的群体状态，也容易被人识别。最后，才注意到叶的不同形状。而这些形状中，异形树叶更容易引起游人的注意。

第二，叶的观赏形态。首先是叶的组合方式，包括单叶与复叶。单叶的形态很多，如卵形、披针形、倒卵形等，是一种固定的构成形态。每种植物都有自己独有的叶形，不同植物有的有相似叶形。比较常见的单体叶形可以大致归纳为条形（冷杉、紫杉）、披针形（柳、夹竹桃）、椭圆形（柿）、卵形（女贞、玉兰）、圆形及心形（紫荆、泡桐、丁香）、掌形（五角枫、悬铃木）、菱形（乌桕）。

单叶中比较特殊的叶形（针叶以外）有银杏的扇形叶、鹅掌楸的鹅掌形叶、羊蹄甲的羊蹄状叶等。这些叶子都是非常有特点的，极易辨认。

复叶又包括羽状复叶与掌状复叶，这两种复叶是非常好区别的。羽状复叶就是像羽毛样排列的树叶排序，常见植物有刺槐、合欢、锦鸡儿等；掌状复叶如同手掌的形状，树叶如同手指，最典型的植物如七叶树。

经过分析基本理清了游人观赏叶的辨识顺序后，那么对于近景的观赏来说，重要节点应当种植那些容易引起人注意的植物，先将游人视线吸引过来，再通过植物的搭配给其良好的视觉、空间感受。

第三，叶的观赏色彩。植物叶色变化纷繁，按照四季叶色不同来分，有春色叶、秋色叶；按照叶子常态色彩不同来分，又有嫩绿、浅绿、深绿、黄绿、褐绿、蓝绿、墨绿等不同明度及色相的绿色；按照色素分布不同，又可以分为单色叶、双色叶、斑叶、彩脉、镶边等诸多类型；按色彩又可以分为黄、绿、紫、蓝等。

叶色应用应当考虑色彩的构成及动态变化，在不同季节反映不同植物的叶色。将叶色按照时间、区域绘制成图标，便于控制色彩变化及调整色彩构成。

第四，叶的质地。叶的不同质地给人不同的质感，影响到植物的观赏效果。从整体到部分分析：植物树冠由于叶形及质地产生的不同质感，首先引起观察者的注意，如绒柏的树冠好像一个绒团，给人柔软、亲切的感觉；到细节中，叶片有各自不同的质地，如革质的叶片比较厚实，其内部光线的折射较弱，所以整个叶片呈现深色，而表面比较光滑，反光能力较强；再如一些膜质、纸质叶片，光线很容易穿透，整个叶片透亮，颜色鲜亮欲滴，能给人恬静的感觉。

2. 花的观赏艺术性

乔木、灌木开花时间很短，所以一般意义上园林植物的观花效果，更多的是在归纳草本花卉的色彩、外形等。

（1）花的观赏顺序

园林植物的花同样是很重要的观赏特性，与园林植物叶的观赏顺序相同，园林植物的花最先被识别的是何种植物类型的花与花色。判断是何种植物的花：究竟是乔木开花、灌木开花（花灌木），还是草本花卉。其次，随着观赏位置的靠近，可以分辨出花的群体排布，也就是花序的特点。最后，对一般意义的花朵进行近距离观察，其中外形奇特的花又容易引起游人注意。

（2）花的观赏形态

对于园林植物花的观赏，并不像植物学的解剖结构那样仔细。一般游赏者观看的是花瓣的数量，以及整个花序的体量。再仔细观察的是花瓣形状、花蕊形状等。

（3）花的观赏色彩

植物的花有不同色彩，并且开放时间不同，草本花卉的色彩尤其丰富。对花色塑造的一种方法是让不同植物同时开花，一种是不同植物开花时间呈季节变化。在进行植物造景时，造园者一方面应考虑组合那些在同一季节开花且花色有异的植物，利用色彩混合原理将它们组合起来，营造出花卉丰富的色彩效果；另一方面，造园者可在植物群中按照植物开花时间将它们组合成“开花序列”，使不同植物按照不同季节开花，这样能有效延长植物景观的有花时间。

3. 果实的观赏特性

一些园林植物的果实具有很高的观赏价值。远处观赏，点缀于树间的植物果实和在同样位置观花的效果相近，具体形状不得而知，最先感知的是群体颜色；一般的园林植物果实比较小，所以其效果在于远观的丰茂程度。近处观赏，果实的形状是引起观赏兴趣的主要出发点，如皂荚的荚果形状奇特，容易引起注意；观赏草的聚合果形状可爱，也是游人喜爱的观果植物；桑葚不仅可以观赏，食用味道也不错，同样在园林植物造景中广泛使用。

果树等经济类树种作为植物造景的材料应用于公园、绿地也收到了良好的效果。如柿树、橘树、石榴等用于庭院是早有流传的；梨、杏等的观花效果比较突出，加上可以观果，园林中应用广泛；核桃等干皮观赏效果好，同样可以用来观果，园林中使用也不少；葡萄等作为棚架植物遮阴效果优秀，加上葡萄成熟后果实累累，色彩各异、大小不同，深受人们喜爱。但是这些可以结果的植物应用于园林中会产生三个问题：其一，游客的随意采摘，制止困难；其二，有的果实过熟落地后果汁四溅，影响卫生；其三，鸟类聚集啄食，地面粪便影响景观。

4. 枝、干、根等的观赏艺术性

在人们的欣赏习惯中，如果有叶、有花、有果，则干皮等观赏特性容易被忽略。但是一些植物的枝干有很显著的特点，也成为其重要的识别与观赏点。

第一，对于植物的枝条，按照其硬度可以大致分为柔软枝与坚硬枝。柳树、迎春等的枝条比较柔软，可以下垂、卷曲；多数植物的枝条比较硬朗，从主干分支后以固定的生长顺序沿不同方向伸出，有的枝条甚至统一向上生长，给人的感觉各不相同。植物观枝还在于观赏其枝条曲折、龙游的线形艺术。古人甚至以欣赏曲梅、病梅为美；观赏盆景将植物枝干人为扭曲；在园林植物的养护修剪中，也将植物枝条修剪为多段曲折的线形；园林中常用的龙游梅、龙爪槐，常被培育为枝条旋转扭曲的姿态，说明在中国的审美态度里，植物的曲、形态多变是优良的观赏特性，这种观念来源于历史中对植物观赏态度的叠加式积累。

第二，植物干皮的欣赏在于观赏其表皮开裂的不同形式。总体归纳为不开裂与开裂两类。不开裂的表皮又可以分为光滑表皮与粗糙表皮。如柠檬桉的树皮属于光滑树皮。许多植物的干皮在青幼年都是光滑的，但紫薇的树皮越老越光滑，这种奇特的树皮也是引起人们注意的特点。朴树的皮虽不开裂但是比较粗糙。有的植物干皮是裂开的，裂的形状与深浅各不相同，一般年老的树皮都会产生较深开裂，沧桑感由此而来。白皮松、悬铃木的干皮比较特殊，呈现不规则块状脱落，是容易引起观赏兴趣的树种。

第三，在我国对园林植物的观赏中，根的观赏价值也占据一定的地位。一般根需要露出地面才能成为具备观赏价值的景致，这时的树木基本处于老年期。常用的观根植物有松、梅、山茶、银杏、广玉兰等。

五、园林植物与其他园林要素的配合

园林的构成元素不能只有植物一种，一个节点景观的塑造也不能只有植物参与，只能说园林植物景观是比较突出的部分。在园林空间中，许多节点是园林植物与其他园林要素共同组成的，是通过植物与建筑、小品、构筑物、景石、地形、景墙等配合塑造的。不同的景观塑造表达的侧重点不同。例如：建筑与植物组合成景，植物可能作为建筑的衬托；而植物与景墙配合成景，则景墙可能作为背景来衬托植物景观。

（一）园林植物独立成景

在园林植物种植方式中，论述了植物群植及丛植的组合形式。植物作为主景经常使用在某些典型的主题绿地中。比如：北京玉渊潭公园以樱花闻名，樱花的植物群体作为主景在公园中随处可见；北京植物园的桃花种植区栽植有大量的山桃、碧桃，桃花群体作为这一区域的主景；北京紫竹院公园竹林密织，多处以竹为主景。

植物群作为主景可以用在道路的转角处，起到弱化道路线条或者丰富转角空间的作用；植物群作为主景也可以用在集散广场或者建筑外广场中。这些位置植物的使用与建筑相呼应，比较规则，有切割绿地形成的绿地布局，也有的设置组合花坛，还有的以孤植树独自成景。

（二）园林植物联合成景

1. 园林植物与建筑、小品配合

孤立的建筑物，其美感远不如其在植物衬托之下强烈。[①] 原因是建筑物如果没有参照物，显得空间联系不足。孤立的建筑物，色彩对比单调；孤立的建筑物，阳光直射入户，缺乏庇荫，且光影变化比较单一。尤其在园林环境中的建筑，一般是小体量的景观建筑，如亭、廊、轩、榭等，这些景观建筑更应该充分地反映其轻盈、灵活的特点。鉴于这些原因，从传统园林开始，造园家就十分注重植物与建筑物的搭配。

（1）园林植物与亭的搭配

亭一般小巧玲珑，空间开敞，主要实现游人纳凉、登临眺望、赏景的功能。基于这种特点，在实现其功能的基础上，可以在亭外以浓郁、成片的树林或常绿树丛为背景，隐亭于其中。但是亭的飞檐、宝顶等建筑形象应该为园路上的游人看到，若隐若现，才显示出空间的丰富。有时需要设计地形或者叠石将亭抬高，比单独放在一片草坪或者硬地上效果好得多。同时，在亭中休息的游客有赏景需求，则在景亭周围、植物背景之前，加一些近景植物，点缀色彩丰富的花灌木，增加其观赏价值。

（2）园林植物与廊的搭配

廊主要起连接和分隔空间的作用，将单体建筑组合为层次变化丰富、高低错落的组合建筑群体。此时的视觉效果还显硬直，可以在廊旁种植孤植树，通过植物本身的形体、姿态、色彩烘托廊，同时点缀庭园空间，甚至可以作为主景或画面焦点。对于廊桥，由于其架设在水面之上，中间水上部分不能种植植物。所以，在始末端栽植垂柳搭配，诗情画意很浓，容易引发人们联想。植物与廊的搭配实质上是构图中点与线的配合。

（3）园林植物与榭的搭配

榭是一种局部或全部近水的建筑，用以休憩和观赏水景。水榭建筑临水一面尤为开敞，而背离水面的一方往往有一个小型的硬化场地。所以，水榭旁植物造景有两个方面：其一是栽植树木背景作为建筑背景，同时考虑硬化广场庭荫树的种植。这个方面是满足“被看”的效果——在远处观赏时，水榭与绿树构成了主景与配景，水中倒影相映体现出古典园林文化的内涵，源于自然的意境。其二，通过榭而观赏水面或者远景，水中可以种植荷等植物，远处宜以群植作为背景。

---

① 车生泉，郑丽蓉．园林植物与建筑小品的配置 [J]. 园林，2004(12)：16-17.

(4) 园林植物与花架的搭配

花架主要用于游人驻足休息、观赏风景。花架与园林植物最合宜的搭配便是与攀缘植物结合，植物的选择应根据花架本身的颜色而定，这样既可以增强美感，也增添一种生动活泼的生命气息。攀缘在花架上的植物还可以起遮阴作用，通过建筑对自然的适应达到了建筑与自然景观的统一。但在使用攀缘植物时一定要注意与花架的结构、材质相搭配，因为攀缘植物往往使花架看起来杂乱。

2. 园林植物与山体、地形配合

作为园林植物的种植环境，再不能有比地形更适合与园林植物相配合的了。园林中的地形分为两种：其中一种是自然山形。这种地形往往存在于风景区、森林公园、郊野公园等地。另一种是人工手法塑造的山体。这种山体一些存在于皇家宫苑内，如颐和园万寿山、景山公园景山等；一些是现代建设的，如奥林匹克森林公园主山。

这些添加了人工设计的山体"虽由人作，宛自天开"，形式上、神韵上模拟自然山形。人工地形还包括缓坡地形，这种地形大量存在于绿地之中，是广泛使用的地形塑造方法。

(1) 自然山体植物塑造需注意的事项

①整体把握、群体塑造。由于自然山体一般都具有自己的植被环境，而当今通过人为手法堆积大体量的自然山体并不多见，奥林匹克森林公园主山也只有48米高。这种大体量的山体植物塑造，必须通过整体结构的把握，依据大基调铺设、乔木建群、乔灌木多年成景、常年养护监测等手段造景。

②分析山体、南北分治。对山体的沟壑、山脚、坡度、坡向等分析（可以用GIS等软件）确定。坡度越陡的山体位置，大型乔木群越不容易立地，其山北的背阴面面积也越大，所以南坡与北坡要选择喜阳或喜阴的不同树种，并且乔木种植位置也需要按坡度等条件规划。

③注重整体色彩搭配、强调主要观景面景观效果。整个山体观赏面的色彩变化需要控制在统一的基调中，利用前文讲到的色彩混合的办法，使植物群体色彩的远观效果和缓过度；但山脚与场地相接位置的植物造景、山体重点观赏面的造景都需要提高其观赏的景观效果。

④加强山体植物的生态构建。大型山体的植物造景，其后期养护工作量非常大，所以尽快促进植物群落形成规划的生态结构是经济与生态相平衡的最佳办法。经过植物种间关系作用，最终形成稳定的植物群落及平衡的生态环境。

⑤自然山体植被的景观恢复。对于纯自然的山体植被，主要工作是对景观退化的植物群落进行景观恢复与提升。在提出恢复方案前，要对现状植被环境整体进行

评估。

(2) 人工缓坡地形植物造景需注意的事项

①依据坡度，选择树高。缓坡地形的坡度都不是特别高，如果树高选择错误，就会将缓坡地形的效果弱化；如果整个坡面上都使用同样高的植物，那么植物顶部形成的层面仍然是坡面的，但是由于树冠的参差错落，坡形也会被减弱。这样看来，为了突出坡形的效果，近坡脚的位置选用适度低矮的植物，坡顶则可以稍微高些，这样加强了缓坡的起伏。总的来说，缓坡地形上树木数量较少，植物的平均高度不宜过高，且与观察者位置有关。

②适当的植物密度。如果缓坡上植物密度过大，同样可以影响坡度效果，也损失了多变的空间感。控制植物组团的分布以及植物的密度，与地形起伏相配合，可以塑造更丰富的空间效果。通常在缓坡地形上按照疏林草地或稀树草地的形式栽植，效果较好。

③选择合适的植物色彩。缓坡地形或者微地形一般会选择地被覆盖。地被类型包括草坪以及草花类。草坪颜色比较明快。所以，为了突出植物，常选用颜色稍亮的叶色与之配合。否则，明度对比过强，失去统一。而其他色彩的花灌木，如黄色、红色等颜色与绿色背景对比强烈，可以局部使用，形成浓郁的色彩感觉。

3. 园林植物与景石配合

园林植物与景石组合成景，应用相当广泛。一般来说，二者的组合方式可以分为三种：其中一种是景石组合形成岩生环境。选择具有岩生特点的植物进行配合，如一些丛状植物（迎春）、岩生花卉（漏斗菜）等，形成了岩生类专类花园，景观质朴而充满野趣。另一种是植物群落边角点缀的一两块景石。这在画面中起到了均衡构图的作用。而在景观作用上，石的线条坚硬，棱角分明，放置在柔软的草丛边或者树木枝干之下，植物与景石的形体、质感、颜色形成对比，丰富了色彩组成。还有一种是将景石作为主景，植物作为背景衬托。将其置于场地入口、节点之中，作为主景、障景出现，也可以塑造出自然、优雅的环境氛围。

4. 园林植物与景墙配合

景墙在园林中主要起围合与分隔的作用，但同时与外界空间渗透与联通。

(1) 景墙的色彩影响

景墙的择色有多种可能。如果根据墙面质地来分，石材墙面是自然石的色彩，可以有冷、暖多种选择，但饱和度不会太高；如果是玻璃景墙，则取决于有色玻璃的颜色；如果是素混凝土墙，则墙面为不同级别的灰色；如果是表面喷涂的景墙，无论是何种材料都可以有不同颜色供选择。

灰、栗皮、半绿等色调，属于稳定而又偏冷的色调，给人宁静幽雅的感觉；黑色光面景墙神秘有现代感；白色同徽派建筑白墙相近，常用来做植物背景；景墙还有其他色彩，甚至包括许多高纯度色彩。景墙的色彩对植物的选择有很大的决定作用。因为在配色中，白色可以不算颜色，所以白墙附近可以较为随意地选择植物颜色；黑色墙附近尽量选择亮色植物，可以形成亮度对比；暖色系的墙附近尽量使用大面积的绿色，可以形成色彩对比；冷色系的墙附近可用的植物颜色选择较多，这里就不赘述了。

(2) 景墙的纹理、图案影响

对于墙面有纹理或者镂空的景墙来说，墙面的艺术性及墙后的漏景作用显得尤为重要。并且墙面的纹理已经使线条比较复杂，这时就不宜在景墙前种植植物，也不宜在景墙上依附攀缘植物，因为这样会使景墙的画面混乱，失去整体感。这种情况下，可以在景墙背后制造植物背景；植物的高度也不宜过低，因为植物太低让人容易看到复杂的树冠线条，同样会干扰景墙的整体效果。

对于墙面构成比较单纯的景墙，可以在墙前种植植物，但不宜大范围遮挡住景墙，以低矮花灌木为宜，白墙作为背景的效果尤其出色。通常白墙前种植植物高度以不超过墙高为宜。

园林植物与墙的配合成景还有一项重要措施，即墙面的垂直绿化。垂直绿化的植物一般以其覆盖度、植物颜色与墙面的色彩配合来衡量景观的质量。我们认为长势良好、覆盖面积大的垂直绿化具有较好的景观效果。

(3) 景墙的高度影响

对景墙附近植物造景产生影响的因素还包括景墙的高度。高度在 400 ~ 600 厘米的景墙，一般作为坐凳，对空间及视线的穿越都不会造成影响。如果为了起到围合作用，景墙后的植物应该伏地，并高过坐着的人，这样显得很安全。如果不要围合效果，则景墙后可以放空或栽植乔木，方便视线穿越。

第三节　园林景观规划设计中的植物景观生态与功能属性分析

一、园林植物景观的生态属性

(一) 园林植物外部环境适应性

园林植物生长于暴露在外的环境中，其生长需要营养、空气、水等物质，也需要与土地间进行能量、矿物质的交换活动。所以，植物能否正常生长，取决于它对外界环境的适应性。园林植物不但要求健康生活以体现美感，而且需要尽可能地展现观赏艺术性，所以对外界环境的适应能力显得尤为重要。

1. 对生态因子的适应性

影响园林植物生长、生活的外部因子有很多，如光照、温度、水分、土壤、空气、海拔、风力风向、微生物环境等。环境中各生态因子对植物的影响是综合的，缺乏某一因子——或光、或水、或温度、或土壤，植物均不可能正常生长。

生态因子对于园林植物来说就像是生存所需的食物，每种食物都有不同的营养素，而且每种食物对植物体的作用都不同。这些生态因子中比较典型的有温度因子、光照因子、水因子以及土壤因子。

(1) 温度因子

温度是影响植物生长的重要因子之一，它不仅影响植物的地理分布，而且还制约植物生长发育的速度。温度的变化直接影响植物的光合作用、呼吸作用、蒸腾作用等生理作用。

不同植物适应温度范围是不同的，而且同种植物不同生长阶段其温度需求也是不同的。比如：在北方生长的樟子松等针叶树，经冬不凋；而在海南岛，椰子生长旺盛，温度带决定了植物类型，不同的植物类型其外形又有所不同，这是对环境温度适应的结果。一品红苞片从着色到开花完成，在 18 ~ 21℃环境中需要 5 ~ 6 周时间，而在 17 ~ 18℃环境中需要 6 ~ 7 周时间；至于把温度降至 16℃ ~ 17℃，其开花时间需要 7 ~ 8 周；降至 15℃ ~ 16℃时，更需要再多 1 周来完成开花。温度越低，开花准备时间越久。这一研究结果说明植物的不同生长阶段会受到温度影响。

温度对植物的分布有重要影响，一方面取决于环境中的最高和最低温度，另一方面取决于有效积温。每种植物的生长发育，特别是开花结实都需要一定的有效积温，达不到其生理需要的积温，植物则无法进行有性繁殖，因而也就限制了植物的分布。

温度不但限制植物的分布，也影响植物的引种。相较而言，草本植物，特别是一年生草本植物适应性强，所以比木本植物容易引种成功；一年生植物比多年生植物容易引种成功；落叶植物比常绿植物容易引种成功；灌木较乔木容易引种成功。

在我国北方地区，正是由于温度到了冬季会降到冰点以下，植物才开始落叶转入冬眠状态。温度给园林植物带来了季相变化，也带来了动态的观赏特性，同时为常绿针叶植物的冬季展示创造了条件。

(2) 光照因子

光照的实质是太阳能由光波的传播形式，通过植物的光合作用从叶表进入植物体转化为能量的过程。不同类型植物对光照强度与时长的要求不同，传统上将植物分成阳性植物、阴性植物和居于这二者之间的耐荫植物。

①阳性植物。阳性植物需要全日照，需要光的下限量是全日照的 1/5 ~ 1/10，而且在水分、温度等生态因子适合的情况下，不存在光照过度的问题，在荫蔽和弱光条件下生长发育不良，如蓟、蒲公英、杨、柳等。在自然植物群落中，大多为上层乔木及多数一、二年生草本植物。

②阴性植物。生长过程中需要庇荫的环境，不能忍耐过强光照，过度的阳光反而影响植物生长。一般需要光量为全日照植物的 5% ~ 20%，在自然植物群落中常处于中、下层。阴性植物呼吸和蒸腾作用均较弱，多生长在潮湿、背阴的地方或生于密林内。

③耐荫植物。一般在充足光照下生长最好，但也有不同程度的耐荫能力，需光量在阳性和阴性植物之间，大多数植物属于此类。植物对光的需求量不同是长期适应的结果，园林植物中阳性植物多安排在与阳光充分接触的环境中；耐荫植物可以种植于植物群体空间内，也可以种植在外，运用范围比较广泛；阴性植物就完全栽植于林中。植物的开花对日照长短也有不同的要求，以此为依据，可以通过抑制花卉的日照或者增强照明达到提前开花或者延后开花的目的。这是在花卉培育中常用的方法。

(3) 水因子

水是植物生存需要中极重要的因子。由于各种植物长期生活在不同水分条件下，对水的需求量不同，同种植物不同发育阶段需水量也不同，导致植物形态结构、生长繁殖、分布等方面存在 极大的差别。

水分对植物生命周期有重要意义。植株内部水分代谢不仅维持着植物体内外的水压、渗透压，使内外压强均衡，植物体细胞不会脱水死亡，而且通过水分流动将光合作用产生的能量运输并储存到体内各部分，维持植物体正常的新陈代谢及生长发育。

降水量影响了土壤的含水量、土壤空隙及黏度比例、土壤化学物质浓度等。这些理化因素对植物的生长有重要意义。土壤水含量也改变了植物形态，如水分充足的地方植物为了加快蒸腾作用而演化出长而宽大的叶片。

对于园林植物的观赏来说，水分充足可以使叶色、花色更加新鲜，植物的形态也会更加健康与硬朗。最重要的是水生环境孕育了园林植物中重要的植物类型：水生植物。水生植物在岸边或者不同深度的水中生活，给人工水体景观注入了新鲜的活力，也丰富了游客的观赏视角。

(4) 土壤因子

土壤是几乎全部植物生长的立地环境（部分水生植物除外）。一定范围的面积、一定深度的土壤才能支撑一株植物的重量，植物体越大则需要土壤体积越大。土壤供给植物生长所需要的水分、养分、空气和温度等生活条件的能力，称为土壤肥力，这是土壤最基本的特征。

由于植物根系生活在土壤之间，并且需要土壤颗粒间的作用力来固定，所以植物根系与土壤有很大的接触面积，并且发生频繁的物质、能量交换。因而土壤是一个重要的生态因子，是土壤—植被—大气系统中的重要成分。

土壤是一个复杂的复合体，它是一种含有大量生物与非生物的环境。其中，固态的土粒占等体积土壤的85%以上，是土壤组成的骨干成分。一般来说，土粒越小，黏结性越强，容水量大，保水力强，但排水、通气性越差；反之，土粒越大，保水性越差，但是通气、排水性能好。

土壤的溶液中含有不同的无机盐及有机质，不同的园林植物需要不同理化性质的土壤条件。有的需要排水性能好的土质，而有的需要保水、肥沃的土质；有的需要碱性强的土壤，而有的需要酸性较强的土壤。园林植物与土壤的关系如同鱼与水一样，植物不能完全离开土壤环境。植物的根系通过与土壤中所含的空气交流，与土壤溶液进行液体环境交流，满足植物体生长所需要的营养。

2. 生态因子的综合作用与主导性

虽然园林植物的生长、生活总是同时受许多因子的影响，但每一因子都不是孤立对植物起作用，而是许多因子共同起作用。植物总是生活在多种生态因子交织成的复杂网络之中。然而在植物生长的所有过程中，每种生态因子的作用不是平均分配；在某种植物的某一个生长过程中，总有一个或几个因子是对其生存发展起决定作用的。对生物的生存和发展起限制作用的生态因子，我们称之为限制因子（主导因子）。

3. 对其他植物的适应性

园林植物外部环境的另一个重要内容是同时生活在一块空间内的其他植物体。每种植物体都需要生长领域与资源，其中需要生态因子的补充、抵御病虫害袭击、抗击自然灾害突发事件等。简言之，生长在一起的植物彼此间有“相生相克”的作用。

(1) 竞争关系

对资源及生态因子的需求，使植物间产生矛盾，从而诞生竞争关系。竞争关系可以促进生物进化，然而却残酷地淘汰掉弱势群体。比如，森林中有两种阳性树，它们都需要大量日光照射。在这种竞争中，得到阳光多的必然淘汰掉得不到足够阳光的植物。所以，植物进化得很高来充分吸收光照，那么长高速度慢的植物就处于竞争劣势。

竞争得到两种结果：一是几种竞争植物之间有的被淘汰掉，平均资源数量相对增长，剩下的植物更健康地生活；二是几种植物都适应了这种竞争关系，共同生活下去。

(2) 相互克制关系

相比较竞争关系而言，相互克制的园林植物是绝对不能种植在一起的。植物间的相克作用有以下三个主要方面：

一种是由于某一植物会引来另一种植物的病虫害而克制对方。比如，梨桧锈病。只要周围有桧柏，梨树就会染上这种真菌性疾病。还有刺槐种植会提高蔷薇科结果植物患炭疽病、紫纹羽病的风险。

另一种情况是某种植物的释放物会影响另一种植物生长。比如，刺槐分泌的一种鞣酸，可以有效抑制苹果、李等多种果树发育。核桃叶能分泌大量的“核桃醌”，这种物质对许多植物有害，所以核桃周围的植物要认真配置。

还有一种情况比较少见，就是植物的绞杀作用。这种现象一般出现在热带、亚热带雨林。园林植物最容易形成绞杀现象的就是榕属植物，由于它有强大的系生根，经常将寄主缠绕致死。种间克制的关系不同于竞争关系，其并不是资源占有之争，而是由分泌物或者其他原因造成的存亡关系。

(3) 共生关系

园林中大部分植物可以“共生”，否则就不会有多彩的园林植物群体景观。共生的概念是每种植物都能完成自己的生长，并且能够维持共同生活空间的质量，以及植物群落的稳定。比如：杨树与忍冬存在共生关系，能很好相处；白桦与樟子松同样能很好生长。植物能共生的原因在于对主导的生态因子需求不同或者对同一生态因子需求高峰时间不同，再或者某种植物的分泌物促进其他植物的生长，等等。

(二) 园林植物群落的基本特征

自然界生长的植物不可能是单一的种类聚集，在一定范围内必然是多种植物种群的集合，这种植物集合就形成了植物群落。自然界中植物群落有其基本特征以及发展规律。而园林植物景观因为用地规模、用途的限制，很多绿地类型都不能形成完整的群落（如行道树的种植），园林植物中的一片片植物可以用群体或者组团的概念来分析；但对于以自然风景为主的园林类型（如风景名胜区、森林公园）来说，植物群落的结构几乎接近于自然植物群落。

1. 多种植物组成

群落是植物群体的集合。多种植物因为对外界环境的适应与选择，形成了彼此相近的生活方式，在空间上聚合到了一起形成群落。园林植物也是由多种植物组成的，树种间的关系依靠人工维护或者经验确定。

2. 具有一定的结构

植物群落是生态系统的一个结构单位，它本身除具有一定的种类组成外，还具有一系列结构特点。群落结构一般分为垂直结构、平面结构、动态结构等。

3. 群落具有一定的动态特征

植物群落伴随着植物的生命特征而不停地运动，其运动形式包括季节动态、年际动态、演替与演化等。园林植物群更注重色彩及形态等观赏要素的短期动态变化，如植物群色彩的四季变化。

4. 一定的分布范围

所有种类的植物生长需要一定的空间、一定的适宜环境。所以，群落需要更大范围的空间生长、发展。每个群落都分布在特定地段或特定生境上。

5. 群落的边界特征

群落的边界是限定一个群落大小的指标。在自然条件下，有些群落具有明显边界，可以清楚地加以区分；有的并无明显边界，几个群落间相互交融。明显边界的植物群落比较少，大多数群落具有边界相融的特征。

6. 不同物种之间的相互作用

群落中的物种有规律地共处，在有序状态下生存。可见，自然的植物群落并非植物种类的简单集合。哪些种群能够组合在一起构成群落，取决于两个条件：第一，必须共同适应它们所处的无机环境；第二，它们内部的相互关系必须取得协调和平衡。这些特点帮助我们在组织园林植物群落时有所侧重。

（三）园林植物群落的种类组成特征

认识、了解一个群落，首先要知道构成群落的植物种类，这是进行下一步研究的基础。群落中的每一种植物对环境的要求不同，对周围的其他植物影响也大不相同。所以，研究群落的种类组成特征具有重要意义。对群落种类组成的认识可以帮助植物造景工作形成清晰的概念，在组织植物时依据这些构成特点，能够强化植物群落的种间关系。

1. 群落种类的调查方法

了解植物群落的种类可以采取两种方法：一种是总体调查记录法，另一种是最小面积法。对于面积较小范围的植物群落可以进行全面的树种调查以及定位。一般城市绿地中的植物调查都可以用全面调查法。而对于大面积自然植被，其中的群落可能面积极大，统计工作很难进行，所以采用统计学中的最小面积法进行统计。这个方法通过调查包含此群落最多植物种类的最小面积，来估算整个群落种类数量。

2. 优势种与建群种

在园林植物群落的种类组成中，植物的地位与作用是不相同的。针对大面积的园林植物群落，由决定其外貌特征及总体属性的树种及帮助形成群落结构的其他树种组成。

(1) 定义解析

优势种，一般指群落中占据数量或占有资源最大、较大的种类。优势种往往决定群落的外貌结构和内部环境特点，并对小气候、土壤剖面和其他生物施以最大影响。

一个植物群落中的优势种并不多。按照群落的层次来分，可能每一层都有其优势种，比如森林群落中，乔木层、灌木层、草本层和地被层分别存在各自的优势种。

建群种，是群落的建造者，是一个群落骨架的构成单位，是优势层中的优势种。比如，森林群落的优势层一定是乔木层，在乔木层中作为优势种的植物叫作森林建群种。比如，兴安落叶松是大兴安岭落叶松林的建群种。

(2) 关系解析

优势种不一定是建群种，但建群种一定是优势种。建群种在个体数量上不一定占绝对优势，但决定着群落内部的结构和特殊环境条件。例如，在主要层中有两个以上的种共占优势，则把它们称为共建种。

(3) 概念扩展

在植物造景中，常常在方案设计时提出一个或几个群落的构建树种，通过这几个树种搭建起一个种植群落的框架，比如常说的“油松林”“杨树林”“竹林”等。这些起到重要作用的树种就是园林中的“优势种”，一般称作“骨干树种”。除却这些数量比较大的植物种类，种植群落中当然应该有其他帮助构成群落的种类。

优势种的生活力及健康状态直接影响到园林植物的外部形态及景观效果。健康的植物群落会给人旺盛的生命美感，所以在植物造景工作中对优势种生活力的保持至关重要。其中，两点措施会帮助植物群落达到这样的效果：一方面，通过合理的植物材料选择，确定优势种与其他物种的种间关系，会帮助优势种尽快适应生存的内外部环境；另一方面，积极的保育、养护措施可以帮助植物更好地健康生长。

(四) 园林植物群落的数量组成特征

群落由若干种植物组成，其中每种植物都有不同的数量。群落由若干种植物组成，其中每种植物都有不同的数量。总群落又有数量的不同，布局有的区域多，有的区域少，每种植物也会随机出现在不同的区域内。有的区域少，每种植物随机地出现在不同的区域内。衡量植物群落种类数量组成的特点，选用多度、盖度、频度、优势度等语汇描述。在植物景观评价中，这几个概念是常被用来衡量植物群落数量特征的，并且方便赋值量化。

1. 多度

(1) 定义

多度是群落中各树种数量的多少。通过测定每种植物的数量，可以计算并了解它们之间的比率。通过对多度的研究，实质上揭示了植物群落组分的内容。将植物群落看成整体的话，每种植物数量就是一种物质概念。

(2) 计算方法

常用来计量多度的方法有两种：一种是记名计数法。它是在一定面积的样地内直接计数各种的数量，然后计算个体间的比率。另一种是目测法。它一般用在一定范围内植物的数量很大，且不容易逐一计数的群落内，如大面积灌丛或者草本群落。这样可以按照预先确定的多度等级，用目测法来估计样地中各种类的数量多少。

2. 盖度

(1) 定义

盖度指植物群落总体或个体地上部分垂直投影面积与样方面积的百分比。它反映植被的茂密程度和植物进行光合作用面积的大小。盖度越大，说明其树冠覆盖面积越大，投影大；而树干细窄的植物，其林下空间是相当丰富的。

(2) 类型

盖度有两种：一种叫投影盖度。它指某一植物在土壤表面所覆盖的面积比例，它不决定于植株数目的分布状况，而是决定于植株的生物学特性。一种是基部盖度。它指植物基部根系生长的面积或覆盖面积占样地面积的百分比。投影盖度与基部盖度没有正相关性。对于同种乔木来说，一般情况下，基部盖度大的投影盖度也应该较大；基部盖度一般用来描述多分枝的植物类型。

(3) 测定方法

测定草本群落的投影盖度方法比较直接。先打好 1 米 ×1 米见方的木框架，也就是划定出 $1m^2$ 的单位面积，然后将这个木框架内经纬拉线，形成 100 个 0.1 米 ×0.1 米面积的小格子，再将这个框架放置在草地上，直接观察株丛基部占有 100 个格子中的几个，也就测出其投影盖度。

对于树木，则用卷尺实测树干距地面 1.3 米处的胸径，计算出这个位置的截面积，然后计算其与样地内全部树木总断面积之比，即为该树种的基部盖度（以百分数表示）。

投影盖度是群落结构的一个重要指标，因为它不仅标志植物所占有的水平空间面积，也表明了植物之间的相互关系。尤其是处于主要层的植物种类，其盖度值比较大，决定了群落内植物环境的形成和特点，并影响次要层植物的种类、个体数量和生长情况。

3. 频度

（1）定义

频度是植物群落种类组成的又一个重要概念。它表示群落中某种植物出现的频率，以某种植物出现的样地百分数计算频度系数，从而表示出该植物在群落中分布的均匀性。实质上，频度也是阐述植物群落数量的概念，与多度的概念有相似之处。

（2）测定方法

实测时，需要对样地的种类组成进行实测，测定方法前文已经提到。标记每种植物在样地中出现的次数，再比较样地总数，就是所要数值。

（3）计算方法

频度（%）= 某种植物出现的样方数目 ÷ 全部样方数目 ×100%

4. 优势度

（1）定义

优势度用来描述植物群落中某个种类的地位和作用。优势度大说明群落中地位较高；反之，则地位较低。现在较多用面积表示，即相对优势度。

（2）计算方法

在森林群落研究中常用重要值来描述一个树种的优势程度：

$$重要值 = \frac{相对密度 + 相对优势度 + 相对频度}{300}$$

$$相对密度 = \frac{某一种的个体数}{全部种的个体总数} \times 100$$

$$相对频度 = \frac{某一种的频度}{全部种的频度之和} \times 100$$

（五）园林植物群落组成的结构特征

前面针对群落中植物种类、植物数量等方面的概念研究方法进行总结，其实质是群落客观物质存在的理解，了解其组成物质，本节开始探讨它们之间的组成方式。

1. 群落的垂直结构

群落的垂直结构主要是指群落的分层现象。群落中各种种群的个体在空间不同层次上分布的现象，也叫成层性。造成分层现象的直观原因是不同种类植物生长高度不同而引起的，环境原因才是形成分层现象的真正原因。

植物群落的成层性以森林群落最为明显和完整，从上向下各层次依次为乔木层、灌木层、草本层、地被层。层外植物又称层间植物或填空植物。地下根系分层不同，植物根系在土壤中处于不同深度，多集中在土壤表层。在森林中植物种类比较多，空间密闭性复杂，在乔木的遮蔽下，阳光穿透力减弱，所以灌木层一般都集中在林冠间隙且具备一定的耐荫性，地被植物基本进化为喜阴喜湿的类型，这样大面积的分布在地表附近容易获得水分。一般而言，温带夏绿阔叶林的地上成层现象最明显，寒温带针叶林的成层结构简单，而热带森林的成层结构最复杂。

2. 群落的水平结构

群落的水平结构是指群落的配置状况或水平格局，也称为群落的二维结构。其主要特征是镶嵌性。

镶嵌性是指两个层片在水平空间上的不均匀配置，而使群落在外形上表现出斑块相间的现象。在镶嵌群落中，每一个斑块就是一个小群落。自然群落中的镶嵌性是绝对的，而均匀性是相对的。

群落镶嵌性产生的原因，主要是群落内部环境因子的不均匀性，比如，小地形和微地形的变化、土壤温度和盐渍化程度的差异、光照的强弱以及人与动物的影响。

3. 群落的动态结构

群落外貌随一年中季节（如春、夏、秋、冬，雨季、旱季）更替而出现的周期性变化称为群落的季相。一个群落季相变化的稳定出现，是由于季节、物候变化引起的，在正常情况下，可年复一年、周而复始地出现。

我国大多数地区处于四季分明的温带地区，季节更迭现象明显，一个稳定的群落显示出固定时间的结构改变：春天，植物萌芽、开花、长叶。夏天枝叶繁茂，绿树成荫。秋天，树叶转黄，开始掉落，植物果实累累。冬天植物枯萎，阔叶树叶落光等。伴随着季节变化，植物的形态，树叶、花的色彩也做出相应改变。也有个别情况，由于季节气温异常等突发现象，局部改变季相特点，不过基本是时间的推移或提前，并无实质性变化。

（六）园林植物群落的多样性与稳定性

城市绿地中的园林植物群落其生态构成受到外界环境的影响，与处于自然状态下的植物群落是不同的。为了能使园林植物群落达到稳定的生态组成，需要了解其多样性的特点。

多样性是一个广泛的概念。一方面，生物多样性就是生命形式的多样性；另一方面，生物多样性指的是地球上生命的所有变异。[①] 多样性包含遗传多样性、物种多样性、生态系统的多样性等，在植物群落多样性中一般讨论物种的多样性。对多样性分析，运用较多的有两个指数：香农 - 威纳指数和辛普森多样性指数。

2. 植物群落的稳定性

居于城市中的园林植物景观，由于人工栽植的原因，再加上受到城市生活中不良因素的干扰，其生态稳定性要比自然状态下稳定植物群落的差很多。稳定性代表了受到破坏冲击后自我恢复的能力，也就是说，城市中的园林植物景观受到大的生态破坏（自然灾害、火灾等）后，往往难以恢复。所以，植物造景工作需要将园林植物景观的生态稳定性作为植物造景的重要任务来考虑。

多数生态学家认为，群落的多样性是衡量群落稳定性的一个重要尺度。因为多样性高的群落，物种之间往往形成比较复杂的相互关系；当有来自外界环境的变化或群落内部种群的波动时，多样性较高的群落有一个较强大的反馈系统，从而可以得到较大的缓冲。从群落能量学的角度来看，多样性高的群落，能流途径更多一些；当某一条途径受到干扰被堵塞不通时，就会有其他的路线予以补充。

二、园林植物景观的功能属性

园林植物功能多样，无论栽植于公园中，还是植于厂矿、路边，或者保护区、风景区内，所有的园林植物都有固定的功能属性，那就是其具有生态效益。对于不同功能的绿地园林植物可能有其他的功能效益，这些共同组成了园林植物的功能属性。

（一）园林植物景观的生态效益

园林植物的生态效益是园林植物功能效益中最重要的组成部分，也是人们在城市中修建大量绿地渴望获得的利益。对生态效益的研究可以确定不同植物或者植物群体生态效益的多少，这个数据通过实测与实验的方法得到，所以针对生态效益的评价是比较有说服力的。研究园林植物生态效益的不同内容，可以针对具体需要，制定遴选植物材料的标准。

1. 基本内容

经过总结，园林植物的生态效益体现在有益物质释放、有害物质吸收、杀菌、控温能力、降低噪音能力、防风固沙能力、保持水土能力、其他有益物种数量等这些因素中。

① 孙儒泳 . 生物多样性的丧失和保护 [J]. 大自然探索，2001(09)：44-45.

（1）有益物质释放

以单位面积的绿地作为考察对象，其单位时间内稳定释放的有益物质，如氧气、负离子等，对环境质量的提升有很大作用。科学数据显示，每公顷森林每天可消耗1000千克 CO_2，放出730千克 O_2；在光合作用中，植物每吸收44克 CO_2 可放出32克 O_2、对于植物放氧量来说，释放越多，说明吸收的二氧化碳越多，但其中植物放氧量的效率需要考虑。总的来说，放出氧气数量越大，对环境越有益。

（2）有害物质吸收

以单位面积的绿地为考察对象，其单位时间内稳定吸收有害物质，如 SO_2、CL_2 等。这些有害物质的浓度在城市中远远大于在自然界中的含量，所以在城市中园林植物的生态效益意义更加深远。园林植物对这些有害气体的吸收能力差异较大，如海棠、馒头柳、构树、金银木、丁香等植物对 SO_2 的吸收量可以达到 $1.5g/m^2$（每平方米叶片）以上，而泡桐、元宝枫等只能吸收不到 $0.5g/m^2$。

（3）杀菌作用

城市环境中存在许多对人体有害的细菌或者微生物。以北京市为例。该市城区不同位置空气中细菌含量有所不同：城市中显然比公园等绿地含菌量高，而城市中又数文教区与交通干线区含菌量最高。空气含菌量随时间周期变化：春、冬低而夏、秋高，公园等绿地却没有明显时间变化。这个调查说明，园林植物有显著的杀菌作用，其中不同的植物对不同的细菌有抑制作用，并且抑制能力有高低差异。

（4）控温能力

以植物为主的绿地能有效降低局部温度，在炎热的夏季给人带来丝丝凉爽；同时，可以缓解城市热岛效应，平均城市温度。经过研究，绿地大小、绿地种植结构、绿地位置降温能力都不同，不过基本可以平均降温2℃左右。

（5）降低噪声能力

城市中噪声是一种污染。经过调查及实验发现，长期处于噪声污染中的人，神经系统与心血管系统均遭到不同程度的损害。植物组团空间内部可以形成一定的密闭空间，有效地减弱噪声的危害。用在小区、公园、办公楼、道路周围，可以将噪声的危害降低。[①] 绿地植物降低噪声同植物种类及种植形式相关。

（6）防风固沙能力

沙漠化是干旱、半干旱及部分半湿润地区由于人地关系不协调所造成的以风沙活动为主要标志的土地退化，尤其在初春时节，北方的城市生活不同程度受到沙尘影响。园林植物的一大作用就是可以抵挡风沙入侵城市，人们希望通过植物建立防

---

① 高韦佳．浅析城市规划中的环境保护问题[J]．现代经济信息，2009(16)：5-6.

风屏障，并逐步反向渗透进沙漠、荒漠中，重新改造这些地方的水土条件。

(7) 保持水土的能力

忽视因地制宜的农林牧综合发展，把只适合林、牧业利用的土地也辟为农田，滥砍滥伐森林，使地表裸露，使生态系统进入恶性循环，这些都加重了水土流失。园林植物可以减缓自然降雨对地表的冲刷作用，地被植物也可以减缓地表径流的速度，植物根系可牢牢稳固其下土壤，改变土壤的理化结构，也可以固定一部分水分。园林植物的这些作用弱化了水土流失的危害。

(8) 其他有益物种数量

绿地与城市的其他要素构成了城市生态系统，虽然生物层级比较单一，控制得当的话却也可以形成稳定的结构。城市绿地正在成为其他物种的栖息地，如有益昆虫、有益鸟类、小型动物等。有益是指这些生物不会形成绿地、植物的危害。

2. 园林植物景观生态效益的不同研究内容

(1) 不同植物吸收 CO_2 的等级分类

实际上，每种植物吸收 CO_2 的能力是不同的。但吸收 CO_2 是园林植物的普遍生态意义，不存在功能的针对性。比如，在公园中的植物群落与在道路绿化中的植物都可以产生这种功能效益。对植物进行 CO_2 吸收量的排序是具有树种选择的广泛参考意义的。一般在满足其他条件，如树种多样性、群落结构等条件下，园林植物吸收 CO_2 的能力越高越好。

(2) 绿地降温效益的研究

第一，绿地类型、遮阳程度及配置不同的树种对绿地斑块的降温幅度有显著影响。第二，种植大乔木绿地的降温幅度最大（2.8℃），其次为小乔木绿地（2℃），乔灌相间和灌草结合的绿地平均降温幅度分别仅为 1.4℃和 1.2℃。以雪松和香樟为优势树种的绿地斑块降温效果最明显，草坪的降温效果最差。第三，乔灌木比草地的降温能力要高；从绿地边缘到中心温度在逐渐降低，绿地温度与距离地面垂直距离有正相关性。

(3) 绿地降噪效益的研究

第一，绿地的宽度、绿地植物的稠密程度、植物种植结构等因素是影响绿地植物降低噪声的主要原因。第二，随着绿地距离增大，噪声有效衰减，其衰减效果远远大于同面积空场地。第三，如果同等条件绿地种植有乔、灌木，则降噪能力得到提高。最佳种植形式为乔、灌、草的层次种植，降噪能力稍弱的是草坪。

(二) 园林植物景观的经济效益

园林植物产生的经济效益是可观的。园林植物自身具备一定的经济价值，有的可以进行生产，如花卉生产形成了大规模经济效益；有的由于其可贵的观赏价值而成为苗木储备。同时，园林植物景观提供了良好的环境，可以开展多种商业性文体活动或娱乐项目。其次，园林植物在绿地中提升了用地的景观效果，使周边一些用地价值得到提高。整个城市的环境由于园林植物群落的建设而改变，从而使城市形象提升，形成了潜在且良好的投资环境。

关于园林植物经济价值的内容大致包括园林植物自身价值、商业活动承载能力、绿地可开展项目情况、周边用地价值增长潜力等。

1. 园林植物自身价值

园林植物拥有精美的观赏特性，在城市绿化建设中大批量地使用，其中往往要求人工培育的品相极好的植株。它的经济价值来自苗圃培养使用的人工、占用土地、耗费水电量、运输过程的运费、移栽苗木的施工费用等成本支出，其规格不同产生的效果差异，以及生产性收益等。

一般情况下，植株规格大的价值高，比如胸径 10 厘米白蜡市价大约 130 元每棵，而 5 厘米只要不到 20 元一棵，差别很大；树龄长的价值高，规范苗圃的苗源价值高，苗木地区间存在价格差价。但并不意味着价格越高景观效果越好，植物群体搭配呈现的艺术效果更加重要。一棵几十年树龄的银杏栽错了地方，也难以发挥其艺术效果。

2. 商业活动承载能力

绿地以其环境效果、面积优势、方便组织等特点受到各类商业活动的青睐。北京的海淀公园每年都举办迷笛音乐节，朝阳公园也经常组织国际音乐节，陶然亭公园承办春节庙会等，都是通过举办商业性的文体活动来增加经济效益。效益增长能力取决于商业承办频率与规模。

商业活动的品牌优势结合绿地优美的室外环境，使市民的精神文化生活更加丰富，社会效益大幅提高。经常承办著名活动，会使绿地品牌价值提升，达到双赢效果。

3. 绿地可开展项目情况

绿地本身也可以创造许多活动形式（非外单位活动项目）。除了简单的游园活动，还有游船、商业娱乐、餐饮、旅游周边售卖等项目，这些都是以植物为主要元素的绿地为基础开展起来的。一些生产性的种植园、苗圃、花圃等先后通过改造，成为可开展游览、采摘、露营等活动的新型观赏性园地。这些改造增加了主管部门的收益。

4. 周边用地价值增长潜力

在注重生活质量的今天，人们对居住环境绿地数量与质量的关注程度呈飞速上升趋势。这样形成了公园、绿地周边用地价值快速提升的态势，所以绿地周边的用地有很大的升值潜力。

（三）园林植物景观的文化效益

一些植物形象代表了一个时代或者一个故事，是一段时间或者一定范围聚居历史的见证。通过这种历史的追溯，可以对园林发展史、当时时代特点、艺术风潮以及当时人们的审美观念都形成一定的考证及推断，从而产生重要的文化价值。

关于园林植物景观文化价值，可概括为：特定的园林艺术形式，植物的历史、地方文化代表性。

1. 特定的园林艺术形式

特定的园林艺术形式指当今园林植物景观呈现出与过去某一历史时期或者国外某种景观特点一致的风格或形式。它可以大致分为两种情况：一种是现代模仿某些特定的园林艺术风格建成的园林景观。这样的仿制在当今条件下不存在历史文化价值，研究其文化价值只能从与当地需求结合的角度审视。比如，西安市建造的曲江池遗址公园。其整个布局按照典籍中描述的唐代公共园林曲江池而建，为了再现“青林重复，绿水弥漫”的景观格局，形式布局上采用汉唐时的造园风格，一些以植物景观为主的景点也予以保留。其文化价值在于对历史地方特色的尊重与恢复，某种程度也实现了园林的经济效益。

另一种情况是这种风格由历史遗留下来，仍然在被使用，则可以通过它来推断其形成时代的艺术特点。比如，苏州园林中众多的私家园林，除了历史文化效益外，还具备研究价值。

对植物造景而言，这种特定历史形成的园林风格显然不能跟上时代的节奏，但通过对它们精髓的理解而利用其思维方式，或者对其手法局部运用，会得到好的效果。

2. 历史、地方文化代表性

在地方历史中乃至中国历史上都有其历史意义的植物或者园林，其文化价值显然很重要。比如，“燕京八景”中琼岛春阴、蓟门烟树、居庸叠翠都是具有历史意义的植物景观，北京北海团城的“白袍将军”等如今仍然作为北京景观、文化标识而存在。山西晋祠的周柏、洪洞大槐树等也具有强烈的地方代表性。它们对塑造整个地区的地方精神以及地方风貌有着重要意义。再比如，一个城市的市花、市树，在一定程度上代表了这个城市，我们谈到紫荆花而想到香港就是源于这个道理。

（四）园林植物的其他功能效益

园林植物的功能效益还有很多。有的潜在而不被人注意到，有的可以直接而清晰地感知到。比如利用某些植物的芳香作为医疗用途，这些植物仿佛是活着的药物；道路中利用植物遮挡对面车辆的眩光；某些学校将植物园作为教学或者第二课堂基地，给儿童从小普及植物及环保知识；有的植物，如落叶松、常春藤、珊瑚树等耐火烧，在自然环境中或者城市绿地中都可以作为防火隔离使用。①

（五）园林植物景观功能属性的评价

1. 评价目的

对于某块绿地的功能属性分层分析，从生态效益、经济效益、文化效益和其他功能效益等方面综合探讨其功能属性的优劣。

2. 评价方法

(1) 指标层建立

利用 AHP 法定性与定量分析，然后以功能属性进行层次分析指标的建构。

生态效益的干扰因素过多，如降噪能力、降温能力、吸收 CO_2 能力等，而降噪能力又分为绿地宽度、种植结构、叶面宽度等因素，降温能力同样可以分解。这样，干扰因素过多，不容易得到结论。所以，按照绿量高低作为变量。绿量的计算根据陈自新等进行的北京市绿化生态效益系列研究中方法计算；经济效益分项、文化效益分项，其他功能效益都按照实地调查结果分 5 类等级，由低到高分别评分（0～2，2～4，4～6，6～8，8～10）。

(2) 权重计算并建立模型

根据建立判断矩阵，并计算相对重要性向量集，从二级指标权重值经过单排序权重一致性检测，到一级指标权重值确定，最终得到判断植物景观功能属性的模型为 $A=R0.2921S_1+0.2532S_2+0.2473S_3+0.2073S_4$，$R$ 为转化系数，将绿量数值转化成 10 为基准的评分。

综合判断，由此可见在园林植物景观的功能属性中，生态效益的综合作用要大于经济效益、文化效益等其他几种功能效益。所以，针对植物景观生态效益的有效构建是加强其功能效益的直接办法。文化效益与经济效益的比例相当，其他功能效益比重偏弱。

① 李树华，等. 园林植物的防火功能以及防火型园林绿地的植物配置手法 [J]. 风景园林，2008(06)：92-97.

3. 园林植物景观功能效益的启示

第一，生态效益是园林植物景观功能效益中比较重要的组成因素，而评价计算时仅带入了绿量概念，虽然有一定代表性，但仍然忽略了很多具体的因素。绿量高低决定于乔、灌、草的配比结构，这是众所周知的道理。很多研究也都指出，乔、灌、草搭配能带来较高的生态效益，但不同的造景要求下乔、灌、草具体配比一直是值得关注的问题。而对于有特殊造景要求的区域，植物选择就具体很多。比如，厂矿周边需要吸收有害气体，树木吸收气体的能力重要性便会上升，其他因素的重要性相对下降。

第二，对于经济效益来说，不是每个绿地都适合举办商业活动，那么其经济效益体现在可开展的活动及周边地价的提升这些因素内。可以说，这些指标都是潜在经济效益的判断。

第三，植物景观的文化效益是无差别性的，有文化的植物景观显示更多的内涵与深度，也更容易吸引游人。但是，文化效益的展现与园林风格、地方文化代表性相关还略显粗糙。显然文化发掘力度、本地文化价值也是重要的评价指标。如果有地方文化代表性，但挖掘深度不够或者偏离主题或者地方文化本身就没有过多的历史价值，却生硬地创造文化，就显得过于牵强，景观功能属性也会下降。

第四，其他功能属性体现有一定的特殊性，如果不是在特定绿地中仍然能具备这些功能，则植物景观功能属性会得到提升。比如，在城市公园中也考虑植物防火、教育等功能，可以提高公园植物景观的功能属性。如果在特定园林环境中，比如在植物园中，植物景观的科研、科普意义就是应该具备的功能，需要进一步对其功能优劣进行评价。

第四节　园林景观规划设计中的植物景观设计内容研究

一、园林植物景观设计的基本原则

（一）生态性原则

园林景观是建构在既有自然生态系统基础上的，其具有生态、社会、经济等多重功能，其中最重要也是最基本的功能就是生态功能。因此，在进行园林的植物景观设计时，最重要的就是从生态性原则出发。

生态性原则要求通过人工与自然相结合的设计方法最大限度上发挥植物的景观

与生态功能。植物景观的设计应该立足于地区自然条件和生态状况，遵循区域范围内的群落演替原则，保证既有生态安全的水平。在进行植物组团配置时要充分考虑植物的生态习性和生长规律，要符合植物群落的自然演变特征，并依据不同的立地条件设计相应的生境类型。通过植物种类和植物群落比例关系的确定、乡土植物与外来引种的搭配以及生态廊道和斑块的合理布局进行生态性设计。

（二）多样性原则

根据生态学中的异质性原理，要维持既有生态环境的稳定性就必须增强植物的多样性，因此在园林的植物景观设计时必须充分考虑植物的多样性要求。植物景观设计的多样性原则表现在通过增加植物物种种类以及植物群落的丰富度，来使植物群落保持稳定，从而构建健康、和谐的植物生态系统群落。

多样性原则要求在进行植物景观设计时，根据既有生态系统的特点，借鉴与模仿所在区域的自然植物群落的种类组成与结构特点。这些植物群落大多经过长久的演替发展过程已经达到了一定的稳定状态，通过对高级别的群落模拟为区域内的动物和微生物等提供了多样化的生境类型。动物与微生物得到了稳定的食物来源和栖息环境，同时可以反作用于各类植物，从而既丰富了园林的景观又保持和提高了园林的生物多样性。

虽然多样性原则强调要增加植物种类和植物群落的丰富度，但在进行外来物种引进时应当提前进行相关的计划与论证，不可盲目引进。这既是乡土植物的保护和发展的需求，也是防止外来物种入侵的要求，如滇池引进凤眼莲却造成了水体污染。

（三）能性原则

园林是区域性自然环境与公园的结合体，既有区域性自然环境的属性，又具备公园的性质。因此，在进行不同园林植物景观设计时，既要强调对既有自然环境的保护，也要充分发挥园林的生态保护、科普教育和旅游休闲等功能。植物设计应该充分考虑并研究植物的生态功能与景观效果，结合既有生态系统和游人需求，营造具有不同功能的景观生境。园林的植物造景应当最大程度上发挥综合效益，通过对河流、森林、山峦等的治理和保护，同时与生产、生活等有机结合起来，从而提高园林景观的功能性。①

① 谢华辉，包志毅．城市水体生态区野生生物栖息地植物景观设计初探 [J]．湖南林业科技，2006，33(01)：21-25.

（四）地方性原则

1. 因地制宜

在进行园林景观规划和设计时，设计者要注意与营造园林的既有自然环境要素紧密结合起来，要对当地的地形、水文、气候、人文及经济等多方面的因素综合加以考虑。比如，植物种类应当尽量选择乡土物种，同时充分利用当地现有的自然景观资源；整体的植物景观营造应当与当地生态系统相融合，最大程度上发挥园林景观的生态效益和景观功能。

2. 突出地域特色

区域性自然环境的演化发展通常是与人类社会的经济发展等紧密联系在一起的，自然也被蕴含了一定的历史文化积淀。在建构不同园林时，当地的乡土植物自然会被采纳进植物景观设计之中，而且设计者应遵循植物季节变化的特点进行园林植物群落的构建，尽量发掘与展现出乡土植物的文化内涵，从而体现出地域文化和认知心理下的园林景观意境和韵味。[①]

二、园林植物景观的构成

园林具有双重甚至多重身份。比如，对湿地园林景观而言，其既是湿地这种水体，又兼有公园的人为特性。园林既区别于一般的自然湿地，又不同于普通的城市公园。园林的植物景观构成相对而言较为复杂，它不仅包含了湿地中常见的水生与湿生植物，同时还包含了大量的公园游憩空间，因此在园林中陆生植物景观也是不可或缺的一个重要因素。因此，园林的植物景观设计区别于一般的植物景观设计。在设计过程中要注意多样化的植物景观生境营造，根据园林生态环境类型划分，不同园林中的植物景观主要有三种：水生植物景观、岸线植物景观和陆生植物景观。

（一）水生植物景观

水生植物是拥有水体部分园林的重要组成部分，也是园林植物景观设计的重要资源之一。根据其生态习性和生长方式特点，水生植物可以分为挺水植物、浮水植物和沉水植物。水生植物景观就是通过利用不同类型的水生植物配合多样化的水体环境所营造的具有较高观赏价值的景观生境。通过对不同类型的水生植物的组团与搭配，充分发挥水生植物的线条、姿态、色彩等自然之美，构建和谐稳定的园林水景。

---

① 赵鑫，吕文博．环境行为学在植物景观营造中的应用初探 [J]. 渤海大学学报（自然科学版），2005，26（04）:309-312.

1. 挺水植物

挺水植物形态较为高大，直立挺拔，大多具有茎和叶的分化，茎叶挺出水面，根或地茎扎入泥土中生长发育，花色艳丽，品种丰富，在水体为核心的园林中运用得十分普遍。该类植物突出水面，丰富了水面的空间布局，使得园林水体景观具有立体的景致效果。该类型的代表植物有芦苇、菖蒲、荷花、千屈菜等。

2. 浮水植物

浮水植物又分为浮叶植物和漂浮植物。浮叶植物无地上茎或地上茎不能直立，根生长在水中泥土之下，叶片漂浮在水面上，花开始贴近水面，这类植物多数以观花和观叶为主。浮叶植物虽然不能像挺水植物那样增强水体景观的立体效果，但其颜色纷杂的花朵和美的叶片却能够丰富与装点单调的水面，对增加水面的景观效果起到极其重要的作用。该类型的代表植物有睡莲、荇菜、芡实、莼菜等。

漂浮植物的根系悬垂于水中，其余部分皆漂浮于水面。由于其根系没有固定，整株植物都可以随着水流四处漂浮。这类植物主要以观叶为主，因为其漂浮不定，所以可以随时改变水面的景观效果，对美化水面起到了一定的作用。该类型的代表植物有凤眼莲、水花生、水鳖、浮萍等。

3. 沉水植物

沉水植物全株沉于水面之下，只有花朵部分露出水面，其叶多为狭长或丝状。由于该类植物的花朵较小且花期较短，因此一般在植物景观应用中也以观叶为主。沉水植物通常用于水质清澈、水深较浅的水体中；由于植株沉于水底，只能隐隐约约看到其在水中的摇曳姿态，故能营造出幽深、宁静的景观氛围。由于沉水植物不仅具有景观效果，还具备较强的净化水体功能，其在不同园林植物景观中的应用已经越来越广泛。该类型的代表植物有金鱼藻、眼子菜、狐尾藻等。

(二) 岸线植物景观

岸线植物景观既是对水生植物景观的一个延续，也是往陆生植物景观的一个过渡，是水陆生态系统之间的过渡带，在园林植物景观的营造中对各类生态系统的稳定起着极其重要的作用。这类植物景观通常包含多种植物种类的组团与配合，包括草本、灌木、乔木等。岸线植物景观与水生植物景观相配合不仅丰富了水体园林景观的空间立体效果，确保了边坡植被的水平和垂直结构合理，同时还起到了防止水土流失、固岸护坡、美化与柔化水体岸线、为动物提供栖息地的多重功能。因此，在进行园林的植物景观设计时，应当充分考虑水体、水生植物与岸线植物的关系，只有合理科学的配置才能营造出优美的景观效果。

岸线植物景观在营造时通常使用较多的湿生植物，包括观赏草、湿生花卉、湿生乔木等。这类植物通常是指生长在水域边界线的植物和生态交错带的部分水生植物，这类植物具有较强的耐水湿能力，可以偶然或周期性地生长在水中。湿生植物的植物种类组成较丰富，具有多样化的植物层次结构，既能满足生态演替需求，又可以营造出不同类型园林景观的自然野趣。

（三）陆生植物景观

陆生植物是园林景观的一个重要组成部分和要素，同时是影响园林内植物物种多样性的一个重要因素。陆生植物主要生长在园林的陆地部分。陆生植物景观是园林中植物种类最为丰富的一种，涵盖了乔木、灌木、花草、藤本及攀缘植物等，对各类园林的立地条件都具有较强的适应能力。该类景观主要由林木、草地、乡土花境、景观花田、景观林、地被景观、观赏草景观等多种不同类型的植物组团构成，构建了较为稳定的植物群落，展现了不同园林景观优美、和谐的意境。

三、园林植物选择和造景模式

（一）植物种类的选择

在园林的植物景观设计中，植物自然是最重要的造景元素；植物种类的选择不仅关系到公园内的景观质量，更会对生态系统的稳定性产生影响。因此，在进行园林的植物种类选择时必须根据湿地及公园的功能需求，并依据一定的原则进行科学合理的选择与配置。

1. 适地适树

在进行园林的植物种类选择时应尽量选择当地的植物种类，这类植物大都已经很好地适应了当地的立地条件，能够良好生长。选择乡土树种不仅在经济方面能够减少一定的费用，更可以防止外来物种的盲目引进对既有生态系统的破坏和入侵，并且有利于增加该区域的生物多样性。因此，在进行植物种类选择前，应当对该区域内自然植被资源做一定的调查与了解，选择适合本区域生长的植被种类。

2. 选择不同功能类型的植物种类

在不同园林景观中，植物可从生态类、经济类、景观类和文化类这四大功能类型来加以划分。多元化的功能类型加强了园林的景观多样性和生态系统多样性。

（1）生态类

植物在园林生态系统中发挥着重要的生态支撑作用，造园者在进行植物种类选择时应当充分考虑植物的生态功能，选择对环境净化能力强的植物种类。同时，这类植物还可以为园林中的动物（如鱼、鸟、昆虫等）以及微生物提供优质的食物来源和栖息生长场所。

(2) 经济类

在进行园林植物种类选择时，造园者应当考虑一些具有经济效益的植物种类。这类植物在生长期可以展现良好的景观效果，在成熟期其实还可以为公园带来一定的经济收益，这既开发了植物价值的多种途径，也符合可持续发展的理念。

(3) 景观类

作为园林，造园者必须要创造优美、宜人的自然或人造景观，让游人有景可赏。植物在园林中因为其具有不同形态、色彩和层次，造园者可根据植物的这些特点进行植物组团与群落构建，从而形成不同特性的植物类景观。从水体到岸边再到陆地，根据不同的生境类型，造园者可选择水生植物、湿生植物与陆生植物，并将它们加以配合，从而模拟出具有一定自然属性的景观类型，展现出各种意境的园林景观。

(4) 文化类

在进行植物景观的设计时，造园者应注意将园林与乡土人情和文化内涵结合起来，从而实现不同植物引领下的具有不同寓意的园林景观。比如，依靠梅花，造园者就能营造出具有高洁意境的园林景观；凭借牡丹，造园者就能营造出具有富贵意蕴的园林景观；等等。营造园林的植物景观时，造园者应当结合当地的人文特色，选择具有文化内涵的植物种类，在满足生态与景观功能的同时要注重景观情感与文化的表达。

(二) 植物物种比例的选择

在园林的植物景观营造中，不同植物物种的选择与配置比例将会表现出不同的景观效果，只有比例恰当才能展现出园林景观的最佳效果。在进行植物种类的选择与配置时，水生植物应当考虑好挺水植物、浮水植物与沉水植物的种类比例关系，过高或过低都将对湿地景观或生态平衡产生不利影响；湿生与陆生植物应当考虑到乔灌草的比例、常绿与落叶、速生与慢生植物物种的比例关系；同时，还要考虑到不同观赏类型植物的配置比例，如观花植物与观叶植物的比例关系等，这些都将直接影响到园林整体景观风貌的形成。

(三) 主调植物、辅调植物和一般植物的选择

主调植物相当于园林植物景观的骨架，它是整个公园景观风格的基调，是不同园林的支撑性景观标志。因此，在进行主调植物选择时，一般以最能反映地方植被特色的乡土植物为主，这也能够防止园林生态环境的平衡受到破坏。主调植物一般要求种类少、数量多，起到统一园林整体景观风格的作用。

辅调植物通常是对主调植物在景观功能和生态功能上的补充，配合主调植物更好地完成景观与生态结构的构建与完善。园林的辅调植物一般选择具有较高观赏价值和生态价值的植物物种，具体的数量则根据实地状况和主调植物的数量决定，辅调植物在整个园林中发挥着一定的能动作用。

一般植物是对整个园林景观格局的进一步提升，主调植物和辅调植物虽然完成了对园林景观结构的基础营造，但还需要一般植物的补充与点缀。园林中的一般植物通常选择野花组合、观赏草等色彩、姿态丰富的植物，这既可以填充场地植物景观设计中的一些空白，也可以丰富景观层次、优化景观体验。

（四）园林植物造景模式

在园林中，根据不同的立地条件，植物景观也应当设计不同的配置与种植模式。不同的配置模式可以营造出不同的景观类型，同时给游人带来不同的感受与体验。

四、园林植物景观规划

（一）园林植物景观分区规划

由于园林中有不同的功能区划分，因此针对每个功能区的特点和环境需求对植物景观进行不同的景观分区规划，以此便于选择不同的植物种类和种植模式，创造适合于各功能区的植物景观。在进行植物景观分区的规划时，还应结合不同植物的生长习性、种类搭配、色彩变化以及形态特征等多方面的考虑与设计。通常而言，造园者可从以下五个区块展开规划与设计：入口景观种植区、乡土景观种植区、水生植物观赏区、滨水景观种植区及湿地科普展示区。

（二）园林植物景观空间规划

植物景观空间是指植物通过自身及周边元素（如建筑、水体、地形等）共同围合构成的区域。植物景观空间类型可按照不同的参考因素进行划分：按照空间的闭合程度划分，主要有封闭植物空间、竖向植物空间、覆盖植物空间、开敞植物空间和半开敞植物空间；按照视觉和心理感受则又可以分为线式组合空间、线性动感空间、静态组合空间以及焦点性空间。植物景观空间的规划设计则是在基于场地条件、功能规划、主题情节以及空间序列的需求，对植物景观空间进行具体的形态构建和场所营造。对于园林而言，植物景观的空间规划设计是对公园整体景观空间类型的丰富。植物景观不同于建筑、地形、水体等造园因素，具有一定的弹性与能动性，因此可以通过植物景观空间的设计，完善与协调公园的景观空间。

（三）园林植物季相景观规划

植物的生长发育随着季节和气候的变化而产生周期性的变化，植物群落因此在不同的季节会表现出相应的外貌特征，这就叫作植物的季相变化。在园林的植物景观设计中，通过合理的配置与群落组合，充分利用植物的季相变化特点，能够丰富公园内的景观，使园内一年四季都有景可赏。植物的季相景观具有季节限定性，因此对于游人而言具有吸引力与观赏价值。如武汉大学春赏樱花、杭州西湖夏赏荷花、北京香山秋赏红叶、南京梅花山冬赏梅花等，这些都是植物的季相景观。

（四）园林地域特色植物景观规划

地域特色是指地区本土的自然和文化特色，是这个地区最本质的特征。不同园林的地域特色植物景观则反映了该园林区别于其他园林的最基本也是最明显的特征。由于植物是不同园林中最重要的景观要素，因此具有地域特色的植物景观最能表达出园林的独特个性与风格。[①] 园林地域特色植物景观的营造不只是单纯使用乡土植物对当地自然风情的再现，更是对地方文化和植物内涵的深度挖掘与提炼。

地域特色植物景观的本质是通过乡土植物与乡土材料、乡土建筑的配合对地方人文历史的表达与传承。不同园林本身就是某种地域条件下以自然环境为核心演绎而成的，所以必然被打上特定人文历史属性。因此，具有地域特色的植物景观规划自然也是园林规划与设计的重要诉求。

五、园林植物景观设计手法

（一）师法自然

对区域性生态系统而言，其经过长久的演变才发展形成了稳定的植物群落结构。因此，造园者在进行园林植物景观营造时，应提炼和模拟既有自然生态系统中的植物群落景观，这样才能营造出稳定且协调的园林景观。而且，造园者对既有自然植物群落的模拟还能够最大程度上发挥出园林中植物的生态效益。[②] “师法自然”的设计手法要求在设计前期充分了解与调查当地植物群落状况与特征，然后充分利用乡土植物，通过艺术性的设计与构图手法营造最佳的园林植物景观。

---

① 焦宇静．中国城市湿地公园地域特色塑造 [J]. 山西建筑，2016，42(10) :217-218.
② 徐新洲，叶洁楠．模拟·延续·融合——城市湿地公园植物景观设计手法探讨 [J]. 林业科技开发，2010，24(05)：133-135.

（二）虚实结合

在进行植物景观营造时，造园者可充分利用水面、陆地、植物与天空和建筑物等的配合，在园中形成各种或虚或实、虚实结合的景观，创造出不同的景观意境。因此，在园林的植物景观营造时，造园者应充分利用既有的自然环境条件，营造出富有特色的植物景观、水体景观、森林景观等不同类型的景观，从而展现出美轮美奂的园林风景。

（三）意境营造

园林植物景观的意境营造是根据园中植物本身的自然要素（如形态、色彩、气味等），或者是与其他景观要素相结合，并按照一定的景观美学规律配置在不同区域，营造出优美、舒适并具有一定内涵的景观环境。① 意境营造是人与景互动、交流的结果，同时是园林中特定人文内涵与特色的表达。

园林植物景观的意境营造主要是通过结合场地的历史与人文内涵，利用乡土植物进行艺术化的布局与配置，从而营造一个具有韵味的意境景观。

（四）注意留白

植物景观的营造需要形成植物群落，保证植物的物种多样性，但不可用力过猛将植物组团配置得满满当当，要适当保留空间与空隙。正如中国传统国画中的"留白"手法，虽然留出了空白但却更能营造景观的美感。在园林的植物景观营造中，应该注意远、中、近景的搭配和上、中、下层景观的协调，保留景观透视线以及多变的林冠线即天际线，这样既能创造丰富饱满的园林景观，又可以防止产生压抑、封闭的感觉。同样，在园林景观的处理上，应注意水生植物、陆生植物等不同造园要素的面积的控制，这样才能在不同要素间形成相互映衬，达到不同景观相互辉映下的观赏效果。

（五）构建自然岸线景观

岸线景观是园林植物景观中一条亮眼的景观线，它是水生植物景观与陆生植物景观直接的过渡和纽带。根据水体不同段的生境与景观情况，可以通过设置不同类型的驳岸形式营造丰富的自然岸线景观。岸线景观的构建应当是乔灌草的组合、常绿与落叶的搭配以及花卉和观花植物的点缀。在种植方式上以自然式种植方式为主，

---

① 陈晓刚，林辉．城市园林植物景观设计之意境营造研究 [J]. 城市发展研究，2015，22（07）：1-3+11.

切忌规则、等距的种植植物。在植物群落营建时应该考虑竖向的空间组合，形成高低错落、富有变化的景观，起到步移景异的观赏效果。

六、园林植物种植与养护措施

在园林的植物景观营造中，很多时候往往会忽略掉植物的种植与养护措施的考量和研究，但植物的种植与养护往往决定了之前的所有设计内容是否能高质量完成。不同园林的植物种植与养护应当根据景观与生态要求进行，不能一味按照普通市政公园的标准来执行。而且由于园林的设计目标与景观风格等的不同，也应当根据不同园林自身的需要制定相应的植物种植养护以及公共设施维护等措施来执行。

第五章
园林景观规划设计中的公共设施设计研究

第一节　公共设施与园林景观

一、公共设施的概念和历史回顾

（一）公共设施的概念

“公共设施”，也称“环境设施”或“城市环境设施”。“环境设施”这一词条产生于英国，英语为“Street Furniture”，直译为“街道的家具”，简写为SF。在欧洲被称为“Urban Element”（城市配件），在日本理解为“步行者道路的家具”，或者“道路的装置”，也称“街具”，这一概念也有逐渐扩大的倾向。[1]

当然，我们研究的环境设施都是室外设施，它与人们研究的室内设施相比具有共性和个性，共性体现在：它们都是为了满足人们想要过更舒适生活的基本愿望，都是以事物的形态、色彩、功能为基础体现的。不同点主要体现在住宅是私人空间，其优于个人或私有的机能，以家族这一社会群体或个人为基础单位，形成相应的价值判断，其管理方法也是独特的。企业建筑物、商业大厦、文化娱乐中心等设施也同样具有相应的群体共同的机能特点，但室外的情况却不一样。室外环境的所有权属国家或地方，可以说是市民共同享用的财产，虽然利用这样环境的是不特定的市民，但谁也不可以占有这个环境。为了更好地展开管理，一方面支持所属机构管理人员管理，另一方面注重市民的道德、素质的提高。

虽然室内外环境具有不同的条件，但人们的生活要求基本上是不变的。在室内使用的垃圾箱、烟灰缸等在室外也是不可少的；室内的沙发在室外成了长椅；室内的台式电话改变为室外的电话亭；室内的信箱、室外的邮筒；作为计时的钟成了广场和街道的装饰体与象征。

① 陈敦鹏，李蓓蓓，蔡志敏．转型发展期公共设施规划标准研究 [J]. 规划师 2013，29(06): 52-53.

这些一一相应的设施，清楚地表明了室内外设施的相互关系。值得注意的是，室外设施必须与室外环境条件（如人们在室外环境中的各种行为特点及自然、气象条件等）相适应、相协调，以人们生活的安全、健康、舒适、效率为目标。

多种多样的环境设施有力地支持着人们的室外生活，如作为信息装置的标志牌和广告塔等，交通系统的公共汽车候车亭、人行天桥等，为了创造生态环境而设置的花坛、喷泉等。在城市街道、公园、商业开发区、地铁站、广场、游乐园等公共场所设置各种环境设施，将充实社会整体环境的现代气息，体现对人们户外生活的悉心关怀。

当然，仅仅把环境设施作为城市必备的“硬件”来处理是远远不够的。实际上，现代环境设施并非处于某种新的特殊的雏形阶段，它是人类从线性思维方式中解放出来，而以多维思维方式认识问题、理解问题的结果。现代环境设施是一个综合的、整体的、有机的概念。

从人类环境的时空出发，通过系统的分析、处理，整体地把握人、环境、环境设施的关系，使环境设施构成最优化的“人类—环境系统”。这个系统将展现人类与环境的共生，实现人类与环境关系更新、更高层次的平衡。

（二）中国传统公共设施的历史

谈论公共设施的历史发展是一件很困难的事情，原因是多方面的。首先，谈及公共设施的历史就不能不提及城市设计的历史。然而，一直以来，城市设计总是被建筑、规划、工程、园林等这样伟大的项目占据，公共设施变成了它们的附属品，公共设施的历史自然就成为“野史”而无从谈起。其次，尽管我们对公共设施做了分类，但是它本身就是一个开放且变化的体系，内容繁杂、发展迅速、变化万千，既难以精确地界定其范畴，也难以全面而系统地对其历史加以考证。

1. 我国古代的公共设施的回顾

公共设施与城市建设以及建筑发展有着难解之缘，城市与建筑的历史就是公共设施的历史。回顾历史，许多著名的城市，甚至它们所在的国度，在与异族的长期征战中都陆续没落了。中国古代城市虽然也走过这样的道路，但其所在的大文化环境以及历史却一直延续下来。因此，中国城市具有相对稳定的进化过程。

在《周礼·考工记》中，对中国古代都城的空间配置情况做了理想化概述。首先，它突出表明城墙、道路和皇城在皇城建设中的地位。其次，强调了城市空间的中心对称形制以及等级分明的格子状街道系统。这种礼制观念对后来中国城市中环境设施和建筑小品的设计、布置都产生了深远的影响。在城市中，这种礼制观念集中体现于墙垣、门阙和道路三个方面，它们不仅种类繁多，而且等级严明。

（1）墙垣

在中国古代城市中，特别是较大规模的都城，墙垣系统非常发达。它们不仅配合道路分化城市空间，而且是层层设防的有力手段，至今仍延绵不绝。城市外围是城墙，都城中的皇城围以城墙，皇城内的宫城有围墙，其间每个院落又设有围墙。在一定意义上，殿堂台基上的重重栏杆当数最后一道墙，而凭栏眺望的功能是次要的。城市中的每一个街区设有坊墙，每家每户还设有层层院墙，这真是一张庞大的墙垣座次排列表。这些墙垣还有其相当多的附属设施，如箭楼、角楼、门楼、瓮城、壕沟、吊桥等。

（2）门阙

门阙与墙垣同步而生，墙垣的等次和功能不同，门阙也有各自不同的内容。根据史料记载，我国远在春秋时代即已有了阙。到了汉代，阙分化为无门的双阙和门阙，当时的门阙担负宫室的防御和揭示政令的功能。由于城市规模扩大、防御功能提高以及礼制的影响，自汉唐以后，门阙又有了新的发展。一方面，防御外侵的城阙进一步完善；另一方面，城市内部的门阙还在继续分化，如皇室的门阙逐渐演变为明清的城门和午门，而民间的坊门则演变为牌坊和屋门。门阙作为突出空间层次和轴线对称格局的重要手段，其相关附属设施也不断发展，如照壁、石狮、华表等。另外，门阙的构建与装饰也有着严明的等级规定。

（3）道路

在中国古代都城中，道路除提供作为人车交通和进行社会交往的空间之外，还有着特殊的典仪性要求。唐代的长安城中，中轴线上的朱雀大街宽至150米，其他主要街道也达百米。这些街道尽管规模宏伟，两侧有排水渠道且种植树木，但路面只是夯土而已。这种状况到了明清时代的北京也改善不大，中轴线道路除了主要路段铺设石板外，其他道路的路质仍然不佳。

（4）塔、桥

在中国古代城市环境中，塔与桥梁的建造有着悠久的历史和相当丰富的记载。随着佛教寺庙的兴盛，塔的建造曾在北魏时达到顶峰，以后许多朝代虽然时衰时兴，但其发展的势头一直保持到明清。

我国古代城市中的桥梁多为梁桥和拱桥。北宋汴京（开封）的虹桥虽不复存在，但它在城市环境中无论如何都是一件动人的艺术作品。桥和塔是中国古代城市空间中纵向和竖向的有力地标，是世人凭吊追忆的所在。中国建筑、城市建设向近代的转化始于清末的洋务运动，特别是甲午战争后，外国列强的入侵使中国社会开始发生剧烈变化。在城市建设中，建筑材料及结构、建筑类型和形式开始逐渐向延续千年的传统提出挑战。在中国的各个租界城市（如上海、天津、广州）中，这一转变更为明显。电灯、自来水、便利的交通工具与设施，以至新式的学校、银行等，它们改变了旧城市的面貌，推进着近代化的进程。

在消极和积极的双重作用影响下，中国城市的功能和环境不断改变。至20世纪30年代后，西方建筑思潮又影响到中国的主要城市，中国近代城市设施和建筑小品也开始在这块板结的土地上植根。

（三）西方城市公共设施的回顾

早期的希腊和罗马城市多采取一种自然且有机的形式，那时的城市设有竞技场、演讲台、敞廊、广场、露天剧场等公众场所，雕塑、水池、路灯等也要求与自然取得和谐对应的关系。例如，雅典卫城中心的雅典娜雕塑，其尺度、高度、基座的位置以及与卫城建筑群之间的关系不仅是建筑史中的典范，也是早期城市环境设施的代表作。古罗马时代的城市设计与城市环境设施也曾发展到相当鼎盛的程度，自成一套完整的系统。高架供水渠道、铺地、街灯、花坛等遗迹成为今天罗马城的骄傲。在古罗马的庞培城（公元前400年—公元79年），共有城门7座，城市分9个区，西南角为城市中心广场，设有公众演讲台、祭祀堂、妓院和公共浴场等。在古城遗址中，人们甚至还发现了生殖器造型的路标，这说明在古罗马时代就已经形成了较为发达的标识系统。

与中世纪和文艺复兴时代的静态风韵相反，罗马城市后来的发展走向了另一个方向。城市街道规划整齐，强调了纵横的城市轴线；凯旋门、喷泉、水池、方尖碑等成为城市强有力的中心标志物。所有这些都突出了罗马人向外扩张、征服世界的野心和强悍尚武的气概。外张型城市空间直到18世纪的巴黎城市设计才真正达到顶峰。几何造型的皇家园林，向外放射的街道系统，恢宏壮观的星形广场，庄重严谨的古典主义建筑，以及配合有致的凯旋门、灯柱、纪念碑、喷水池等城市设施和建筑小品都表现出这一强烈的意识。

这种巴洛克城市街道结构和城市设计思想对欧洲以至美洲的城市建设产生了深远的影响，这自然也涉及城市环境设施的建设。

19世纪是西方建筑的波谷阶段，但却是城市环境设施相对发展的时代。工业与科技的迅速变革，使人类步入了一个新的生活环境。铁、玻璃、混凝土等新材料及其结构特点展开了环境设施创作的视野，新的科技成果首先应用于城市环境，比如道路铺设、路灯、升降梯、高架桥、广告塔、巨型雕塑、候车亭等。为适应城市生活的需要，许多新的城市环境设施也应运而生。这些演变到了20世纪20年代，已经形成一股突飞猛进的洪流。钢和钢筋混凝土框架激发了设计师的想象力，社会的进步、观念的更新引发了文艺与建筑思潮的迭起。新艺术运动、分离派、未来派和立体派艺术创作、绝对主义和构成主义建筑观念，以及荷兰的风格派等美学思想拉开了现代建筑与艺术革命的伟大序幕。

如果说现代艺术与建筑运动的发展始于机械美学和科技至上思想的话，那么20世纪下半叶则进入精神和方法上的反思阶段。一方面在工业和科技高速发展的推动下，工业时代的城市正在向着信息时代转化，而新的城市环境必须适应这一需要；另一方面，人们觉察到由于科技的迅速发展和新城镇的开发，对城市社会与生态环境造成了严重的破坏，这种破坏无异于一场不见血的战争。

如果探求根源的话，达达主义的艺术理论、福格纳倡导的心理学——美学以及胡塞尔的现象学观念，应该是引发这场反思的艺术与哲学根源。其后产生的达达主义，以及波普艺术、后现代主义建筑思潮等，尽管不能代表建筑与城市环境设施创作的主流，但它们在城市环境创造中对传统与创新的思考起到了有力的撞击作用。文化与科学、生活方式与社会经济、建筑与城市规划是推动景观建筑和城市环境设施发展的引擎。

许多高精尖的科技成果被迅速应用于城市环境设施中，其内容、使用范围以及在整体环境中的作用不断地被翻新扩大。而城市环境设施的设计、制作材料和空间表现方法等，在趋向国际化、标准化的同时在努力探求其个性化和本土化，并以此作为构想未来的蓝图。此外，城市环境设施的设计也更加注意与周围环境的整体化、本身功能的综合化及精致化。世界变小了，城市成为人类文化交流的场所；其环境设施作为人与环境的纽带，自然会为我们展示更为绚丽的画面。

随着城市运输、科学技术和信息传播系统的日益进步与普及，城市的职能将向着高度集约化转变。人们的生活空间急剧扩大，生活内容越来越丰富，生活质量也得到不断提高，城市环境设施作为城市实质环境的重要部分将引起社会公众的广泛重视，并向着更为广阔的空间发展渗透。

二、公共设施的分类及特征

(一) 公共设施的构成与分类

公共设施存在于城市空间环境中，它的周围存在对应且相关的两极：一边是建筑——人类长期赖以生存的庇护所和工作的实质空间；另一边是自然——四季轮回、天气变幻以及江河湖海、树木草地等。公共设施作为建筑与自然的中和物，是人类依赖环境和亲和自然，发展自身生存环境和改造自然的双效合一的产物。它与建筑、自然并无截然的界限，调和与过渡是其呈现的特征——这是我们认识公共设施的出发点。所以，我们需要对公共设施及其边缘两极做出较清晰的界定，以便深入研究并作为环境创造的标尺。

1. 公共设施的分类方法

长期以来由于指导思想、专业门类的不同，对公共设施的归类方法也不同，各个国家、地区也对公共设施做了不同的分类解释。20 世纪 90 年代以前，我国较为通用的是建筑小品服务区域分类法，它根据建筑小品主要功能和设置地点进行分类。如园林建筑小品包括门、窗、池、亭、阁、榭、舫、桥、廊等，城市小品建筑包括院门、宣传栏、候车廊、加油站等，建筑小品构建包括休息座椅、铺地、花坛等，街道雕塑小品包括城市街道园林中的各类装饰雕塑。

我们从纵向和横向、宏观和具体的不同角度讨论公共设施的分类，目的是：建立一套多元、立体的系统观点，使公共设施计划和设计更接近有机、科学、实效的目标，即反映现代环境设施特点——广泛性、代表性，又使于系统研究。

2. 公共设施的分类

根据现代城市的发展观念，结合公共设施的各个要素而组成系列性体系，公共设施大致可分为城市管理系统、交通系统、辅助系统、美化系统等大类。每一大类又分列出有关设施类，设施类中再分出具体设施，形成三级体系。每一类系统与设施分别扮演着不同角色，体现出不同的设计特性。其中，管理系统、交通系统更趋向于城市基本设施，而美化系统更趋向于城市景观。

(1) 管理系统

①防护设施。例如，消防栓、栏杆与护柱、街桥、盖板、隔音壁。

②市政设施。例如，电线柱与配电装置、地面建筑、管理厅。

(2) 交通系统

①安全设施。例如，交通标志与信号灯、反光镜与减速器、步道与街桥。

②停候服务设施。例如，停放设备、计时收费器、候车亭、加油站与公路收费站。

(3) 辅助系统

①休息设施。例如，座具、伞与桌椅、步廊与路亭。

②卫生设施。例如，垃圾箱、烟灰缸、厕所、清洗装置。

③信息设置。例如，环境标识、广告、看板、计时装置、电子信息。

④通信设施。例如，电话亭、邮箱。

⑤贩卖设施。例如，服务商亭、自动贩卖机、移动售货车。

⑥游乐设施。例如，游戏器具、娱乐器具、健身器具。

⑦无障碍设施。例如，通道、坡道、专用厕所、专用电话亭和服务设施、信息与标识、残疾人停候车位。

⑧照明设施。例如，道路照明、装饰照明。

(4) 美化系统

①装饰设施。例如，雕塑、壁饰、店面与橱窗。

②景观设施。例如，水景、绿景、地景、活动景物。

三、公共设施的功能

(一) 实用功能

公共设施是为满足公众在公共场所（如园林）中进行各种活动而产生的，并且随着城市发展，其类型日益丰富且不断更新。例如，公园内的桌椅设施或凉亭可为居民提供良好的休息与交往的空间。再如，公共汽车站。它能够为人们提供舒适的候车环境，也为人们提供临时休息、避雨、等候、遮阳等便利；其站牌的设计，便于人们浏览城市地图，获取多种乘车信息等。而厕所、废物箱、饮水器、报栏则是人们在户外活动时不可缺少的服务设施。随着社会信息化进程的不断加快，街上还出现了大屏幕电视、多媒体触摸式咨询服务机，极大地方便、丰富了人们的城市生活。

(二) 装饰功能

公共设施是为满足人们各种活动需求而产生的，除了发挥城市的“家具”功能外，也参与城市的景观构成，也是城市景观环境中重要的景观“道具”。集便利设施与环境艺术品于一身的公共设施通过对其体量、色彩、造型、材料，与其他城市外环境构成要素（绿化、水体、铺地）一起营造城市外环境空间氛围，界定外环境空间的性格特征，使得这些城市外环境有血有肉，丰富多彩。因此，公共设施是城市景观中相当重要的一部分。尽管体量不大，但它的艺术造型与视觉意象直接影响着城市整体空间的规划品质，并真实地反映了一个城市的经济发展水平以及文化水准。欧洲的一些国家都非常重视公共设施的设计，不少城市设施的设计都出自名家之手，很多设施甚至成为一个城市、一个地区的标志，让人们为之骄傲。

第二节　园林景观规划设计中的公共设施设计原则

一、安全性原则

园林景观的安全性包含两方面的含义：一方面是其自身的安全性，即要求园林景观工程本身不会对人、环境等其他客体产生损害；另一方面是园林景观所提供的安全性庇护功能。

作为公共设施园林，其构成要素主要由园路、水体、地形、建筑、植被等组成。在进行园路、水体、建筑等规划和设计时，首先应考虑到安全性原则，因为园林景观中的各类设施只有在符合安全性的前提下，才能更好地发挥其各方面的功能和价值。

比如，在进行园路规划和设计时，就要从园路的类型、尺度、形式等来加以筹划和设计。其中，在园路设置形式上，设计者应考虑设置应急车道和快速步行道。前者需要满足消防、救护、生产等的通行要求。后者则需要满足游人的快速撤离，防止踩踏草坪等不文明行为，同时要能满足游人迅速由一个景区到达另一个景区等目的。此外，园路铺装材料的选择也需要将安全性置于首位，防滑是必须满足的条件，以防游人在行走时摔倒。[①] 总之，安全性原则是园林景观规划设计时需要遵守的重要准则。随着社会的进步，人们对游园安全性重视程度将越来越高，对游园舒适度的需求也会越来越旺盛。为此，设计者在进行园林景观设计时更应该将安全性原则置于极为重要的位置。

二、功能性原则

首先，园林景观中的公共设施要具备便于识别、便于操作、便于清洁等方面的功能。为了让园林景观中的公共设施具有鲜明的可识别性和可操作性，设计者应让这些设施满足识别上的标准化、形象化、国际化等指标，从而能直观而准确地传达相关信息，这样才便于公众入园时使用，提高其游览愉悦感和出入效率。可以说，园林景观的功能性原则是设计者在规划、设计时需要遵守的基本要求，也是园林景观养护时需要加以注意的事项。

其次，规划者在选择园林中的植物时，不仅要注重对植物的观赏价值、生态保健功能的重视，而且要兼顾植物的经济效益等方面的作用和功能。总之，园林景观是历史文化底蕴、地方特色和人文个性等的集中呈现，而且这几者是相互协调的。因此，园林规划和设计者在建园时应从植物的选择和养护上将景观所具有的自然禀赋与历史神韵塑造出来，并长期保持下去，以达到陶冶公众审美情操的要求。

三、人性化原则

人性化原则是园林景观设计的根本原则之一，是园林景观这类公共设施最高价

① 蔡玲．居住区公园园路的设计 [J]. 南方农机，2013(04)：47-48.

值的体现。园林景观的人性化规划和设计并不难，它并不需要多高的财力投入，而是要从规划和设计上对“人的需求”多一点关注，多一点细致、周到和人情味。这样就能给人们的游览带来便捷，满足人们赏园的需求，让人们在不经意间就能感受到舒适和自在。为了达到以上诉求，建园者在进行规划、设计时应注意以下几方面的内容：第一，应从保护生态环境的角度来进行落实人性化原则。只有努力做到让园林景观与环境协调统一，才能获得人在环境中“诗意栖居”建园的境界，最大程度上实现人性化原则。第二，维持园林景观一定程度上的生活性，从而实现造园的人性化原则。比如，造园者在进行园林景观设计时可以采用围合的方式，在进行生态环境保护同时，获得一定的生活性氛围，让人们在其中获得宁静祥和感。第三，在进行规划和设计时应从艺术性角度来实现造园的人性化原则。

下面将以园林景观中公共设施的设计为例来进行说明。在进行园林公共设施设计时，设计者必定会将人性化原则置于首要位置加以考虑。一方面，设计者要从设施的造型、位置、方式、数量等来尽量满足人们的行为心理需求，尺度要适宜人们的使用，同时要充满人情味，以便提高公众参与的热情，方便更多不同人群的使用需求（特别是残障人士、儿童和老年人）和不同时间段的使用性能。园林景观公共设施的人性化设计主要体现在具有使用功能的公共艺术小品的设计中。例如：公园公共座椅的设计应当根据人体工程学的要求，采用合适的坐面和坐高尺寸，靠背和坐面之间的倾斜角度也应该选择使人舒适的角度，适合人长期坐靠，从而得到生理的休息和满足。视觉导向系统的高度和角度便于不同人群的阅读；导向文字与背景的色彩应该有一定的对比，使人们很清楚地了解到导向系统传达的内容；导向系统的图形设计应该尽可能简洁、形象，使大众容易接受。此外，还要顾及公众在不同的时间都能够正常使用，要根据人们的视觉角度设置合适的照明系统。①

园林中公共艺术小品具体的尺度标准可以满足人们的行为需求。除了满足行为需求外，还要考虑到人们的心理标尺，比如公共艺术小品在造型的设计上要符合既定的尺度标准，同时要在与周围环境和其他公共艺术小品之间产生一定的整体协调性，使人们心理上没有负重感和压抑感，满足人们的心理尺度。

此外，在园林景观公共设施设计中，还要顾及不同人群的使用要求。社会中的弱势群体，如老年人、儿童和残障人士，使他们也能与正常人一样感受到社会的关怀，体会清新、舒适的自然环境。在视觉导向系统中要设计特殊人群所使用的提示标志和符号，在公共设施的细节设计上要时刻体现出人性化的关怀，为特殊人群提供特定的服务，让他们融入大众的生活、娱乐休闲中来。

① 喻斐．公共设施中的人性化设计原则探讨 [J]. 包装工程，2011，32(12)：134-138.

四、系统性原则

园林景观建设的系统性原则是指在现代社会的人居空间（特别是城市生存空间）中，不同部分间是一个相互联系的系统。为此，规划者和设计者在进行园林景观建设时应从系统性的角度出发，来考量构造园林景观的各个要素，这样才能与既有的人居环境形成和谐统一的整合。这样不仅能获得良好的环境协调性，而且能更有效地实现园林的各大功能，降低园林景观的建设成本，最终发挥最佳的社会效益。

五、合理性原则

园林景观中公共设施的设计必须严格遵守合理性原则。这种合理性的要求来自多方面，首先，技术层面。很多设计精美的作品在最后阶段终于被舍弃，并不是由于设计上的原因，而是材料、加工工艺或结构等方面的问题。其次，这种设计的合理性来自使用方面的压力。公共设施是园林景观的一部分，它们是为最广大的普通大众所使用的，这其中必然包含了粗暴的，抑或是意料之外的使用。最后，公共设施的合理性也包含着风格上的合理性。现代社会已经日益走向多元化，时尚潮流的变革使人们对园林景观的看法逐渐发生改变，园林中的公共设施自然也不例外。

第三节　园林景观规划设计中公共设施的设计内容

一、园林景观中公共雕塑的造型设计

设计师依照形式美法则，将公共雕塑的造型归纳为点、线、面、体四个基本元素，组合成直线、曲线、几何形、自然形等艺术形态，表达一定的内涵，吸引并感染观赏者。比如，北京国际雕塑公园的公共雕塑作品，就采用了正方形为单元形、规则和不规则的排列组合，形成造型的对比，极具动感。雕塑艺术也可称为空间艺术，因此空间是雕塑主要的设计要素和重要的表现因素。亨利·摩尔开创了一种新的公共雕塑形式，将虚空间与实空间巧妙地联系在一起，形成一种对比效果。

公共雕塑的造型除了要遵循基本的形式美法则外，还要根据周围建筑的形态和环境的特色，以及空间的背景、风格样式来设计制作相应的雕塑作品。公共雕塑可与周围环境中的造型元素保持一致，使作品融入环境中；也可以与其产生强烈的对比，成为环境的视觉中心。

二、园林景观中公共座椅的造型设计

公共设施的造型受到功能构造的制约，其造型设计要服从设施主要的功能构造，需要设计师在一定构造限制的基础上，优化造型、加入适当的设计元素，使人们在有效地使用公共设施的同时，增强作品的视觉感染力。

现代公共座椅的造型呈现出多样化的发展趋势。公共座椅属于小型的公共设施，造型及色彩在公共空间中起到画龙点睛、调节气氛的作用。不同形式的公共座椅与周围的建筑可以形成一定的对比和协调关系，为单一的空间环境增添跳跃的视觉要素，赋予环境节奏感，对公共空间的视觉统一和调节单一的公共环境起到非常重要的作用。简洁亮丽的长椅与直线型的现代建筑相配合，曲线造型的座凳与公园空间的自然形态相吻合，都能达到协调、美观的效果。

公共座椅要根据公共空间的不同使用功能来选择造型。例如，园林中广场的人流量相对较大，广场用来疏散人群，举行集会和休息等，但休息并不是其主要用途。换言之，广场上的公共座椅注重的是使用率，在造型设计上应考虑如何加快人们的流动频率，让更多的人享受短暂的休息，在材料的选用上也不适宜选择舒适的材料，以达到广场座椅的设置目的。

公园是供人停留、休息、享受的场所，公园公共座椅设计与广场的公共座椅设计有很大的不同。公园公共座椅应尽量舒适，使人们以良好的心理状态和精神状态去享受大自然的美景。公共座椅在造型设计上要考虑为人们提供交流、休闲和单独休息的空间布局，公共座椅的尺度要符合人体工程学，使人们生理上得到舒适的休息。从艺术性方面考虑，公园公共座椅应该采用流线型设计，选择自然的材料并且与自然环境统一协调。①

三、园林景观中公共视觉导向系统形态设计

公共视觉导向系统的形态分为立体造型以及传达导向信息的平面构成。公园公共视觉导向系统的立体造型应尽量简洁，利用立体构成原理，根据周围的环境而定。视觉导向系统的立体造型设计与公共雕塑的设计要求相同，但要注意其位置的设置以及空间的合理应用。立体造型应符合人体工程学和行为科学，设计的尺度应人性化，选择合适的角度和视角以便于人们阅读和浏览，摆放的位置应符合人们行为心理的特点。此外，视觉导向系统的造型设计要融合到周围的环境中，达到视觉的统一。

---

① 刘心峰．浅谈休闲座椅在园林设计中的艺术体现[J]．辽宁农业职业技术学院学报，2010，12(01)：23.

视觉导向系统的平面构成语言主要包括图形和文字，图形设计需要高度概括，清晰、明快，具有强烈的平面化视觉语言。画面的设计要让人瞬间了解导向内容，并且留下深刻的记忆，将信息迅速、准确地传达给游人。文字信息要简单易读，保证重点突出，容易注意和了解。字体的大小和比例要遵守一定的设计原则。视觉导向系统设计中尽量使用符号化的语言，以便于人们接受和理解。有人说老年人在现代社会中生存具有非常大的障碍，他们独自行走于城市中寻找公共厕所都会存在障碍，而我们经常看到的图像信息很明显地显示出设施的功能及位置，符号化的语言简单易懂，很容易地解决了这类问题。

公共视觉导向系统中的立体造型与平面设计应有机结合起来，创造便于人们阅读和理解且节约空间的公园公共视觉导向系统是园林景观公共设施造型设计的重要内容。

四、园林景观中小型壁画的构图设计

园林中的小型壁画主要以平面的形式出现，其设计主要体现在构图形式上，构图要符合对称、均衡等形式美法则。不同的构图模式会产生不同的视觉效果，对称式构图使人们产生冷静、稳固的感觉，均衡的构图使作品极富动感，活泼、生动。

园林小型壁画主要分为依附于公共设施的壁画和独立型壁画两种形式。独立型壁画比较单一，设计师常常利用公共壁画与公共设施相结合的方式，打破呆板的公共壁画设计模式，营造环境的艺术氛围。

园林内的小型壁画设计主要根据园林的整体特色来选择主题并进行设计，构图、形象及色彩选用都应当与周围的自然环境相协调。比如，游乐园适宜选择欢快、活跃的主题；供人们休闲娱乐的园林可以选择具有一定趣味性和教育意义的历史故事或传说，在人们休闲的同时可以吸收更多的信息。

五、园林景观中装置艺术造型设计

装置艺术的造型也要符合造型的美学法则，运用点、线、面、体几种造型语言自由组合和搭配。装置艺术主要是运用现成品材料进行加工组合，因此选用的材料对造型设计有相当大的影响。只有把握好现成品材料与装置艺术作品的造型关系，才能使装置艺术的造型更加具有美学价值，吸引观者的目光。

六、园林景观中设施的比例结构及布局设计

公共设施的结构比例应当符合一定的尺度标准，其他公共艺术小品的比例和尺度应该符合人们的视觉心理尺度；虽然没有特定的标准，但是存在特定的标尺，即

观赏者的眼睛。公众不会按照具体的尺度标准来衡量公共艺术小品的优劣，而是将作品带给人们的视觉舒适程度作为评判作品好坏的标尺。

园林景观公共设施的视觉比例结构和布局可以分为两个部分进行研究和论述，第一部分是平面结构布局。它主要是绘画中的构图，包括园林公共导向系统中的平面指示信息、小型壁画的构图等。第二部分是立体空间结构布局。它主要指立体造型在环境中的比例、尺度关系，包括公共雕塑、装置艺术及视觉导向系统三维造型在园林内的布局模式以及与周围环境的比例尺度的协调关系。

平面构图形式在之前的文章中已经做了一定阐述，在这里主要以立体空间结构布局为重点，讨论公共艺术小品的空间结构布局在设计中的影响。主要以园林公共座椅为例。公共座椅可分为正规与非正规两类，正规的公共座椅要符合人们的视觉和行为尺度，其行为尺度有固定的标准，室外公共座椅的高度通常为 30 ~ 45 厘米，进深宽度 40 ~ 45 厘米，靠背倾角 100 ~ 110 度；非正规公共座椅包括除了正规座椅以外的所有具有坐、倚、靠功能的坐具，对于尺寸的要求相对比较自由。

公共空间中的公共座椅，需要根据其使用功能选择不同的造型结构及布局模式。公共座椅分隔空间的不同形式可以使人们的行为发生变化，比较封闭的空间适合人们进行私密的交谈，而开放的空间布局适合观望远处或处于安静状态。这就需要设计师了解不同人群的不同习惯与喜好，考虑人群的行为需求，同时还应当考虑到人们的心理需要，如对私密性、舒适性等的要求。此外，还应该综合分析人们的室外行为，总结共性，对公共座椅进行合理的规划，保证公共座椅尺度合理、位置恰当、数量合适。

第六章
低成本园林规划设计与精细化管护研究

第一节　基本概念界定

一、园林景观的成本

(一) 成本的定义

成本的定义应从供应链、生产链、销售链和环境四个方面进行界定。

1. 供应链环节的成本界定

通过对供应链环节成本的确认分析，企业不再单凭价格与数量，而是从全面的角度辨别出那些能够真正带给企业利润的供应商，从而把握好经营环节的第一关，为以后的生产和销售环节提供支持。

2. 辅助成本

辅助成本指供应链上除采购成本外，因为采购而发生的或将来发生的相关成本费用。例如：物流信息成本因为产品设计特征存在差别优势，同时对企业下一步开发生产有促进作用而支付的成本费用，由于供应商交易次数的多寡而产生的交易费用高低的差别成本。由于供应商供货的及时程度所发生的库存费用，各供应商提供的包装物的形式和运输方式对生产影响的差别成本。

3. 协同整合成本

协同整合成本指供应链上发生的那些对生产、销售环节资源整合产生影响的活动而发生的成本。例如，为了使采购和组装之间协调运作而发生的成本，某项成本可以使多个部门共享订单，并组织采购。

4. 质量成本

质量成本指供应链上那些有助于提高质量，减少以后各环节维修、服务的活动而发生的成本。例如，为采购高质量的产品、因供应商承诺的质量保证程序而额外支付的成本，支付的供货方产品经济寿命周期成本。

5. 风险成本

经济全球化带来了供应物流全球化，全球社会、经济的变化给供应链带来了无尽风险。例如，由于自然气候使供应链中断而使企业承担的风险，由于技术更新而使原有零部件经济寿命缩短，这些成本都需要企业预计与备提。[①]

（二）园林景观中的成本定义

为了获得兼具艺术、社会、生态文化价值，对园林风景的保护、恢复、规划、设计、建造与管理等一系列工作所要付出的资源代价或者价值牺牲。

园林景观的初始化投资成本包括建设土地获取费、园林景观设计费、施工场地处理费、废弃物清理费等；在建造成本方面，园林景观的成本包括软质与硬质建设材料成本、建设材料的运输成本、人工雇佣成本、能源使用成本、机械消耗成本与食宿配套设施的使用成本等；在园林景观养护方面，主要的成本包括园林景观设施养护成本、绿地养护管理成本与能源消耗成本等；另外，园林景观的替换成本包括替换材料的费用、人工操作费用与废料的处理费用等。如果把园林景观看作一个不断变化发展的生命综合体，那么从场地设计、建造到维护，到替换这一系列过程就像蝴蝶效应一样发挥着连锁变化。因此，通盘考虑设计流程，宏观地对园林景观全生命周期过程进行合理的规划，是对园林景观成本产生影响的关键。

二、建设与养护资金短缺条件下的低成本园林

首先，在建造资金充足的情况下，要建造优秀的园林景观作品发挥出应有的社会作用是较为容易的事情。很多著名的园林也是在如此的条件下成为世间的艺术瑰宝与珍贵文化遗产的。但在很多实际的修建情况中，建设与维护资金短缺是普遍存在的，这其实成为制约园林景观开发的重要瓶颈。其次，在经济贫困地区，居民刚刚解决温饱问题，跨过小康的门槛，政府在园林景观建设方面的资金还不是很充裕；在经济不够发达的地区，政府建设园林景观的美好意愿与有限的投入预算形成了明显的僵持局面；即使在经济发达的国家及地区，贫富收入差距造成的城中村、贫民窟等区域也难以支付园林景观的建设与维护投入；等等。总之，在资金短缺的现实背景下，园林景观的发展举步维艰。但是，园林规划者有义务与责任为公民平等地拥有园林景观创造条件与方法，毕竟享受良好的生活环境与活动空间是每位公民都应有的权利。因此，低成本园林不是在资金充裕条件下为了节约资源与能源而进行的园林景观尝试，而是在建设与维护资金短缺的严峻现实下必须满足公民园林景观

① 宋宪伟，童香英．交易成本的一个新定义 [J]. 江淮论坛，2011(01)：31-37.

基本使用权利的探索。

第二节 低成本园林规划设计与精细化管护原则

一、巧用资源，降低工程建造成本

低成本园林是在保证园林景观品质的前提下进行的低成本设计方法研究。降低园林景观成本的重要途径之一是减少园林景观建造与维护过程中的自然资源、人力资源与能源的消耗。对于减少资源消耗，最有效的方法是针对场地条件与设计需求合理安排场地的开发面积与强度，尽可能地利用场地的原有条件，这对于园林景观建造工作的资源消耗与工程投入具有决定性作用。同时，要合理规划资源的使用量，降低材料购买、运输与损耗的费用，改造工艺与降低工作难度，激发园林景观工作人员的生产积极性，这些可以提高工作效率与工程质量。另外，通过适当的方式鼓励社会性的公益活动，以捐款捐物、志愿参与等方式将社会提供的有益资源最大化，也可以有效地节约资金。

因地制宜地利用场地原有地形，尽量做到土方平衡能够较大程度上减少土方消耗量，减少土方购买与运输成本。将场地现有的地理条件、植被条件、水源条件、土壤条件与栖息地条件作为设计源泉与基础，可以使场地原有的肌理、地形地貌与生态环境得以保留，减少场地的设计费用等。

引导自然做功，将自然界的清洁能源作为园林景观的能量来源，也是节约园林景观能源消耗的重要方式。大自然的物理化学变化过程包括生物过程、风力过程、水利过程、化学过程、物理过程等，这些过程本身就为自然界的周期变化与运转提供了取之不尽的能量。遵循自然做功规律，了解生态系统的组成结构，分析自然界能量运转的原理，使自然过程得以完整地显露，并通过园林设计手段强化自然过程的能量，都可以使自然成为园林景观的动力源泉。

同时，科学地选择园林景观材料，在不影响园林景观艺术效果的前提下，既可以使园林景观的造价得到控制，又能使园林景观保持长久生命力。园林景观材料在选择时，可以从废弃材料、地方性材料与乡土植被等角度进行考虑。废弃材料的获取成本较低，有的仍在具有良好使用性能的时候就被丢弃，使用这类材料可以创造性地发挥其优势特点为园林景观服务。另外，废弃材料的使用可以减少场地清理与废弃物处理对城市环境的压力与建造商的人工与能源费用，具有一举多得的效果；地方性材料的特性最易被当地人熟知，材料来源广泛且容易获得，既节省了材料运输的费用，又可以最大限度地发挥材料的功能；乡土植被，作为当地普遍存在的植物类别，有着生命力强、价格低廉、低维护与易生长的特性。乡土植被的种植可以较大幅度地提高园林景观植物的成活率与抗病虫害能力，减少了植物死亡所带来的美学效益与经济效益损失的风险。通过材料的合理选取，可以在实现高品质的基础上更好地控制建造资金的投入。

二、减少维护成本，兼顾长远效益

对于园林景观来说，维护也是其重要组成部分，同时是园林景观的主要成本之一。高品质的园林景观，除了能够在建成之初让人们感受到惊喜，还需要具备长盛不衰的品质才能真正被人们认可。在追求速成效益的今天，到处可见政绩工程，不少地区的园林景观建造期间花费巨大，但因忽略后期维护而导致园林景观迅速衰败，造成大量人力、物力浪费和对环境的破坏。关于园林景观维护方面成本的降低，在有限的维护成本下，可从维护材料、人力消耗等方面进行考虑。要促进园林景观材料消耗的降低，需要对材料的使用寿命进行延长，可对更加耐用的材料与设施加以选择，利用人工保护等方式来减缓材料的毁坏，这也是一种非常有效的减少替换成本的方法；对于园林景观中植物浇灌成本，可对有效的水资源补给进行寻找，或促进水资源消耗的有效减少；对于园林景观的能源消耗，可对能源使用合理规划，利用节能的方式来维护园林景观；等等。[①] 以荷兰蒂尔堡地区所建设的奎瑞金（Quirijn）公园为例，该公园所营造的开放空间充满了自然野趣且在极其有限的材料资源下建设完成。整个公园对乡土植物大量采用，且能够有效收集雨水；路面由沥青铺设而成，显得简洁素雅；整个园林景观的维护成本开支不大，可维持度极高。该园林景观在地形与坡度设计上，采用了硬质铺装，使地表径流可以根据地势走向自动向低洼湿地汇集，满足该公园对自身的灌溉补给需要；且城市雨水在整个带状绿地的汇集，能够涵养地下水，推动良好水体循环系统的形成。在儿童乐园设计部分，则采用橡胶来建设活动场地，增强了场地的耐用性，提升儿童游乐的适用性，同时降低了其维护成本。

综上所述，园林景观在自然与生态回归的前提下，要实现低成本营造，就必须跳出专业的局限，从人性化与成本化角度来考虑，坚持以人为本，设计过程中充分遵循和利用自然规律，降低园林景观工程建造成本，兼顾园林景观长远效益。

① 梁健，顾淑敏．自然与生态的回归——风景园林低成本营造之路 [J]. 建材与装饰，2019（14）：71.

第三节　低成本园林规划设计与精细化管护策略

一、低废弃——建立循环机制，高效利用资源

延长材料的使用寿命，为废弃材料寻找二次生命的机会无疑是节约材料采购成本与减少废弃物处理成本的重要方法。通过功能的更新、形态的转换与材料的拆解重组，再塑材料在园林景观中的角色，也为园林景观设计增添了一份新意。低废弃策略是实现低成本园林的前提与基础，通过在开发前对场地现有资源进行调查与分析，可以有效地保留现状资源；通过将场地以外价格较低的废弃材料纳入园林景观的材料范围，可以减少材料采购的成本消耗；通过在设计时就考虑用长远眼光规划材料的未来发展，将材料的废弃率与破损率降到最低，可以有效地实行材料的循环使用，为未来的发展节约经费。同时，有效地利用现状资源可以延续场地的文脉内涵，创造废弃材料的二次生命可以减少废弃物排放对环境的影响，对材料进行便捷的拆解可以使园林景观更加适应需求的变化与场地的发展。因此，低废弃策略不仅是低成本思想的重要体现，也是实现文化价值、生态价值与社会价值的重要方式。而用非常规的设计材料与手法创造园林景观，也是美学价值观指引下当代艺术灵活多变的重要表现。

(一) 场地重生——场地中资源的转化运用

在园林景观设计的场地开发中，合理利用场地原有的资源，不仅可以节省园林景观材料的购买建造成本，还可以减少废弃物排放对环境的不利影响，将场所原有的地方性文化进行保留，延续场地的文脉与内涵。场地中原有的资源主要包括自然资源与人造资源。对于自然资源的保留与再利用主要是针对植物资源、现状水体、山体资源与土壤、地形资源。将自然资源尽可能保留，可以降低场地自然环境大幅度变更所引发的生态平衡破坏，降低场地开发的难度与土石方消耗，同时对维护当地的生物栖息地与原有小气候环境具有稳定作用。场地中原有的人造资源主要包括原有的建筑及结构、硬质铺装场地、道路与因场地荒废而废弃的垃圾等。合理地利用这些土建类材料，可以为新建场地的地基铺设与结构搭建节省材料的购买成本与建造过程；同时，节省这类土建材料的排放所引发的运输与处理费用，将有效地降低园林景观的场地清理成本。

以实现园林景观的美学价值为原则，将原有场地中的材料纳入设计后的园林景观中时，涉及如何将旧有元素与新建元素结合，使二者可以良好地共生而不会出现突兀孤立的情况。从原有材料的具体形态上来划分，处理的方法主要包括原状保留、

修复更新、拆解重构与新旧渗透等多种方式。原状保留指的是针对场地中美学、生态、文化或社会价值较高的自然与人工元素，如建筑、地形、道路、水体、植物与小品等进行原状保留，使其或作为原有景观的重要纪念，或在未来的景观中将其功能进行延续；修复更新指的是现状景观虽有一定的破损与缺陷，但其对环境仍旧具有重要的功能与意义，那么就要将其修缮、治理与完善，使其继续发挥应有的作用，如被小范围破坏的山体、被部分硬化与污染的河流、外观破损但内部结构依旧完整的园林建筑等；拆解重构指的是将原有资源通过拆解的方式使其成为更小的群组甚至是个体，之后再对其进行重组利用，改变了原有资源的形态，仍是延续了其在园林景观中依旧重要的地位，这主要是对人工资源的处理手法，如将土建类材料打散作为小块的铺装、景墙与花坛等的组成部分，以及场地的地基垫层等。另外，最常见的是应用新旧渗透的方式，将原有资源与新的园林景观要素紧密结合，形成统一的、相互融合的整体，如将原有的自然河流与新建的人工驳岸结合，在原有的绿地中引入新的植被类型，形成丰富的群落，通过新的路线引导使原有的历史建筑成为新建景观的重要构成，等等。

“三置论”是对处理“旧置”与“新置”之间关系的方法进行的归纳与总结，为场地中原有园林景观要素的保留、修复、更新与渗透等再利用方式提出依据与执行策略。低成本园林设计中的低废弃策略提倡将原有材料尽可能保留与运用，正与朱育帆教授“三置论”中对于“原置”处理原则高度一致。因此，“三置论”对于低废弃策略中原有园林景观要素的设计方法研究具有极大的指导与推动意义。

(二) 变废为宝——探索废弃材料的再利用

低成本园林将降低资源索取与减少环境影响作为自然关怀的主要方式，通过降低园林材料的消耗与减少废弃物的排放来实现可持续发展的园林景观。合理地利用场地外的废弃材料，给予材料二次生命，为当代园林规划者展现创造性才华提供了难得的机遇，也使原本缺少建造资金条件的地区和人们拥有了享受园林景观的机会，也是社会关怀在园林景观中的良好体现。而且，利用废弃材料的策略不仅可以降低材料的购买成本，还可以节省废弃物处理的费用与减少环境影响，实现园林景观开发成本与城市综合运营成本的有效缩减。

根据废弃材料的来源区分，可以将其分为园林类废弃材料与非园林类废弃材料。园林类废弃材料多指的是园林景观建造与维护所必备的材料，多来自其他的自然环境或园林景观的新淘汰之物，如树皮、枯枝落叶以及作为道路与场地基础垫层的土建类材料等。这些材料与园林景观的发展息息相关。通过敏锐的嗅觉将园林类废弃材料再次应用到园林景观，是实现园林景观内部循环的重要方式。非园林类废弃材料主要指的是从大型的市政设施与工业设备，小型生活用具与办公产品中淘汰下来的废弃结构、容器与包装等，这些材料一般拥有与园林材料不同的质感、功能、颜色与物理特性，放置于园林景观中会产生较为强烈的视觉反差效果。

（三）拆解设计——增加材料使用的灵活性

作为联系人类与自然环境的载体，同时又是人类活动与周边环境变化的直接反映与真实写照，园林景观呈现出的是动态的变化过程。同时，作为具有生命力的生态系统，园林景观的内部发展呈现出随机性、持续性与不稳定性。树木的生长使原有的空间界定发生改变，游客的使用导致部分设施需替换与更新，针对不同季节、节日与主题活动而进行的临时性展示也会使场地产生变化，即使是公共景点与景观设施也需要依据公众喜好与使用的频率而灵活增减。园林景观的外部环境，随着地区的逐步开发与用地性质的转变，其对园林景观内部的场地位置与面积的确定也会产生重要的影响。

同时，随着园林景观在城市中的地位日渐重要，其发挥的作用已经超出原本的生态、美学、文化与社会价值，开始与建筑、城市街道等紧密结合，成为城市肌理的重要组成部分。自从建筑设计师伯纳德·屈米（Bernard Tschumi）利用解构主义的观点诠释法国拉·维莱特（La Villette）公园以后，园林景观的边缘界定开始模糊，并随着城市的发展而出现灵活又随机的变动。在加拿大当斯维尔公园再一次震惊园林景观行业时，雷姆·库哈斯已经将园林景观作为一种策略而非具体的形态，使其与城市规划、城市设计等协同解决城市发展中的一系列问题。这种动态的扩张或是收缩决定了园林景观的内部结构体系也要发生相应的调整，这需要园林景观具有一定的弹性，与城市环境形成良好渗透关系。

总之，无论是内部的动态变化、周边环境的属性变更，还是与其他类型用地的互相渗透，都需要园林景观具有良好的灵活性与可变性，使其可以更好地应对各种变化。拆解设计的策略是针对园林景观的动态变化所采取的应对策略，目的是通过在园林景观建造之前对材料应用方式进行良好规划，使得一旦园林景观变化产生，这些材料能完整拆解与再利用，不至于完全被废弃。这不但可以降低材料废弃的处理费用，还可以为新建景观节省材料购买的经费，实现低成本的建造。所以，拆解设计可以说是运用可持续发展理念进行的低废弃策略，为材料进行“从摇篮到摇篮”的生命规划，有效延长了材料的使用寿命。

拆解设计主要是通过对材料进行非永久性搭接使材料可以在被拆解时避免损伤，完好地进行二次利用，主要分为标准化搭接与非标准化搭接两种。标准化搭接主要指的是批量化生产相同的材料，使其可以自身形成良好的匹配或者通过标准的连接材料将其搭接联合。自身良好匹配的搭接方式，我们最常见的就是利用中国传统建筑的优秀发明——榫卯结构进行搭接与组合，如进行木质地面的拼接，亭廊、桌椅、栏杆与木桥等的拼接，在设施废弃或者部分损坏后，可以较容易地拆卸与替换。另外，榫卯结构具有抗震与抗变形的特点，这对于延长设施的使用寿命有较大的好处；还有的是利用材料本身特有的结构缝隙进行搭接，如张永和在英国维多利亚阿尔伯特博物馆花园外广泛运用绿色塑料铺装制作临时性展出的自由站立的屏风，将中国传统园林的空间穿插、借景与透镜等艺术效果很好地表达出来。

通过标准连接材料的搭接，最常见的是将设施预留标准直径的孔洞，之后使用螺丝、木条等进行固定，这种方式使得材料的获取很方便，价格低廉且拆解较为容易。另外，对于非标准化搭接，可以利用的方式就不胜枚举了，园林规划者或建造者可以充分发挥自己的想象力，利用材料的特性进行创造。比如，上海交通大学建筑专业的学生利用白色尼龙绳套作为连接用具，使用废旧的生活材料制造出一处巧妙的临时性景观。设计以“巴比伦塔”为概念，设计者希望在充分发挥某些可持续性材料特性及建造可能性的基础上，在校园中创造一个促进人们交流、事件发生的空间场所。

设计者选择了成品材料——塑料水果筐，从水果商那里回收，并且采取不损坏的原则进行使用，以期在设计展出结束后可以还原，收回购买成本。水果筐适合受压，不适合受拉。拱的形态非常符合这种特性，以拱为基本单元，发展出一套能够随基地、地形不同而随意变化的形态。

这个设计的总造价控制在了1万元以内。所有的材料都极为容易拆解，这不但有利于通过建造的过程来随时推敲设计与修改结构，还可以最大化地保存材料的完整性，使其得以再次利用。

同时，基于材料特性的非标准化搭接仅可以用极低的成本实现园林景观，还可以通过自身的灵活调配将原本复杂的形态与施工技艺简化，使施工过程更加容易实现；对于施工人员的专业水平要求也可以有效降低，这均是可以降低建造费用的可行策略。

这些屋型都会是施工简单、造价低、容易拆装、可以保暖过冬、材料可以回收再利用，甚至可以使用灾区废墟中的材料，大大降低了建造的成本与材料获取的难度。另外，通过非紧密搭接的方式，也可以创造出灵活的材料拼接类型，使得材料的位置安排更具有灵活性与可移动性，有利于应对景观变化所产生的环境影响。

二、低干预——引导自然做功，减少人工介入

当今社会，生态环境的日益恶化警醒人类重新思考人与自然环境的关系，这促

成了以重塑人地关系为主要目标的伦理化美学的思想出现。伦理化美学把自然资源的再生成过程看作一种美学的现象，强调美的产生源自内部的显露与更新，而不仅仅是外部的附加与修饰。通过减量设计的方法，去除所有非必要的成分，直至剩余体现人类与客观世界伦理关系的核心内容。这种设计方法将园林景观设计研究引向了崭新的维度，促使“低干预”设计方法的出现。“低干预”设计将维护生态系统的平衡看作设计的重要目的，将园林景观从以美化为目标的展示类作品转向以基于场地更新与生长为目标的综合设计策略。这是对园林景观设计由深层到表层的彻底颠覆，重新定义了美与艺术的概念，将自然环境的和谐、原生态与健康发展看作重要的设计原则。

“低干预”思想秉持对自然环境的最低干扰理念，探索通过最小的开发面积、最低的开发深度与最少的开发影响来实现园林景观与自然环境的协同发展。低干预通过最大限度地利用环境能源、场地自然条件与场地固有材料，以减少新资源的导入与利用。有效的资源导入控制是实现全生命周期低成本的基础，通过较少的场地干预，可以减少后续场地建造与维护的成本压力，有利于“低建造”与“低维护”的实现。同时，低干预所倡导的场地资源最大化利用，也尽可能地减少了场地废弃物的产生与排放，也与“低废弃”策略有着良好的呼应。

伦理化美学下的园林景观设计强调对场地自身价值的珍视，通过激发场地自身的美感来塑造景观。进行场地现有资源的调查、分析、评估与决策是对场地透彻认识的有效途径，是设计策略提出的前提条件。挖掘、分析、引导与利用自然过程是将场地资源显露与表达得更为便捷的方法；最大的资源保留与最少的设施介入是维持场地原真性的重要措施。另外，利用增厚的方式，使场地的同一空间赋予多种功能与多重价值，是大大提高园林景观利用率，在单位面积下渗入最少生产与开发活动的重要途径。在有限的建造成本条件下，减少了人工介入的深度与广度，就可以有效地减少材料的使用、人工资源与能源的消耗，使园林景观可以在较低的成本下得以兴建，也实现了对场地原有自然环境的较少干扰。

（一）显露——引导自然过程

自然界蕴含着永不湮灭的无穷能量，自然界历经亿万年仍稳定地向前发展，自然界的广袤资源形成了丰富的生态系统，自然界瞬息万千的变化创造了百态的世间风景。因此，有效地挖掘、分析与引导自然过程，将自然界作为园林景观的动力源泉，最大限度地利用自然界的能量，既能减少对自然环境的人工干预，又能使园林景观在自然环境中更好地适应与发展，也是节约园林景观资源成本、能源成本、维护成本的重要途径。有效的自然过程利用包括对天然能源的使用，如风能、太阳能等，使其成为园林景观运营的清洁能源；也有对气候变化的运用，如光照、温度、降水、风向等变化所引起的园林景观转变；还包括生物、物理与化学反应的巧妙运用也可以使场地的环境状况发生改变，营造特色的园林景观效果。

在园林景观设计中，将以自然过程为主要动力的设计归纳为“被动式设计”，主要指在充分调研与分析场地条件的基础上，尽可能地显露与引导自然环境中的可再生能源，使其成为设计的动力源泉，即在充分分析场地气候环境、土壤条件、地理条件、地质条件、水文条件等生态因子的前提下，创造性地利用自然过程来形成动态的园林景观。被动式园林景观设计以生态因子调研为基础，以对生态系统的分析为途径，以自然过程的显露与引导为目的，以最少的资源与能源消耗创造健康与稳定的园林景观。正视自然规律下生态系统的动态变化之美是被动式设计的前提；注重自然发展过程与敏锐地挖掘过程之美是被动式设计的途径；尊重场所条件，减少人为干预是被动式设计的原则；寻找能量之源，引导自然做功是被动式设计的核心方法。

利用自然过程并将之运用于园林景观，是以了解场地自然环境与自然过程发生的原理为前提，科学地分析场地环境是进行自然利用的基础。随着目前科学的进步、技术的发展与多学科的交融，人们对自然环境动态变化的起因、原理、过程与发展方向的了解逐渐深入，探寻自然规律的方法也逐渐增多。奥姆斯特德的学生——查尔斯·埃利奥特秉承生态主义的思想，开创性地运用科学的调研、分析与规划方法，使园林景观从一门经验主观导向的工作逐步发展为以客观向自然因素、社会条件与文化背景等为主导的学科。其开创的层叠图纸技术为人类了解自然与确立利用自然的方式提供了有效的理论依据与实践方法，对后人进行自然环境研究产生了深刻的影响。

以科学的要素过程分析为依据，被动式设计在充分尊重自然的基础上，合理地显露与引导自然，利用自然界的资源与可再生能源，以减少生产活动的自然环境损耗。同时，被动式设计运用可持续发展的观点，以生态学知识为原理，注重对自然资源的长久动态应用，既增加了园林景观的变化趣味性，又减少了园林景观维护的资源损耗，以此循环形成人与自然的良性互动反馈。被动式设计以充分调研场地条件为先导，以科学的手段、敏锐的洞察力来捕捉形成场地变化的主导生态因子，如风、水、重力、阳光、生物等；随后，运用先进的技术条件与跨学科的综合分析方法，找出主导自然过程的内涵与原理，如水力作用、风力作用、物理作用、化学作用、生物作用等；最后，通过显露自然与引导自然等方式，将自然的无穷能量转化为园林景观可持续发展的持久动力。

显露自然，使自然作为园林景观的主要参与者，需要将自然过程恰当地引入园林景观中；敏锐的嗅觉、跨学科的知识与创造性的设计策略是发掘、分析与引导自然过程的关键。另外，植物作为园林景观的主要组成部分，其生长与光照有着密不可分的关系，同时人类的室外活动因光照、风力等自然条件的影响而发生改变。因此，科学准确的场地自然条件分析，如太阳高度角与辐射范围的周期变化、风力与风向变动等，均可以在有限的自然条件下营造出更符合居民需要的小气候环境。

(二) 精简——介入最少设施

当充分利用自然过程为园林景观创造了动力的源泉时，合理地选择园林景观介入的位置、深度与面积，就是将开发范围进行确定，直接控制开发力度的重要手段。如果说利用自然过程是减少园林景观建造成本消耗的前提，确定园林景观的开发深度与范围就是减少园林景观建造成本消耗的必要基础。从景观生态学的观点出发，园林景观设计作为人类对场地的开发行为，是对于原始生态环境的干扰与介入，其过程不可避免地对自然生态环境产生影响，甚至引起生境的破碎与生态循环的割裂。

由于生物界物质与能量循环是环环相扣、紧密相连的整体，一些局部环境的毁坏就可能会引发整个生态系统的影响，甚至导致脆弱物种的灭绝，以及区域生物多样性降低等多种问题。同时，非必要性的场地开发需要大量的资金、资源与人力投入，这使得建造资金本就有限或缺少的地区更加难以承受。因此，精简园林景观的设计干预内容，科学地选择场地干预的位置、尺度深度，对场地进行最大的资源保留与最少的设施介入，是减少成本投入、保护动植物与自然环境、维持园林景观长久发展的关键途径。

减少干预的基础是寻找正确的干预位置、把握场地的生态结构特点。进行最精准的位置决策，需要依靠景观生态学的景观结构理论。景观生态家福尔曼和戈登认为组成景观的单元包括缀块(也称斑块)、廊道和基底(也称基质)。缀块泛指与周围环境在外貌或性质上不同，并具有一定内部均质性的空间单元；廊道是指景观中与相邻两边环境不同的线性或带状结构；基底则是指景观中分布最广、连续性最大的背景结构。缀块、廊道与基底的组合作用形成了基本的景观生态格局。合理的廊道与斑块位置选择是根据基底条件所做出的科学判断，不仅要使廊道与斑块本身可以健康地生存与发展，还要有利于基底的物质循环与生态系统的平衡运转。在生态系统中，生物的种类、数量、变化的空间配置与地形、地貌等生态因素结合形成了生态系统的结构。

从具体的园林景观要素来说，对于自然环境产生较大干扰的主要为交通设施与活动场地两大类。交通设施容易对生物活动与迁徙的廊道产生割裂，影响动植物间的物质、能量流通与循环；活动场地的介入容易对周边整体的环境产生影响，特别是在成为人类频繁活动的区域后容易使动植物的栖息环境、水资源的循环、温度与湿度等自然因子产生微妙变化，最终使得小气候环境逐渐转变。同时，无论是开发交通设施还是场地设施，都要消耗较多的资源与人力，需要较大的投资力度。因此，合理地选择这两种设施介入的位置、面积深度，是有效缩减建造成本的基础。景观生态学的“缀块—廊道—基底”观点对这两种设施的位置选择给予了科学的指导，使设施的介入对原始生态环境产生较少的负面影响，同时使设施本身的建造符合自然规律，以长久地、健康地发展，减少维护与修复的费用。

对于交通设施来说，主要通过降低介入的深度与面积来减少对自然环境干预的程度。比如：通过间歇性的设置断点为动物的穿越与物质的循环预留条件，尽可能减少道路与地面的直接接触面积；通过其他方式设置道路使其与地表形成一定的距离，保持地表的原有肌理；等等。

（三）增厚——赋予多重功能

园林景观的价值体现于在有限的空间内对社会功能、生态功能、美学功能、文化功能，甚至经济功能等的满足。在满足使用功能需求的前提下，有效地控制场地的开发面积是节约土地资源、降低资金投入、实现低成本园林的重要途径。叠加土地使用功能包括园林景观的自身功能复合与将园林景观功能附加于城市其他综合体之上两种策略。园林景观的自身功能复合的方法主要有：将营造体育、娱乐与休闲活动的空间集约布置在同一块场地，对零散的活动场所进行整合，以此解放大面积的绿地，减少人为活动对自然环境的影响，也减少空置率较大的活动场地的数量；通过人性化的场所设计，使场地既满足社会交流，又满足艺术美感与文化传承的功能，使绿地不仅具有良好的生态效益，而且因为科学的植物搭配而产生较高的美学艺术价值。

将园林景观功能附加于城市基础设施中，促进城市的总体价值提升与功能的更好实现，是园林景观肩负的社会责任与历史使命。园林景观通过对城市的发展产生更多的正影响力，从宏观角度节约城市的综合运营成本，可以使园林景观作为城市的新兴基础设施形式与城市发展的催化剂。近年来，“景观都市主义”思想正指导园林景观履行城市综合功能，促进城市全面发展。从具体做法上来说，景观都市主义谋求将园林景观与城市中的建筑、交通设施、水利设施、农业生产设施、废物管理设施及废弃地结合，辅助解决城市发展中的问题。这样既减少了园林景观单独存在时对于土地的需求，又改良与创新了基础设施解决城市问题的方法，同时增加了城市的绿地面积，用最少的干预形成了绿地系统网络与连接度较高的生态结构，促进了城市与自然的和谐发展。

谈及使用功能的叠加与复合，巴西圣保罗的普瑞卡·达·阿穆里公园是将建筑与园林景观功能结合的绝佳案例。当一位企业家向设计师咨询新建餐厅的想法时，设计师大胆提出用袖珍花园一类的室外餐厅替代建筑设计的想法。设计师基于场地现状与周边的市场需求进行分析，发现在场地方圆1480平方千米的地区竟然仅有几处公共休闲空间供1800万的圣保罗居民享受室外环境，而餐厅的经营目标是吸引更多的食客来品尝消费。因此，设计师认为一处拥有美好环境的开放空间是吸引顾客的最好方式。200m^{2}的室外空间被定义为“放松的场所”，简单的绿植、座椅与长凳每天都吸引着络绎不绝的顾客。一个袖珍花园的施工成本远远低于一个豪华的餐厅，但通过生态、餐饮、休闲与娱乐功能的叠加，其意义远胜过餐厅所达到的效果。回到设计的原点，设计师从居民的需要与当地的实际情况出发，体现了设计的本质与精髓。此外，恰当地利用当地已有的设施来进行较小的场地干预，使场地实现多重功能的同时满足，也是高效利用建造成本来实现园林景观的有效方式。

总的来说，低干预的园林景观设计过程实质上是将场地现有资源最大化利用的过程。它包括：尽可能发掘、分析与引导自然过程，将自然的无穷能量与运转规律应用于设计中，形成动态的、持久性或者周期性的变化，成为园林景观的驱动力与发展源泉；在对场地资源全面分析的基础上，运用恰当的设计方法减少外来设施的介入，避免人为活动对动植物栖息地产生负面的影响；对园林景观外部的环境与设施进行合理化的运用，将园林景观附加于城市其他要素之上，在改善城市设施功能的同时加大了绿化面积，减少另辟土地进行园林景观建设的投入，实现多重功能在同一块场地中的有效叠加，更有效率地为城市发展服务。

三、低建造——遵循人性需求，精选实用资源

在西方文艺复兴时期，“人文主义”作为社会思潮的核心思想，将社会价值取向引导至对人性关怀、尊重与自我实现的方向。这种崇尚理性思维与感性经验、平等与个性解放的精神使人摆脱等级制度的枷锁，以人为本成为核心理念。

同时，人文主义精神追求人性平等与权利公平，提倡将满足所有人的使用需求作为社会努力的目标。园林景观作为公众放松心情、陶冶情操、社会交流、体育运动与感受自然的场所，以使用者的需求作为设计的最高标准。而园林景观的社会、生态、经济与文化功能的实现与设计的成本不存在等比关系，人们心理需求的满足与对景观的敏感程度不以园林景观要素的价格为参考标准，这为低建造的园林景观功能实现创造了契机。对于美学价值的实现，与造价密切相关的材料选取也不是美学的唯一代名词，创造性的色彩渲染、细节处理与空间塑造同样可以在较低的资本投入条件下获得良好的美学效益。同时，生态价值、社会价值与文化价值的满足更

可以通过乡土植被种植、创造参与性活动与地方性材料运用等多种低成本途径实现。因此，人文主义精神启发园林规划者将满足公众的功能需求作为高质量园林景观的首要衡量条件，不以园林景观的造价作为品质优劣的唯一评判标准，这为低建造策略提供了可行的途径与理论依据，使得原本缺少建造条件的园林景观设计得以实现。园林景观设计中的低建造策略是设计师社会责任的体现，将人性需求作为设计的首要标准，通过巧妙的材料选取、合理的软硬质材料搭配、科学的植物材料选择、工业化的操作流程、务实的心理分析、有效的人员管理与广泛的市场调研，使园林景观在保障良好景观塑造的前提下，用极为有限的资源与成本，满足最广大普通群众的使用需要。

在园林景观项目运营过程中，施工所用的原材料费用占整个项目成本比重最大，一般可达60%～70%。所以，对于建造过程中的材料成本节约，是降低项目成本的关键。[①] 在保证高品质景观的条件下，低建造策略应遵循以下方法：首先，重视地方材料的利用。地方材料获取方便，因为数量较多而造价低廉；同时更能引起当地居民的广泛认同感，也容易与环境进行融合。其次，通过对于材料细节与特性的研究，使廉价材料经过处理后美学价值提高，以此提高材料的艺术价值。比如：在深入研究材料的生产过程后，对材料的颜色、纹理、形态与质地进行改变；或是将材料的某种物理特征，如反光性、延展性、可塑性、抗压性、耐腐蚀性等特点突出与放大，使之成为景观的亮点；等等。另外，通过工业化的流程管理园林景观的建造过程，使园林景观材料以标准的模式建造与施工，可以有效地节省施工人员的工作时间与降低工作难度，也利于材料的采购、统一应用与后期替换，一举多得。

植物景观一直被视为调整心情、舒缓精神与锻炼身体的有效形式，大面积的绿地栽培为公众的身体健康提供改善的场地与条件，将园林景观的人文关怀精神很好地展现出来。选择乡土类植物材料，可以使较少资金条件下的植物材料采购与维护得以实现，同时可以使市民产生地方文化感知的共鸣，将生态功能、美学功能与文化功能同时满足；而人文主义强调的以人为本，将满足公共使用功能作为建造的依据与标准，也是减少不必要的闲置景观出现、加大园林景观可利用程度的重要方式。通过基于心理学的人性需求分析，并将广泛性的社会调查作为设计的参考依据，可以用有限的资金创建出公众最重视的景观类型；另外，鼓励社会性的园林景观工作参与和慈善资金捐献，可以降低施工人员的人力雇佣成本，同时为市民提供了社会贡献的机会，也是弘扬人文关怀、将无私分享与关爱大众的美德传承的重要方式。此外，社会性的调研工作不仅可以在有限的资金条件下最大可能地节省采购开支，

① 陈瑜璟．论低成本景观设计 [J]. 中国科技博览，2009(19)：247.

还可以了解公众对园林景观最真实的需求，使公众作为场地的设计师，这是人文精神所提倡的自我价值实现的有效途径。基于人文精神的低建造策略，始终以满足公众使用需求、建设高品质景观与低成本投入为三项重要目标，这三项目标互相联系与转化，成为低成本园林实现的重要原则。

（一）追溯本源——地方材料的选取

第一，大自然是园林材料的主要来源地，以其朴实无华的肌理向人们展示着它的巧夺天工。地方性材料有时被称为“乡土材料”，是延续地域文化、表达当地景观特征的重要方式。地域特征的概念来源于希腊，对它们而言，地域让人想起某个地点一成不变的特质，并且这与当地的精神或者神祇息息相关。当地域性材料是挖掘出的，或被本土化时，人们常常被认为是对归属感或者居所感的暗示。① 同时，地方性材料的开发与购买的来源较多，且因距离近而运输成本较低，与外地来源的材料相比，地方性材料更容易适应当地的自然环境条件，不仅能够形成园林景观与环境融为一体的美学效果，也可以减少园林景观的人工介入对动植物栖息环境的干扰。在缺少园林景观建造资金的情况下，利用地方性材料可以大幅度地降低建造成本。

第二，地方性材料按照材质的不同，主要分为土、木、石、竹与草五种。中国北方民居自古就有以土筑墙的历史。土的热工性能好，可塑性很强，造价低廉，便于施工。用土作为景观墙体与园林小品，可以就地取材，用之不尽。生土墙具有朴素美观的特点，由土坯砌成或土筑成的墙体，外抹草泥或者不加修饰，可以将粗糙的表面质感充分表达，体现乡土的野趣之美。另外，土还可以批量生产，商品化供应，是生土园林建筑中普遍使用的材料。同时，黏土作为一种简易材料，也具有广泛的发展前景；木材作为一种可再生的地方性材料，在中国园林景观中有着非常悠久的应用历史。在中国传统园林中，木质结构的亭、台、楼、阁、轩、榭、廊、舫等无一不是巧夺天工的杰作，体现中国造园艺术的博大精华。在当今园林景观中，木质材料也因为方便易得、热工性能好、力学性能强与易加工的特点而成为桌椅小品、桥梁构筑等景观的主要选择材料。石材是人类在生产与生活中最早使用的建筑材料。在几千年的人类文明史上，石材被广泛应用于庙宇、宫殿、陵墓以及环境景观之中，如北京故宫的石盘龙御道与天安门广场等。园林景观使用的天然石材大致可分为花岗石、大理石、砂石与板石等几大类。石材的获取能耗小，保存时间长，而且具有良好的性能，还能够与自然环境良好融合，是当今园林景观建设的主要材料。竹，既坚固有韧性，又具美感，是一种集合力学与美学优势的园林景观建设材

---

① 李运远．试论园林材料的运用 [D]. 哈尔滨：东北林业大学，2006：147.

料，同时符合现今提倡的低碳环保观念。中国素有“竹子王国”之称，竹类种质资源、竹林面积、蓄积和产量均居世界首位。由竹子制作而成的竹桥、竹亭与廊架的造型既灵活多样，又生态环保，常以其独特的形态与结构为园林景观增添亮点。除去草本的植物学特性，由草本担当园林景观结构材料的探索正如火如荼地展开。可以说，无论是使用稻草秸秆作为构筑物的屋面、墙体、小品，还是盛装植物材料的界器，在当今追求生态环保的时代，草本植物都得到了越来越广泛的应用。

总之，地方性材料是对当地文化的重要表达，通过无声的语言向人们传达区域的文化与精神内涵。

(二) 细节取胜——材料特性的专注

低成本园林的研究内容是用极为有限的资金成本，完成在常规造价下难以良好实现的项目，并保障园林景观作品的品质。“低成本”“高品质”是其必要条件。实现“高品质”是指使园林景观的生态、社会、美与文化，甚至经济价值的最大化，其中美学价值的优劣以园林景观受居民喜爱程度为评价标准。无论东方还是西方，当园林景观从帝王宫殿与贵族宅院中走出来，成为大众同享的开放空间那一刻起，它的审美标准就不再是彰显身份的奢、稀、奇，而是能更多地为各种年龄、各种民族与各种阶层的公众所接受与喜爱。

作为园林景观的物质基础，园林材料的选择与运用是营造空间意境、创造视觉享受与体验舒适度的重要途径。因此，探寻与开发材料的特性，将材料的美学特征最大限度地发挥作用，是较低资金投入下完成园林景观的研究重点。把握材料的外在属性，如颜色、质感与形态的特点，通过创意的细节设计使平凡的材料展现出多种不同的变化，具有化腐朽为神奇的功效。对于材料颜色的改变是利用低成本的涂料或者饰品来装饰，如铺装、座椅、建筑物外立面等的颜色，或者是将纯色表面用图案来表达，增加空间的新鲜感、丰富程度。颜色的改变有的是针对材料表面，这种方法消耗的颜料最少，但可能会使结果不够持久；还有的是将颜料、原土建材料混合，使得成品材料外表皮与内部都具有颜色，如目前运用较多的彩色砖、彩色混凝土就是利用这种方式制作。利用材料的质感变化来形成细腻的纹理图案，也是园林景观细部设计的重要途径。例如：通过人工开凿，使光滑的石材表面粗糙，与水体结合就会形成不同的视觉效果。利用金属光滑表面的反光性质，将其进一步突出，做成抛光的金属板，就可以营造不同的空间感受。又如，利用混凝土现场制作的特点，在未干时使用石子、植物或者金属处理其表面，就能得出丰富的混凝土纹样。另外，充分利用材料的物理学与化学特性，如延展性、可塑性、抗压性与耐腐蚀性等，创造多样的景观形态。

资金条件有限对园林景观建造与维护的制约不仅发生在经济条件落后的贫困地区，甚至经济水平较高的发达国家近些年也因为经济危机等因素而普遍存在。目前，难以预料中国未来是否有一天会面临这种危机，从现在开始用较低的资金消耗来实现园林景观建造与维护，无疑是避免不可见危机对园林景观产生影响的关键。为了满足大量迁入者的民生需求，瑞士苏黎世在平地资源消耗殆尽的时候，转向郊区山地发展。

（三）标准模数——工业流程的操作

所谓工业流程的操作，就是将“标准化”概念贯穿于生产活动的始终，通过标准化的生产模式、标准化的产品获得，实现效率与效益的提高。这是工业化革命的重要生产理念，此方法带动了全社会的进步与发展。标准化的生产模式指的是制定一套完整的生产方法，之后将其严格贯穿生产活动的始终，使之成为一种固有模式，目的是使技术更容易被掌握与推广，也有利于对其进行改良与进一步的发展。标准化的产品获得指的是对于产品的规格、尺寸进行模式化的限定，使各不同生产机构的产品或者某生产机构长期生产的产品具有固定的样式。其目的是通过大规模生产来降低成本，同时有利于技术的交换与产品的流通，更为产品的后期维护与替换创造了有利的条件。总的来说，利用工业流程来进行产品的制造是提高生产效率与降低产品成本的重要方法。在园林景观行业，目前很多地区难以承受建造园林的资金压力，然而公众对园林景观的迫切需求又使园林的建造成为待发之箭，势在必行。如果将工业生产的流程与核心思想运用在园林景观的设计中，无疑为资金短缺条件下的园林景观建设寻找到了一条可行的出路。通过使用标准化的材料，购买成本可以大大降低，材料在维护过程中产生的替换与修复问题也更容易解决；使用标准化的生产流程，可以大大降低园林景观施工的难度，可以提高生产效率，将更多的业余劳动者纳入园林施工的队伍中，不仅创造了新的就业机会，也缩减了建造的人力成本，可谓一举而多得。

然而，在将工业流程引入园林景观实践的过程中，不免有人会怀疑，园林景观作为一种表现美好意境、空间结构与自然景观等美学价值的艺术，通过工业流程的模式化生产是否会削弱其美感？这种争论普遍存在，但是其答案是否定的。首先，当今的园林美学理解已突破原有对自然环境表象的纯粹模仿，那是对于园林景观的片面与肤浅误读。园林景观自产生之初，无论是西方园林还是东方园林，都是对人类生存环境的深刻诠释。中国传统园林景观在产生之初，很多时候是对个人情怀的抒发与寄托；西方传统园林在产生之初，是试图通过利用自然环境中的资源来改善生活状态，无论是对心理诉求的表达还是对生理需要的满足，园林景观的服务主体都是人。进入21世纪，人们的价值观、经验阅历和知识积累与以往已有很大区别，所以不应该用原有思维模式所产生的园林景观形态去定义园林景观的本质。因此，满足公众的使用功能，表达当今的文化内涵，善待环境，将其可持续利用，才是当今社会对于美学与艺术的定义。显然，这些要求与材料的使用是否标准化、园林景观建造的流程是否模式化没有直接的因果关系。

其次，本节强调的标准化主要针对建造过程与材料的使用，其实这已普遍运用于现有的园林景观建设中，比如地面铺装、景墙与园林小品中运用的各种材质的砖块、木料等。本节只是对其进行较为系统化的总结，并将之运用在更为广阔的范围。众所周知，意大利皮具的昂贵之处并不只是在于其使用材料的稀有性与产品的耐用性，还在于这些产品都是独一无二的手工制作。在园林景观中也是如此，机器化大规模生产致使产品单价降低，这并不意味着产品品质下降，而是反映了在提高效率与降低原料采购价后，产品生产成本自然就会下降，产品生产方式的便捷不应成为怀疑其品质的借口。同时，批量化生产使得设施与材料的外表形态相同，或许它失去了唯一性的稀有价值，但是这也为材料的替换提供了方便。况且，标准化生产的只是产品的模块，将其巧妙搭接与组合也会产生无穷的形态变化。

当然，还有以20世纪“功能主义”导致忽视个性，将统一的建筑形式设计与功能满足作为驳斥标准化园林景观的案例。然而，园林景观中的标准化只是借鉴建造流程与材料的使用，比如通过模数化、预制化、批量化与单元化实现材料的廉价获取与建造过程效率的提高。在这个过程中，园林景观并未忽视人性的关怀，依然将满足不同人群，特别是对群众最普遍的需求的满足，这是园林景观建造的首要原则。同时，鼓励像“后现代主义”那样推陈出新，设计多种标准化材料，将其通过不同的单元拼接实现多样变化。事实上，节约建造投资，实现原本难以完成的园林景观项目，或者用有限的资金完成更多的园林景观成果，这才是从本质上关怀大众，满足公众需求的设计方式。在以广大公众为服务对象的当代园林景观设计中，追求“个性”，满足奇特的“个人”品位并不能彰显园林景观的价值。园林景观已不再是小众产物，只有实现共性的、最普遍公众的使用需求，才是园林规划者应该努力的方向。

标准化的工业流程操作主要包括园林景观材料的标准化生产与园林景观建造过程的标准化实施。其中，园林景观材料的标准化生产主要包括模数化、预制化、批量化与单元化，园林景观建造过程的标准化主要指的是操作过程的模式化与低技化。模数化、预制化、批量化与单元化是一系列的实施过程。模数化指的是将材料按照行业的统一标准尺寸进行生产。其目的是使得材料可以更广泛地使用与远距离、长时间地流通，同时可以使不同材料在搭接时非常严密与牢固，这也方便了材料损坏后的替换工作。预制化指的是在材料进入园林景观建造场地前就进行基本形态的生产完成，使得材料进场后只需要拼装与组合就可以完成建造。这种好处是减少了在建造场地中生产材料所要消耗的时间与人力，也降低了生产过程中的环境污染。批量化指的是在一次园林景观建造的过程中大规模地使用同一种材料，大量材料的集中生产会将生产总成本有效降低，这无疑是节省园林景观开支的重要方法。同时，大批量采购也避免了材料采购不足的多次购买与材料采购过量的浪费情况发生，只需要内部的调整与平衡就可以很好地利用材料。单元化指的是通过模数化的方式生产几种形态，而非仅限一种模式的材料，通过将几种形态的材料进行搭接就可以形成丰富的变化效果，增加景观的丰富程度。

在标准化建造施工方面，模式化主要指的是在设计前就规划了完整的建造过程，包括人员的使用，材料的制作、采购、安放与使用的具体流程与时间，机械设备、能源的使用规划，等等，使得建造工作在开始之前就完全确定。这种模式化的工作方式可以减少开工后的混乱，有效预估了建造过程中可能产生的问题，可以用较高的效率完成工作。随后进行总结，用相同的模式使得下一周期的建造工作可以更好地完成。低技化主要指的是降低建造施工的难度，通过有效的建造方式设计使得施工过程简易化。这主要有三个方面的优势；首先，降低了工作难度，可以有效地加快工作效率；其次，减少施工中的技术要求，可以避免很多人工操作的失误产生，为实现较好的成果做出铺垫。最后，低技化建造可以使更多没有经验的非专业建造者加入施工过程中，这对于低成本园林来说极为重要。本书研究的低成本园林多数发生在贫困地区，那里的劳动力资源丰富，却因为缺少资金与施工技术而难以实现园林景观的建造。低技化操作可以将当地居民纳入园林景观建造工作中，有效地降低建造中的人工费用，也使施工人员增长了专业技能，在园林景观建造过程中实现了自我价值，有利于其个人的今后发展。

另外，在园林景观中模数化的材料使用为零散材料、废弃材料的重新利用创造了有效途径，产生了一系列附加的优势功能。袋装泥土也被称作超级土坯，是现在利用较多的一种形式。它不仅成本低，而且形式上很自由，为临时性景观构筑物与地形的快速形成提供了快捷的模式，特别是对曲线化景观的塑造给予了便利的条件。

在水岸湖泊的建造过程中，标准化材料也得到了良好的应用。预制的生态石笼、生态袋与混凝土连锁块不仅具有稳定的结构，可以经受水体的拍打与冲击，还留有空隙，这既为水生与湿生植物的生长提供了空间，又提供了小型动物活动的栖息地。在生态化驳岸的实际中，硬质的防水岸线一直被广为诟病、不利于水体蓄存的驳岸形式，而软质的植物岸线往往难以抵挡强猛水势的冲击。预制的园林景观材料将二者紧密结合，创建了既满足泄洪功能又能滞留与减缓水速的新水岸形式，使水岸景观不断得到复兴。

（四）因地制宜——乡土植物的选择

乡土植物主要指通过人工的长期引种、栽培和繁殖，已经适应当地的气候和生态环境，并能够良好生长的一类代表当地植物特色，并具有一定文化内涵的植物。乡土植物经过长期的自然选择及物种演替后，对该地区具有高度生态适应性，是最能适应当地大气候生态环境的植物群体，有稳定的群落结构，不容易构成生态危害。美国“园林景观之父”弗雷德里克·劳·奥姆斯特德在1854年设计纽约中央公园时就注意到了乡土植物的应用问题，后来成为美国园林景观总结的“奥姆斯特德原则”的重要内容之一。[①] 我国4000多种植物可用作园林景观绿化使用，而目前的城市中常用的园林植物只有400种左右，甚至大多数城市常用的园林植物只有100种左右，这就使得乡土植物的引种与开发极为必要。乡土植物对当地的气候、土壤与水分条件具有高适应性，形成的景观具有当地的特点，最易被居民接受，能够体现当地的文化内涵。同时，乡土植物有利于地方生物多样性的保护，为城市中植物种类的丰富应用做出贡献。

乡土植物的繁育方法简单，生命力旺盛，需要投入的人力与物力资源较少。一般来说，除了在精细化种植时对乡土植物采用种子繁殖与扦插、嫁接、分株等营养繁殖手段，在大面积种植乡土植物进行荒地复绿、环境修复与营造郊野氛围时主要采取以下做法：一是采用林地直播的方法，在种植地直接播种乡土植物的种子；二是在建设环境周边种植大型的乡土植物的结种母株，依靠野鸟或者风力进行种子传播与繁衍；三是收集表层土，使冬季乡土植物林中的各种植物种子可以通过表层土的移植而撒播到绿化地中，使得种子可以自然萌芽。

从经济性上来说，乡土植物具有两大优势：一是乡土植物作为本地常见树种，采购的来源广泛，价格较低；二是乡土植物对当地环境的耐适性较强，不需要过多的精细化养护，这就节约了大量的维护成本与替换成本。用乡土树种可以较快地形成绿化效果，取得较好的生态效益，使之成为园林景观绿化工作的先锋，形成地方性独有的特色。

（五）以人为本——人性需求的探索

无论是园林景观的生态价值观、社会价值观、美学价值观，还是文化价值观，都明确地指出，当代园林景观的核心价值观是以满足最广大群众对园林景观的要求为首要目标。园林规划者作为园林的执行者，应该以公众的喜好与需求为最高的设

① 孙卫邦．乡土植物与现代城市园林景观建设［J］．中国园林，2003(07)：63-65.

计准则。园林景观的建造目的是为参与提供高质量的环境体验空间，包括休闲空间、游憩空间、娱乐空间、体育空间、观赏空间与交流空间等，满足使用者在心理上与生理上的需求。低成本园林面对资金短缺、难以满足常规园林景观建设的困境，试图通过极少的资金成本来满足公众对于园林景观功能的需求。具体来说，就是不减弱园林景观对于使用者生理与心理需求的实现，同时减少不必要的资源消耗与景观建设。在很多时候，园林景观的场地结构体系设计与设施排布是以呈现和谐的构图比例与均匀的位置排放为依据，成为彰显园林规划者设计才华与艺术造诣的工具。然而，现实中的园林景观不是二维平面上的线条关系，而是三维实体中的空间存在，是以园林景观参与者身临其境的感受与喜爱程度为评价标准的。只有使园林景观参与者满意，使他们从园林景观中得到需求的满足，园林景观的价值才能得以实现，否则徒有装饰功能的景观设计都是资源的浪费与无用的消耗。

园林景观参与者具有强烈的主观能动性，他们对于园林景观的喜好很大程度上取决于生理与心理上的特殊需求，如互动性、交流性、新鲜感、安全性等因素。例如，将座位慷慨地散布在公共空间之中，只能使座凳的生产厂家得利。调查表明，园林景观参与者更青睐位于凹处，长凳两端或其他空间划分明确之处，以及人的背后受到保护的座位，而那些位于空间划分不甚明确之处的座位则受到冷落。实际上，通过关键位置的精细化设计与非重要空间的弱化操作，园林建造者可以合理安排成本的投入比例，以此减少不必要的成本浪费，实现最有效的空间与资源利用。

基于以上分析，本书提出园林景观设计对人性需求满足的实现方法，通过最少成本投入实现公众生理与心理需求的满足。

首先，需要对公众的属性进行区分。不同阶层、性别、年龄与文化层次的居民对于园林景观的需求不同，当园林景观落实到具体的环境中，为特定类别的人群服务时，将了解公众的属性特点作为设计的前提，可以对园林景观的设置取舍、组合方式起到指导作用。例如，在一个社区公园中，在体育休闲活动空间的设置时，将老年人与少儿的活动场所进行组合设计，并与中青年人的使用空间隔离，是可行的空间处理方法。因为在一般情况下，少儿的活动需要老年人来照看，将其分离必将使其中一种空间的使用产生空置与浪费；而少儿与老年人身体的相对脆弱，容易产生碰撞与滑倒，最好可以与中青年人较为激烈的运动隔离设置，避免相互干扰的产生。另外，很多时候，不同类型的人群是混合分布于同一处园林景观中的，那么就需要对场地内部进行有效规划排布，对不同设施的位置、高度、大小与数量进行合理化的配置。

其次，按照公众基本需求的类别，对生理需求与心理需求进行满足。在生理需求方面，园林景观最需要满足的是公众对活动场地的需要，这个场地应该是安全的、耐用的，并且拥有宜人的环境。另外，公众还需要园林景观可以提供良好的感官体验，包括视觉、听觉、触觉与嗅觉，甚至味觉等多方面的美好感受，使参与者可以放松心情，舒缓情绪。如果说生理需求的满足是设计师对参与者个人属性特征的量身塑造，那么心理需求的满足则多是设计师通过创建互动性的活动场所，鼓励公众展示自我才华来具体实现的。在心理需求方面，为公众提供自我价值实现的舞台主要指的是使园林景观成为公众心灵栖息的家园，让公众在园林景观中拥有安全感、归属感、新鲜感与满足感。设计安全性的环境保护措施，细致入微的设施设计与开放性的空间感受可以让公众具有较好的安全感，使其愿意放松心情来体会园林景观带来的舒适与安详。归属感的实现是通过将参与者自身的文化背景进行展现，地方性装饰与艺术的表达与特定节日的活动宣传等方式使公众有心灵的归属，这对于居住区设计、办公区域设计等具有重要的指导意义。新鲜感主要通过视觉、听觉等刺激与独特的参与性活动来实现，以此丰富公众的课余生活，增加园林景观的吸引力。比如，北京朝阳公园每年一度的音乐节，吸引了海内外的大量游客。另外，满足感主要通过鼓励公众参与到设计的工作中，利用园林与园艺工作实现自我价值的提升，依据人性化的设计使不同类型的使用者都得到最大的尊重。

总之，在任何时候了解使用者的切实需求，都是园林景观设计的首要原则。特别是在建造经费紧缺的条件下，用有限的成本实现使用者心中对园林景观最迫切的渴求，避免盲目地按照设计师的思维进行场地设计，是园林规划者表达人性关怀的重要行动。那么，如何探寻园林景观使用者的切实需求，特别是如何从非专业人员口中了解与归纳其需求的本质，是值得深入研究的问题。

（六）宣传激励——建设工作的动员

人工费用成本是园林景观建造与维护成本的重要部分，在总体造价中占有较大的份额。一般来说，对于园林景观施工人员，人工费用有按日计费与按工作量计费两种方式。按日计费依据工作任务的不同分为一、二、三类工，费用会因各地的行情不同而有所差异。按工作量计费是按照栽培乔、灌木与球类植物的棵数，草本与土方整理的面积进行费用计算。有效的工程管理与适当的工作人员选择可以降低园林景观的建造成本。时间就是金钱。一处园林景观工程的建设包括土方平整、植物栽植、构筑物堆砌等多种工作类型。有效地把握时间，提高施工人员的工作效率，使各部分同时井然有序地运作，是节省场地、机械、能源与后勤成本的有效方法。另外，通过宣传与鼓励的手段，如物质嘉奖、减免税费、技术传授或者表彰等方式，将社会群众，特别是园林景观的使用者纳入建设的队伍中，不仅可以大大地节约建造过程中的人工成本，也可以树立使用者的主人翁精神，并帮助其实现自我价值的满足，这对于园林景观建造质量的提高以及后期维护的管理都有很大的帮助。在中国，人口众多造就了劳动力数量的巨大优势，使得中国的人工成本在世界范围内还处于较低的水平。但是，随着产业结构的不断调整，以及中国整体经济实力的提高，人们对于收入的要求也不断增高，相信劳动力的价格会逐渐向欧美发达国家靠拢。到了那时，在园林景观建造中有效地节约劳动力成本就更为重要。因此，从现在开始探索建造工作动员的方法，进行劳动力的优化配置，是未雨绸缪，为将来园林景观建造事业铺路的重要工作。特别是对于本就缺少建造资金的园林景观项目，材料作为园林景观的物质基础，必须投入大量资金以保障其品质与耐用，那么对于人工成本的可用资金就更加局限。因此，探索资金制约下的人力资源获取与人工效率提升，是实现低成本园林的关键。

通过奖励制度提高施工人员的工作效率，选择合理的付费方式，可以有效地节约原材料和提高工程的进度与质量。利用奖励制度来提高工作人员的效率，主要通过竞争机制，对于又快又好地完成工作的团队与人员进行额外的物质嘉奖，使其更加具有积极性与工作动力，而施工单位在工人效率提高后所减少的能源、后勤与租赁等费用的消耗要远远高于奖励本身，所以奖励制度是降低综合成本的有效方法。施工人员众多且均分属于不同的分包施工队，总建造管理方只需对整体的时间工作成果进行把控，这可以避免过多干预产生的管理混乱。将权力下放，由项目经理与分包的施工团队自行协商提高效率，总承包方进行统筹管理，就可以实现一劳永逸的效果。而选择合理的付费方式，是降低人工费的重要方法。众所周知，因全国各地的施工条件差异与人工成本的区别，一般的园林景观建造中人工计费方式均分为按照工作量与按照天数计费两种。施工方在不同的项目与不同的工程步骤中，合理地选择计费方式，可以有效地降低人工成本。

除了对专业施工人员的工作进行合理的规划管理，对于技术地位较低的工种可以采用非专业的人士参与，通过就地找劳动力或者鼓励全社会的公益参与来降低建造中的人工成本。首先，雇用当地非专业人员的费用较低选择面广；其次，当地人对地方性材料的来源、性能与用途有着多年的了解，可以更快地适应工作；同时，当地劳动力的雇佣可以缓解就业压力，增加当地人的工作技能，这对社会也是一种贡献；另外，社会公益人士的无偿参与既可以为园林景观建造工程做出贡献，也使爱心人士能通过工作将其个体对社会的关爱之情得以表达。

（七）社会调研——投资风险的规避

低成本园林受资金短缺制约，在材料选择时需要多方面地考虑成本节约，以满足有限成本下的园林景观建设。其中，进行广泛的社会调研，在设计时尽可能选取近距离可以获得的材料，并在采购前进行材料价格了解与对比，是有效规避投资风险的措施。社会调研是了解园林材料采购渠道与价格、把握园林使用人群需求，以及将园林景观与周边环境、文化良好融合的重要环节。通过调研选取的设计材料与风格可以有效节约成本，满足公众的审美需求，实现园林景观的效益最大化。广泛的市场调研可以了解周边区域对苗木材料、土建类材料与成品构筑物等的供应能力。对于园林植物来说，远距离的供应不但需要花费大量的运输成本，植物在奔波失水后存活率也会降低。反观近距离的苗圃供应，既能提高存活率，又能减少运费及其过程中产生的能源消耗与环境污染。从长远的角度了解苗木的供需情况并提前采取应对措施，是减少苗木成本的有效方式。

除了考虑材料的供应距离问题，理性地调研群众的使用需求，不盲从地使用统一化的材料配置，针对项目自身的资金限制来选择材料的品种，是降低成本的关键。对于园林土建类材料、小品与景石等观赏材料来说，不能一味追求奇、奢、稀而远距离供应，这些类材料的选取需要考虑地域的文化特点，否则会缺少公众的认同感。

四、低维护——以持续发展的理念进行资源规划

园林景观的后期养护是维持园林长久效益的重要途径，评判园林景观作品优秀与否从来都不只是看其建成那一刻的效果，而是评估其随时间演化而呈现出的长久状态的优劣。因此，园林规划者所肩负的使命比其他行业更加艰巨，不但要考虑建成作品能否满足使用者的需求，还要对园林景观的未来发展与运营有良好的预见能力与科学的规划能力，使其景观效果可以长久不衰，历经时间的考验，等等。

低成本园林在建造时就受到资金短缺的制约，这使得其对于建造材料的使用与建造方法的执行都有一定的局限。然而，这并不能成为降低园林景观维持时间的理由，园林规划者仍旧需要通过科学理性的材料选择与创造性的设计手法来满足园林景观的长期效益。同时，缺少资金供给的园林景观项目在设计时也要充分考虑降低园林景观运营与维护成本的方法，以可持续发展的理念对材料资源、能源与人力资源进行合理的规划，使其可以用最少的资金来实现园林景观的养护与发展。

基于可持续发展理念的低维护计划从材料、能源与人力投入方面研究设计策略，并通过效益补偿的机制，缩减资源投入的消耗，促使园林景观能够长久而健康地发展。可持续的资源利用依据“生命周期成本评估”① 原理，将园林景观材料的全生命过程看作投资的整体。因此，选择低维护、生命力旺盛的植物材料可以有效地延长材料的使用寿命，引导抗逆绿化树种与乡土树种的种植，并针对绿地的不同生命阶

---

① 黄英娜，张天柱，张锡辉．生命周期成本评估的意义及理论依据 [J]. 生态经济，2005 (03)：75-76.

段采取不同养护措施，可以保持较高的植物存活率。从宏观时间周期上来说，这降低了材料的平均消耗成本。可持续的能源使用通过合理的电力设施规划从长远角度使用LED灯代替现有的照明设备，对于不同使用功能的园林景观有针对性地设计照明强度、时间、射程与设备间距，都能够使能源得到有效节约，降低能源获取的成本。选择耐旱类植物进行合理排灌规划是节约水资源的有效方式。同时，运用可持续发展理念进行水体循环系统设计，通过绿地覆盖、地形设计、植物过滤作用与竹道的合理排布，将雨水和生活用水二次利用，既有助于维持地上和地下水的平衡，又为植物灌溉、园林水景与生活用水提供了水源。另外，针对园林景观养护的季节性特点，系统地安排不同时节的园林工作，以追求自然生长形态的植物群落为园林景观的美学追求原则，减少精于雕琢的造型植物的用量以求减少人工修剪的工作量，可以将养护人员的使用量与工作时间有效降低，避免忙时用人局促而不能人尽其责，闲时人员需求量减少而空耗人力的状态。此外，创造园林景观的经济价值，宣传社会性的公益劳动与鼓励园林景观使用者的无偿参与，用宏观的视野将景观园林作为城市活动的一部分，通过跨领域经济利润的获得来冲抵建设与维护园林的成本投入，可以为园林景观的维护增添物力与人力支持，有效辅助园林景观建设与养护的成本投入。总之，园林景观的维护工作需要以时间为轴、综合价值为标尺进行全面分析与评估，用可持续发展的理念实现园林景观的长期效益维持。

（一）科学选择植物与种植方式

植物群落作为园林中最重要的满足生态与美学价值的组成部分，同时又是动植物生态系统的重要一环，对园林景观的整体效果起到了至关重要的作用，需要在园林建成后投入大量的养护工作。这类养护工作主要包括修剪、施肥、除草、浇水、补植与病虫灾害防治等工作。在养护的过程中，园林管理者需要投入大量人力资源与材料资源等。运用可持续发展理念，科学选择植物的品种与种植方式，可以提高植物的成活率，呈现较好的景观效果，减少园林景观维护过程中的成本消耗。低成本园林受资金制约，很多时候是难以通过常规设计手法来实现园林打造的。但为了满足公众对园林景观的需求与体现社会的公关与关怀，园林景观的建造又势在必行。这里将从大自然的发展中获取灵感，试图从没有人工养护却能够保持长久不衰的自然植物群落环境中探寻规律，寻找用较低的建造与维护成本实现园林景观长久健康发展的方法。

向自然学习，在野生自然环境下良好生存的植物主要呈现两种特点：一是自然环境的高度适应性。这体现在其顽强的生命力与耐适性功能，对恶劣的自然环境具有强大的抵抗能力与萌蘖能力。二是对自然规律的良好掌握。这类植物往往不是只依靠能力发展，而是与其他动植物结合，形成稳定的小型生态系统，互相补给与维持，共同生存与发展。耐适性能力是植物得以在复杂条件下生存与发展的基础。这类植物对生长本应需要的光、温、水、土与其他气候条件的要求较低，因此可以适应于更广阔的场地类型与更艰难的生长条件。自身的维持能力较强，主要包括耐阴能力、抗寒能力、抗旱能力、耐水湿能力、耐盐碱、抗污染、耐土壤瘠薄能力与抗病虫害能力等。在园林景观中使用这类植物，可以大大减少气候变化、土壤条件恶劣与外部侵扰产生时的人工维护工作。

(二) 合理规划电力资源的使用

在园林的运营过程中，主要的能源花费是电力资源消耗所产生的费用。电能的使用要包括各种照明设备（如路灯、广场灯与草坪灯等）、动态水景、植物机械修剪设备、园林景观的清洗设备、公园电动大门和电瓶车、广场音乐设备以及商业小卖服务设施等的电力使用。其中，照明设备的数量最多，持续时间最长，因此用电量占据的比例最高。所以，减少电力消耗的费用主要通过合理规划照明设备的使用来实现。除了有效节约现有的电力设备，探寻电能的方式以及减少电能消耗的手段是低成本园林的研究内容。在大多数情况下，现有的可以产生电能的设施，如太阳能发电与风力发电等的电能储备与转化效率过低，很难实现短期的经济效益，且其前期的成本较高，是当前建造资金短缺的低成本园林难以承受的经济压力。因此，这类清洁能源在低成本园林中的应用条件尚不成熟，还需要更深入而科学的研究，使其建造成本进一步降低、转化效率进一步提高，如此才能在低成本园林中有更好的应用前景。而实现电能消耗的减少，目前已有了一些研究成果。通过园林景观的立体绿化与屋顶绿化，可以对建筑室温起到调节作用，以此将减少制冷设备的电力消耗，这是综合降低建筑及其环境电力消耗成本的有效方法。

(三) 建立雨水的循环利用系统

在园林景观的维护成本中，水体消耗主要表现在植物的浇灌与园林景观设施的清洗上。其中，前者几乎占据了园林景观常规性养护成本总金额的 20% 左右。因此，寻求有效节水途径，是减少园林维护中水资源成本消耗的重要工作。除了在植物栽培时选择耐旱类品种，从取水环节上寻找节水途径也是重要的方法，因为雨水是最廉价的优质水源，量大而且易于收集利用。一方面，通过自然植被进行就地滞洪蓄水，对地表雨水进行降速、滞留、渗透、过滤与收集，可在降低流速、净化水质的同时为雨水寻找二次利用的可能，缓解园林景观用水短缺的压力；另一方面，有效的雨水收集除了能够节省园林景观自身水量需求所产生的消耗，还可带来经济收益。

(四) 创造经济价值作为维护的补给

由于建造资金的短缺与环境资源条件的限制，很多地区难以承受建造园林景观所需的费用，这使得很多经济不发达地区的居民对于园林景观的需求难以得到满足。虽然通过社会各界的关怀与园林规划者的研发推新使得园林景观能在较低的建造成本下实现，但是当外界的帮助热情退却和关注焦点转移，而政府又肩负着其他民生工程任务而难以继续顾及园林景观时，园林景观很可能就会在热捧后遭受冷落。曾经欢天喜地的公众发现，因为难以支付接踵而至的养护成本，园林景观逐渐凋零，并失去光彩。然而，园林规划者作为园林景观的守护者，职业伦理要求其必须对园林景观的长期运转负责，将园林景观的持续发展与效果维持作为其应该履行的职责与义务。那么如何使建造资金都无法满足的地区承受园林景观维护的成本消耗呢？中国有句古老的名言——“授人以鱼，不如授人以渔”，与其持续地进行外在的资金供给，不如通过巧妙的园林景观设计与管理，用其自身经济价值的产生来创造效益，以此对园林景观的维护消耗做出有效补贴。同时，通过园林景观经济价值的获取，能够补偿园林景观建造时的成本消耗，这使得政府或其他支付建造费用的机构能在收回成本后继续有经济条件进行区域的园林开发，或者偿还当初园林景观建造时的资金借贷。这时园林景观已可以被看作一种产生经济效益的投资行为，这必将极大提升出资方的建设热情与积极性，促进园林建设工作的持续开展。

以雨水收集系统为例。其不仅可以满足园林的植物灌溉，还可以减小市政管网的压力，为生产与生活提供用水，以及维持大区域内的水循环平衡。园林景观的经济价值也不限于其自身，是从各种领域、不同尺度与多种维度发挥作用。园林景观的经济利润获取从微观到宏观大致分为五种途径：第一，种植健康的食物（如有机蔬菜与水果），满足种植者饮食之需，降低生活成本消耗。第二，种植各种经济类作物，包括有机食物、油料类作物、药用作物、可作为插花等的鲜花及观赏类盆栽等，通过售卖获得利润。第三，通过环境改善，将不同的小型商业形式、展销类活动、商业与公益演出引入园林景观中，增加居民的就业机会、场地租赁的收入，以及园林景观养护者、商业设施服务者的收入。这种类型多存在于较大的、有较高知名度的城市综合公园中。经济类活动设施的引入不仅可满足居民与游客在公园活动时的餐饮与其他服务需要，还可以丰富公园的景观类型。此类经济收入较为可观，能为公园的维护与持续发展提供重要的经济支持。第四，将园林景观作为城市综合体的纽带，使商业、办公、居住、旅店、展览、餐饮、会议等在良好的园林景观推动下，得以更好发展，带动区域经济社会的良好发展。

(五) 调配养护人员的工作周期

在园林景观的维护过程中，养护人员的工资成本是资金投入的重要组成部分。因此，通过合理的园林养护工作规划，科学地管理全年工作时间，是节省人力资源、减少园林养护中人力成本消耗的必要手段。

园林景观养护工作的规划，事实上就是调配不同工作的执行时间，使得养护人员不会出现繁忙时缺乏人手，闲暇时无事可做的状态。在确定工作总时间的基础上，合理地将工作安排在不同的时间区段，可以使各项工作都能有条不紊地进行。首先，要对季节性、时间性要求较高的工作类型进行安排，这类型工作往往跟植物自身的栽培与养护相关。当然，在选择植物品种时，根据植物的生长原理选择需要不同时间养护的植物类型也是关键，这方面最好的案例就是从农耕文明中传承下来的轮作机制。根据植物的生长时间来进行植物栽培规划，不仅可以更高效地利用土地与人力，还可以增强土地肥力，一举多得。将此借鉴到园林景观栽培与养护工作中，将多年生的乔灌木、草本与耕种时间不同的一年生草本植物混合种植，也可以错开各自的养护周期，同时形成丰富的景观层次。其次，在传统的植物养护闲暇时节，进行土壤的养护与肥力改善，调整植物生长的基质环境，是有利于植物下一年茂盛生长的关键。

(六) 鼓励公众参与园林景观的管理

人工费用是园林景观维护开支中的重要组成部分。园林景观因具有季节性的特点，常具有忙时养护工作任务过重、闲时人力资源浪费的问题。上节“调配养护周期”一节提到可通过合理地调配不同工作的时间来尽可能地规划人员安排。此外，雇用临时性的园林养护人员也是可行性方式之一。另一种方式则是，鼓励园林景观使用者以公益性质参与到园林景观的养护与管理工作中，这无疑是最节省费用的一种措施。

鼓励园林使用者参与维护工作是降低维护成本的重要方法，然而具体的引导途径与参与方式却需要园林师或公园管理者进行周详规划。因为，纯公益性质的园林参与性劳动可能缺乏足够吸引力，或难以获得最优秀的人选；而不恰当地放任权力可能会对园林的生态与美学效益产生负面影响；另外，由于园林景观参与者自身知识的局限与工作失误，也会对园林景观造成难以挽回的经济损失。因此，鼓励公众参与园林管理是一项需要系统缜密考虑的工作。首先，需要创造政策性的优惠条件，激发公众的参与热情。其次，当有大量公众主动参与园林维护工作中后，就要对参与者进行选择与分类。对短期热度的参与者，可为其提供一定的零散性工作，逐步培养其对工作的热情——这类参与者绝非园林景观维护工作的主体。

第四节　低成本园林规划设计与精细化管护的实施驱动

一、政府部门的政策鼓励

政府部门作为社会的管理机构，有能力与义务调控城市的发展，通过有效的政策来带动城市向良性的方向迈进。园林景观具有改善居民的生活条件、使区域的综合效益增值、激活地方的经济发展、带动城市的整体进步等作用，是实现地区发展的重要方式。而低成本园林以较低资金投入实现高品质的公共环境塑造，同时保障景观效益的长久维持与低资源消耗，值得政府鼓励与大面积推广。从社会问题的关注角度看，低成本园林针对低收入人群、离退休人群与其他非全职人群的特点，力主将生产性园林与小型商业活动纳入园林景观中，增加了人口的就业率与生活收入。同时，低成本园林为非经济发达地区提供的良好公共空间减少了社会治安事件，降低了传染疾病的发生，延续了地方的传统文化，使居民可以更好地交流、活动与实现自我价值。这些民生问题的解决都使得政府有责任将低成本园林这种有利于居民生活的公共空间推广与发展。

本书研究的低成本园林主要针对建设与维护资金短缺的地方，所提出的设计策略主要为园林景观的投资方、营建方与养护方提出有效方案以较少的资金投入来实现高品质的园林成果。总的来说，政策鼓励主要通过规划调控、资金支持与税费减免这三个方面实现对低成本园林的驱动作用。规划调控是指对于解决民生改善区域生态环境的低成本园林的建设，政府应采取优先的土地划拨政策，并对周边区域的用地性质进行综合权衡，确保场地较好的开发环境与生存条件，以便有利于长期的持续发展。同时，利用政府的管理职能，将小型的商业设施与低成本园林结合安排，为园林中的生产性景观提供销售的出路，这些都可以增加就业与市民收入，并为低成本园林的运营提供经济保障。另外，将低成本园林建设采纳为促进地区综合效益增长的方式，加大研究与开发力度，并提供条件促使其有效开展，从而实现景观效益与经济效益的双赢。

其次，政府可以直接通过资金支持的方式鼓励低成本园林建设。园林建设的本质目标是实现长远的高品质园林景观，对于整个区域的生态系统平衡、生物多样性提升、绿地系统网络连贯与地方文化传承的园林应在自身条件许可的情况下注入一定的资金投入，以保障其获得良好的可持续发展。这不仅涉及园林景观的内部问题，还与城市交通基础设施、农业基础设施与水利基础设施等范围广泛的要素紧密相关；如果结合得好，那么就能在很大程度上发挥出综合效益，从宏观上降低城市的运行成本。另外，政府可通过减征或者免征税收的形式扶持资金有限的低成本园林建设，当然，这也与低成本园林的价值成本节约程度相关。

二、社会团体的公益援助

社会团体的公益援助是推动低成本园林实施的有效力量。中国幅员辽阔，很多地区的政府还在为公民的温饱问题发愁，很难有余力找到园林景观建设的资金来源。还有的地区，政府的有限资金已用于基本的绿化建设，追求环境效益增值或满足特殊人群乃至特殊使用需求的园林景观需要，则要靠社会自身的力量来实现。这些情况都促使了社会团体的涌现，其提供的财务捐赠与公益劳动为低成本园林提供了良好的财力、物力、人力与技术支持，使得较低投入预算下的园林景观得以实现。同时，公益援助的实施过程也是个人价值观的提升过程。专业设计师在公益参与的过程中重新认识了其职业伦理所赋予的责任，慈善机构及个人在捐赠的过程中实现了其社会价值，公益志愿者在参与园林景观建设的过程中加深了彼此间的交流，这样有助于自我价值的实现与社会凝聚力的增强。俗话说："授人以鱼，不如授人以渔。"设计师通过帮助与指导弱势贫苦群体、地方居民建设园林景观，使他们增加了一种谋生的技能，也有利于当地居民今后的就业。另外，这种公益机构组织的无私奉献活动构筑了社会新风尚，宣传了人们互助互爱的传统美德，塑造了捐赠企业、社会机构与个人的优良形象，并使得爱护环境与自然的思想深入人心，实现一举多得的效果。

社会团体的公益援助主要体现在财物捐助与人力捐助两种类型上，捐助的主体有的是基金会、社团与学校等社会机构，也有的是以公益活动宣传自身形象的商业团体，还有的是个人形式，大家的目的都是奉献出自己的爱心来为社会做出贡献，同时使得个人的心灵得到熏陶与净化，使受助者更加乐观地面对生活，使捐助者的社会价值观不断提升。在美国，多种形式的大型基金会是居住区园林建设的主要动力，将居民、志愿者和社会团体通过统一的经济组织形式联结起来，进行持续性的场地开发。这种开发模式摆脱了过去单独依赖政府资助或孤立无援的困难状况，可以将建设持续性拓展，使得公益性的园林景观得以构成联系的网络，长久地健康发展。财物捐助有的是负责整个建设项目，对项目场地的选取、现状调研、方案设计、材料购买、建设以及维护的整个过程进行管理；也有的财务支持是只针对场地内的部分景观设施或者只捐助部分费用，不干预整个设计与营建的过程。人力捐助也分两种类型：一类是对技术条件落后，难以支付劳务费用的地区进行园林设计与建造。在这种情况下，专业人士、学生团体积极参与到设计的过程中，并通过切身行动影响当地的居民与社会的关注，为贫困地区的生活条件改善做出贡献。另一类是针对普遍生活环境的市民参与类工作，比如每年的植树节组织大型的市民植树、日常沟通亲子组带的认养植物、企业组织职工参与的企业林种植等。这种沟通感情与增加凝聚力的活动既为公众提供了健康的室外活动方式，又为城市的绿化做出了重要的贡献。

三、专业机构的研发推广

专业机构的研发推广是低成本园林发展的动力源泉。通过对于低造价材料、低技术施工手法与低养护运营过程的逐步研究，可以使园林规划者摆脱旧有的框架局限，不是在套用原有设计方法后一味地降低造价，也不是因为资金制约而缩减使用功能，而是找到适合建造与维护资金短缺条件的特有设计方法，在满足园林景观高品质的同时降低成本。对使用者来说，适合于当地条件的园林景观设计可以有效地整合现有资源，并通过创造性的设计来改善其生活环境，使民众的生理、安全、活动、交流与自我价值实现等需求得以完成。同时，专业机构通过简易的施工技法使居民参与到园林建造的过程中，使公众的主人翁意识进一步加强，他们不再是参观与使用园林景观的观众，而是切实建设自己生活空间的主人，这会无形地促进居民更好地利用与维护景观，并塑造居民的自信心与责任心。另外，居民在参与建造的过程中，或者得到资金的补助，或者获得施工技术与经验，这都为他们今后的发展创造了条件，也增加了居民之间的交流合作，社会的凝聚力由此产生。

对设计师而言，完成受资金制约的园林设计是不小的挑战，他们不得不对材料的使用进行较为严格的限制。同时，这也是难得的机遇，使设计师可以针对每个场所的特有自然肌理与文化条件，用较低的价格创造出属于当地特有风格的园林。在这种设计中，艺术化的效果追求是第一要务，更好地满足当地人的使用需求，执行合理与可行的施工与维护计划，将地方性特有的文化进行传承是设计的重要研究内容。另外，对于弱势群体的关注与贫困人群的帮助使设计师重新思考个人的职业使命，是成为彰显个性才华与设计天赋的艺术大师，还是成为按图索骥与循规蹈矩的园林产品组装师？还是注重人文关怀，成为关心社会底层群众基本需求的人民设计师？专业机构与学校在组织专业志愿者与学生参与低成本园林设计时为他们再次探索职业价值与奋斗方向创造了机会。另外，对社会公众来说，专业机构的爱心奉献弘扬了关怀互助的社会风气，这会激励更多的人树立关爱奉献的思想，同时为其他行业的专业机构提供灵感与工作方向，共同促进社会弱势群体的生活条件改善，使其都可以平等地享受社会权益。

专业机构的研发与推广主要通过设计师组建专业理念与技术的培训学校，组织社会上的专业人士参与，以及通过竞赛与奖项评比来激发人们的投入热情。有人认为，园林景观是一个非常综合的学科，一套完整的园林教育体系应包含价值观的建立、方法的训练和实践技能的培养。目前，我们的教育重点在于方法的训练，即训练规划与设计的能力，而忽视正确的核心价值观的建立和实践技能的培养。[①] 专业机构通过将低成本的设计理念注入高等教育的课程中，将社会价值观与职业伦理作为园林师培养的重要环节，将动手操作与解决实际困难能力作为青年设计师的必修课，可以将低成本的推广由个人力量的探索普及尽可能大的社会范围，并通过代代传承创新，不断发展与进步。

第五节　低成本园林规划设计与精细化管护的应用

一、促进地区经济的发展与综合价值的提高

对于资金有限、缺乏开发动力的地区，使用少量的投资进行低成本园林建设，先将地区的生态环境改善，以此增加地区对居住与商业的吸引力。当汇聚了人气之后，将此作为招商引资的重要优势，带动地区的地价升值与经济发展。同时，园林景观建设也可以引领社会文化的进步与居民素质的提高，并且改善地区的治安与卫生环境，实现地区效益的增值与人民生活水平的提高。

二、推动城镇化发展与“乡村振兴”建设

低成本园林可以作为城镇化发展与新农村建设的重要方法。在当前中国推进城镇化发展与新农村建设的过程中，普遍存在追求速度超过注重质量的问题。体现在环境建设方面，不考虑自身文化特征与经济实力而盲目地照搬大城市建设风格的现象比比皆是，常常出现的结果是激进地投入大量的资金而难以满足群众的需要，更不能与周边的环境相融合；或者是在资金有限的情况下只是仿照了大城市建设的表层，劣质材料使得园林景观的成果经不住时间考验；还有的是只考虑用短暂的政绩工程应对上级领导机关的验收，未加考虑后续的维护成本消耗，使得园林景观的成果难以维系；等等。这些都是不考虑从实际出发、不客观评估自身的实力而造成的恶性结果。低成本园林针对建设与维护资金有限的地区进行设计策略指导，用较少的成本投入满足生态、社会、美学与文化价值的需求，是可以借鉴到城镇化发展与“乡村振兴”建设中园林景观设计的有效方法。

① 王向荣．五本书和一片园圃 [J]. 中国园林，2011(06)：23-24.

三、关怀经济欠发达地区的生活环境建设

对于暂时缺少建设资金的边远贫困地区、交通闭塞的山区、城市中的贫民区以及灾后重建地区等经济欠发达地区来说，弱势群体的基本生活需求更应得到社会各界的关注。园林景观作为室外生活环境的重要组成方式，不仅可以满足居民对于生态环境、活动空间与美好景观的需求，还可以为居民提供交流沟通的场所，改善居民的心情与实现居民的自我价值，这对于实现安全感、归属感、幸福感与满足感等心理需求极为重要。在当今社会，对于社会公民的人性关怀不仅体现在物质上的供应，还体现在精神上的关心爱护。低成本园林正是通过政策鼓励、社会公益与研发推广等方式，使得园林这种社会必需品可以走进每个人的生活中，将人文主义的关怀行动落实到具体的社会实践中。

四、利用建筑屋顶来增加城市的绿地空间

在当今寸土寸金的城市环境中，寻找优质地段建设大面园林的机会越来越少，可是城市人口的骤增与机动车的数量提高正需要更多的绿地来满足生态环境的改善要求。另外，政府目前对于园林的关注主要集中于大型的公共绿地，对于和公众生活息息相关的社区绿地却存在心有余而力不足的问题。低成本园林提出了公众自发参与园林建设的理念，并通过成本的有效控制使得居民可以承受建设小型绿地的资金消耗，这为居民提供了园艺实践、锻炼身体与收获蔬果等食品的机会，同时有效地增加了城市的绿地面积与活动空间。其中，屋顶花园建设就是重要的实践方向，西方发达家对此已经拥有了长期发展的经验。通过在屋顶种植浅根性植物与无土栽培植物，特别是乡土类廉价的经济类作物，大量的建成区屋顶得以良好运用，居民还可以将丰收的建康果蔬作为食品馈赠礼物，使居民的自我价值通过较少的成本付出得以实现。同时，这为城市发展密集地区中难以拥有安全活动空间的孩子提供了良好的玩耍、学习园艺耕种知识的机会，一举而多得。

五、提高园林景观建造行业的经济效益

低成本园林创造性地提出了工业化的流程来建设园林景观，有效地提高了建设效率，并降低了建造成本。这对于竞争日趋激烈的园林建造行业来说，为企业脱颖而出创造了难得的机遇。在同样实现园林品质的前提下，利用低成本园林的建造方法，可以有效地节省建造过程中的资源购买成本、运输成本、人力成本与维护过程中的人力养护成本、能源消耗成本，这无疑提高了企业的核心竞争力，有利于企业

效益的提高。[①]

六、为其他行业树立低成本开发的示范

本书虽然只对园林行业进行低成本设计策略的研究与阐述，但是本书的核心价值观，即通过实现生态价值、社会价值、美学价值与文化价值来最终实现产品的综合价值，而非通过主观的想象与照搬模仿来确定产品的品质，是值得其他设计行业借鉴与引用的。同时，本书通过低成本策略的提出，在保证园林景观品质的前提下降低了园林景观的建造与维护费用，通过社会公平与人文关怀的理念来实现最广大群众的基本需求，这很好地体现了园林规划者的创新精神、职业伦理与社会责任。在以经济效益实现为重要目标的21世纪，低成本园林理念为其他行业进行低成本开发与高效益创收提供了思路。同时，低成本园林的设计策略为政府履行对普通公民的关怀提出了有效的途径，激励全社会为公共环境建设与关爱弱势群体奉献出自己的力量，并将研发适合弱势贫困群体的建造方法作为专业设计人士的主要工作，有效地实现了全社会对普通公民的特殊关怀。这种人文关怀的精神会鼓舞其他行业加入关爱社会与普通群众的工作中，为广大人民群众的根本利益达成而努力。

① 彭志红．城市园林经济发展的现状和对策研究 [J]. 中国林业经济，2018(03)：63.

第七章
园林景观精细化养护管理评价体系建构研究

第一节　精细化管理概述

一、精细化管理理论

（一）精细化管理的来源

精细化管理首次由日本企业于20世纪50年代提出。作为一种管理概念，精细化管理是建立在企业管理基础之上的，并成为具有普适性的企业管理方式和思路，在实际应用上主要以规范、标准、程序作为管理手段。

中国改革开放初期，国内企业管理实行的是计划经济，那时的企业都是按照计划指令运作，企业的领导者也只是按照固定模式去经营企业。在中国实行市场经济体制改革初期，企业开始实施岗位责任制，部分有意识的企业开始学习和引进国外的先进管理理念，然而受中国的国情及计划经济模式的长期影响，企业管理者的思想观念仍是比较固化，仍实行的是粗放的管理模式，市场化经营模式和科学管理模式并未形成，精细化管理并没有在实际工作中得到运用。

随着市场经济的发展，国外产品和管理模式开始对国内企业和市场产生巨大影响。有些企业开始转变管理思路，学习和引进国外先进的管理理念，并结合企业自身的实际情况，对国外的先进管理理念和管理技术加以借鉴和吸收；不少企业引入IS9000质量管理体系认证，建立管理数据信息系统。通过学习，国内企业管理水平得到了大幅度的提升；同时，部分企业开始对国外先进管理模式进行创新性的运用，并探索出具有中国特色、符合中国国情、真正符合中国企业经营的管理方法。

（二）精细化管理的概念

“精细”，从表面意思上理解，“精”即做精，追求最佳、最优；“细”即做细，具体是把标准做细，方法做细，流程做细。[①] 精细化管理是一种管理理念和管理技术，也可认为精细化管理就是落实岗位责任制，将管理规范化、程序化、标准化，并以运用科学管理为指导，企业全员参与，全过程参与，并对企业实行全过程的计划、组织、指挥、协调和控制等活动。将企业管理规范化与创新性结合起来，才能给企业带来更多的经济效益和提升企业竞争力。

（三）精细化管理理论基础

泰勒的科学管理、戴明博士的质量管理、丰田生产方式都是精细化管理的理论基础。[②] 泰勒最早在《科学管理原理》一书中提出精细化管理的思想，书中提出：科学管理理论作为精细化管理理论基础，强调运用科学方法来研究企业的管理；建立相应的工作规范，并且将这种规范标准化、程序化；用标准化的工作方式进行人员的选择和培训；强调管理者应该制定合理的工作规范，为员工提供相应的培训。

戴明博士是著名的质量管理专家。爱德华兹著《戴明论质量管理》，戴明博士的质量管理理论在其所著的《领导职责十四条》中集中体现，他的主要难点是：质量管理和十四要点，以提高产品质量和服务为目标；通过建立教育与培训计划；建立一个能够推动全面质量管理的强有力的高层管理结构等，提出了全面建设质量管理的观点。管理者应该加强对员工的指导和培训。培训不应仅仅是管理知识上的培训，更重要的是针对各个工作岗位进行的技能培训。

（四）精细化管理的内容

精细化管理主要包含的内容，一是精细化的操作规范。企业的每一位员工都应遵守相应的规范，从而让企业管理活动更加规范化和标准化。二是精细化的控制。企业要有计划、审核、执行和反馈等过程的规范管理流程。三是精细化的核算。企业的经营活动要有记录、核算、分析。还要通过核算和分析去发现经营管理中的漏洞，预防企业风险的发生。四是精细化的分析。精细化分析主要是将经营中出现的问题从多个角度分析、评价、总结、提升。五是精细化的战略规划。精细化的战略规划是企业发展的长期目标，也是推动企业发展的关键点。

二、施工项目精细化管理理论

施工项目精细化理论，就是把精细化管理的理论应用到施工项目管理中，相关

① 陆其刚．精细行事与精细化管理 [J]. 华南金融电脑，2010，18(12)：80.
② 张海燕．张家界高星级酒店精细化管理探析 [J]. 现代商贸工业，2010，22(22)：156-158.

的著作和论文很少。一般对企业而言，项目的精细化管理就是通过细节意识、服务意识和专业化意识把项目从立项到前期准备、开工，最后到交付使用的全过程每个细节，进行统筹管理与策划，项目多方案比选，优化项目资源配置，以尽量少的投入来获取最大的效益。企业精细化管理包括方案管理精细化、合同管理精细化、材料设备管理精细化、施工作业人管理精细化、技术管理精细化、安全管理精细化、工程结算管理精细化、现场管理标准化等。

第二节　国内外园林精细化养护管理经验启示

一、国外园林精细化管理经验借鉴

（一）美国园林精细化管理方面的经验

美国是个私有制国家，大部分土地归私人所有，因此美国园林的精细化管理与我们国家有一定差异，这是因为美国是由政府和私人共同履行园林养护之责的。私有土地的育林造绿资金主要由土地所有者或经营者自己解决，美国政府按规定会配套一部分资金用于专项扶持。国会下设一个专门的机构负责国家园林精细化养护的立法工作，以及对联邦政府提交的精细化养护预算进行授权。美国在法律中明确规定，任何房屋建造项目在开工建设之前要在施工规划上明确符合法定要求比例的绿化率，否则拿不到政府的建设许可批复，这可以说是美国从法律角度对园林景观展开的精准化管理。政府通过各种 NGO 组织，保持与私营林主之间的联系，指导和帮助私营林主的日常经营管理。联邦政府鼓励居住在城镇的私有林主按照园林、林业专家制订的计划有序管理这些绿地和森林，政府则在精细化养护、保护资源、涵养水源、改良林分等活动中提供指导和资助。

美国在园林精细化养护规划方面比较注重园林外区域与园林自身养护建设的融合，体现了生态设计、自然和谐的理念。例如，美国公园与城市就结合得非常巧妙，说不清是城市在园林中，或是园林在城市中，散发出浓厚的生态城市的氛围。美国在园林精细化养护方面值得借鉴的地方还在于对园林废弃物的合理运用。园林精细化养护施工中产生的废弃物通过一定的处理加工成为园林精细化养护景观中别具特色的一部分。随着废弃物的腐烂，又肥沃了土壤，形成一个生态循环。美国城市在园林设计中比较有前瞻性，排水、自动喷灌、滴灌系统等维护配套设施较为完善。美国非常注重国民的园林精细化养护生态教育，培育国民精细化养护意识。美国人普遍喜欢自己动手栽种与养护各种树木与花草，家庭的庭园精细化养护都打理得各具特色，收拾花园已成为美国人闲暇时光放松身心的休闲活动。

(二) 新加坡园林精细化管护方面的经验

新加坡的园林精细化管护闻名世界，“花园城市”的美誉广为人知。早在20世纪60年代，新加坡就成立了“花园城市行动委员会”，把园林精细化管护建设作为基础设施开发和第三产业发展的重要抓手，是世界上最早把建设“花园城市”作为治国方略的国家，并坚持贯彻执行长达数十年。①

一是规划先行，持续推进。注重顶层设计，组织专家高起点编制概念性发展规划，并将其作为园林精细化管护建设需要长期坚持一以贯之的发展蓝图。根据不同的发展阶段，分别制定相应的环境精细化管护建设目标。例如：20世纪60年代提出绿色新加坡，通过密集种植行道树，推进公园建设，丰富市民休闲游憩场所；20世纪70年代开始着手制定道路精细化管护规划，做好多维度的精细化管护，注重提升绿地建设中的彩色植物的占比；20世纪80年代推动植物种类多样化，大力种植果树，增加各种休闲设施，提高计算机自动化应用和机械化操作能力；20世纪90年代提出建设生态人文公园，建设完善公园之间的绿化带，使之形成绿色网络，大力发展不同类别的主题公园。进入21世纪，开始实施城市空间园林景观的立体精细化管护发展战略，集中资源重点对公园干道、乡间公路、区间道路、迎送公路、海岸公路沿线进行立体景观和绿化带建设。

二是法治先行，严格执法。20世纪70年代以来，先后出台了一批园林绿化方面的法律法规，为建设花园城市夯实了良好的法制环境。例如：明文规定未经政府许可不得砍伐、移植树木；任何建设单位都有绿化的义务，达不到规定的绿化标准，不能进行任何建筑工程；住宅小区与马路的间距必须超过十五米；超过一年没有建设的土地要作为绿地。对破坏绿化，违反园林绿化法规的行为实行严厉处罚，保持执法高压态势。同时，政府非常注重加强绿化宣传教育，通过各种方式不断提高全民爱绿护绿意识。新加坡政府在推行立体绿化模式上不遗余力，制定出台了许多行之有效的规定。例如，新加坡法律规定，对于不砌围墙的私家花园业主，把自家园林景观与公众分享的，给予减缴房地产税的奖励。

三是网格管理，以点带片。新加坡的绿色廊道建设遍布在道路、公路、铁路、海岸沿线的空地上，到目前已经建好的绿化廊道超过400公里。遍布在绿化廊道中的人行栈道，将公园和组屋区用绿色的缎带串联起来。人们可以自由地徜徉在绿影环

---

① 谢新松．新加坡建设“花园城市”的经验及启示 [J]. 东南亚研究，2009(01) :53-55.

绕的步道上，或是悠闲地骑车穿梭于组屋区之间，一路虫鸣鸟唱，人与自然和谐共处，形成了良好的城市生态。

四是精细管理，多方参与。为了更好地对园林绿化工作进行监管，新加坡对技术操作和养护工作设定了严格的标准。积极推广政府购买和服务外包制度，把种植、修剪、清洁等各类养护工作通过公开招标的方式交给外包商负责。为了促进园林绿化养护科技发展，政府还会要求承包商必须提高机械化作业比例，改进工作效率，从而提高经济效益。目前，新加坡接近90%的绿地养护采用政府购买的形式。新加坡政府不断提高园林绿化养护的科技水平，比如投入大量资金建立了先进的园林绿化管理系统，通过运用卫星定位等高科技手段，精确掌握每棵树的生长状况，一旦发现异常情况将能第一时间实施科学精准管理。

二、国内园林景观精细化管护先进经验

（一）徐州园林精细化管护方面的经验

近年来，徐州在改革园林绿化管理机制上率先探索园林精细化管护建设新模式，值得借鉴。

一是改进管理模式。徐州市委、市政府坚持科学发展观，深化体制改革创新，在云龙公园先行先试，推行“打开园门，让绿于民”工程，全面推进市场化管理模式。新的管理模式立足破除原有“以费养人”“内部消化”“以包代管”的种种弊端，以工作任务目标为导向，以科学规范的公开招标为保障，着力不断提升精细化管理水平。通过科学测算现有园内卫生保洁、安全保卫、园林管护、景观亮化等管理成本，合理确定管理定额，做到既为政府节约了财政经费，又确保养护投入与效果相统一。云龙公园试点的成功，成为全市园林、绿化、环卫等领域市场化改革的“催化剂”，大大促进了徐州园林绿化管理市场化改革步伐。

二是规范运行机制。注重规范公开招标工作程序，提高招标工作的公开、公正和透明度，确保实力优、信用好的专业养护公司脱颖而出。制定科学的考核标准，加强对中标公司的考核评价，实施考核结果与管理经费挂钩机制，并及时兑现。对进入园林维护、卫生保洁、安全保卫等企业的职工，实行与中标企业工作人员同工同酬、按考核兑现工资。这样就把事业单位的职工由过去的“公园管家”变成在企业领取劳动报酬的工作人员。推广实行“片长负责制”，每名竞聘上岗的片长对各自片区内的园林维护、卫生保洁、安全保卫等工作进行综合检查考评，履行第一管理人责任。通过强化考核，徐州园林绿化工作质效明显提升。

三是严格监督管理。徐州开创性地建立完善了“三道防线，齐抓共管”的考核

体系，考核结果等次决定划拨经费的多寡。各公园管理层为第一道防线，市公园绿地养管中心的专职监督为第二道防线，市园林绿化局效能办以及局领导随机抽查为第三道防线。坚持问题督办机制，发现问题当即派发工作督办单，逐级问责，跟踪整改成效，实现了从“以包代管”到“齐抓共管”的飞跃。

四是创新奖惩办法。全面实施“双线”考核；市相关部门和市园林局直接负责对处长和片长的考核，中标企业负责对进入园林维护、卫生保洁、安全保卫队伍的职工进行管理和考核。实行责任包干，建立“考核共同体”。如果某个片区全年有一次月考核成绩低于 80 分，该片区所有人员全年的评先资格都将被取消，并会受到一定的经济处罚；片区全年累计有三次或连续两次月考核成绩低于 80 分，片长及相关责任人将受到下岗或离岗培训处罚。通过创新考核方式，彻底改变了以前“干与不干一个样，干多干少一个样”的工作氛围。

（二）深圳园林精细化管护方面的经验

在千万级别的大都市中，深圳市的环境状况应该算是首屈一指的，这个年轻的城市几乎包揽了所有国内外城市环境治理方面的荣誉，有许多园林绿化建设方面的经验值得借鉴。

首先，生态优先，规划超前。在 20 世纪 80 年代，该市就确立了生态优先的原则。深圳在 2004 年对绿地系统规划进行了修订，提出建设 16 条城市大型绿廊和 8 处区域绿地，逐渐形成了“网状组团式”城市发展模式的雏形。2005 年“基本生态控制线”的概念首次前瞻性地在深圳提出，有一半的市区面积划在基本生态控制线内，整个城市的绿色生态保障由此确立。2011 年深圳出台了城市绿线管理办法，进一步把“生态优先”理念摆在了城市发展的新高度。在园林道路与管网建设方面建成了 2500 千米长的绿道，每平方千米拥有绿道超过 1 千米。

其次，确保园林绿化方面的精准投入。深圳在 20 世纪 90 年代就成为国家园林城市。2004 年，第五届中国国际园林花卉博览会在深圳召开。借此机会，深圳开展了 10 年大行动，这些行动大都以提升城市生态质量为核心内容。2005 年以来深圳加大了公园建设力度，逐步发展形成森林公园、综合公园、社区公园多层次的公园体系；到 2021 年深圳市的公园已接近 900 个，位于全国城市公园发展前列。

再次，积极创建节约型园林城市。深圳是最早对循环经济立法的国内城市，全面出台了覆盖交通出行、建筑施工、碳排放、水资源等领域可持续发展的制度规章，城市低碳发展的理念深入人心。多年来，风光互补照明系统和“月光化”生态照明在深圳的城市绿地中得到了广泛应用；建设了多个园林绿化废弃物处理厂，枯枝落叶等废弃物得到了更加充分的循环利用；100% 恢复利用了城市弃置地，仙桐体育公园、大沙河公园和凤凰山国家矿山公园等公园绿地都在原建筑垃圾填埋场和采石场上建成，既提升了城市生态环境，又节约了城市土地资源。在水资源可持续利用和饮水安全质量提升方面，深圳针对性提出了鹏城净水行动计划。经过不懈努力，特区内主要河流基本重回清澈、干净的新颜。

最后，深圳市还十分注重保护和恢复生物多样性。到2021年，经过多年大力建设，仙湖植物园取得了巨大成功，物种保育种类已达到8000多种。不仅如此，该园还组织人力编制《生物物种资源编目》《深圳市沿海湿地保护和恢复规划》，统一编号和建档了全市现存的1608株古树名木，利用GPS地理信息系统，对本市所有古树实现了精准化的动态管理。

第三节　园林景观精细化养护管理评价体系建构

一、园林景观精细化养护设计管理分析

（一）园林景观精细化养护设计管理的重要性

在进行园林景观精细化养护规划时，首先要做好前期的调查统计工作，掌握城市的自然环境条件、历史人文条件、园林景观精细化养护现状、临近街道的规划布局、市民意见等，进行分析论证，以明确园林景观的系统性总体规划的目标、指导思想、原则和总体布局。总体来看，园林景观精细化养护系统的构建需要总体布局，将生态效应、美学效应和实用价值有机统一，这就需要注重前期规划设计，尽量做到一次成景、长期保持。

（二）园林景观精细化养护设计原则

第一，由于园林景观精细化养护设计受地形、地物的限制，较一般道路设计有较大的局限性，所以应根据因地制宜、统筹安排、合理布局的原则，科学地规划市政公用基础设施与绿化植株的空间位置分配，做到既充分考虑植物生长所需要的空间条件，又不影响相邻地物的正常使用。第二，根据不同地域的气候、水文、地质特性等自然气候条件，按绿化植物的形态、习性、适应能力、养护条件等多方面因素，恰当地选择种类与品种，坚持适地适树的原则。第三，选择绿化植株时，应当充分考虑近、远期景观效果，保证在种植期与生长期均具有良好的景观效应。第四，园林景观精细化养护应充分考虑道路的通行能力、行车安全，将作为道路通行分隔

带的实用价值与生态价值、美学价值相协调。

(三) 园林景观精细化养护设计管理评价体系

1.园林景观的长近期规划

园林景观精细化养护是园林整体管理的关键一环，园林景观精细化养护最直接、最明显地体现了园林自身管理的特色。园林景观精细化养护设计时要考虑该园林的整体规划，并要考虑该园林的近期养护预期，采取的策略为要尽量做到少投入，避免造成人力、物力的浪费。而对于园林景观的长近期规划，主要指是否能一次成景，长期生长后是否能做到树大荫浓，近期、长期都形成一定的景观体系，且无须对园林景观精细化养护进行大型改动，保证景观效果的稳定性和持续性。

2.与地上地下其他公用设施的布局

园林景观精细化养护区别于公园绿化、林地绿化的就是：其与其他公用设施的交会多，容易形成相互之间争夺空间，特别是花池内往往布有各种管布、射灯等，以及部分街道空中架有电线，管理方面为多头管理，施工中容易造成相互之间的破坏，因而在规划过程中应展开精准的规划布局，规划内容不仅包括空间内容，还包括各布局细节。需要注意的是：在设计过程中园林规划师要有所取舍，在与其他公用设施交叉地带，可以有选择地进行修饰改动，不必拘泥于整齐划一；可以适当空出部分空间，便于展开公用设施的后期维护。

3.树种选择的适宜度

树种选择是园林景观精细化养护最重要的一环。十年树木，树木的生长是一个缓慢的过程，特别是在街道这种复杂地段，生长难度加大，选择时要尤其慎重。这就需要我们掌握几个基本原则：一是适地适树的原则。选择适应当地环境的树种，移植易成活、生长迅速而健壮的树种。二是以乡土树种为主的原则。乡土树种取之于本地，适应性极强，成本经济，便于管理。三是方便管理的原则。园林由于其复杂性，修剪、打药、浇水等日常管护工作难度较大，因而需要选择病虫害较少、耐修剪的树种。四是价值优先原则。园林景观精细化养护最主要的价值是生态价值，然后是经济价值和美学价值。树种的选择更多地要注重防尘、降噪、气体转换的功能，然后为经济价值和观赏价值以及相应的美学效应。

4.不同造景搭配，形成最佳美学效应

园林景观精细化养护不仅体现在对园林绿化的精准生态定位、对生态型园林景观的打造，还需从经济和美学等方面加以精细化管控。园林景观精细化养护会提升整个园林或相应社区的环境品质，也是给外来游客最直接的印象。[①] 特别是在树种选择性较多的今天，我们更需要朝着美的方向发展，更多地进行造景搭配、水体景观和植物景观的搭配、植物景观和园林小品的搭配等。而植物之间也相互搭配，比如常青树与落叶树的搭配，观花植物、观果植物与观叶植物的搭配，花灌木的搭配，打造精品园林，突出园林特色，让园林中三季有花，四季常青。

5. 结合不同古树名木进行精准养护

古树名木是不可再生的资源，百年以上树龄的树木，稀有、珍贵树木，具有历史价值或者重要纪念意义的树木，均属古树名木。对园林中的古树名木应实行统一管理，分别养护。在园林养护过程中，对不同的古树名木采取精细化的养护是必须考虑的问题。古树名木的种类很多，对它们进行养护时，一方面要根据个体的情况采取就地保护，如设置防护措施，延续其自然生长，并派专人进行定期检查、养护等；另一方面是采取合理的移植，即在选定合适位置后，移植到最适宜的园林区域进行精准保护。

6.养护难易程度应适宜，以免增加操作难度和管护成本

由于园林中人员较多，各种管线密布，因此对园林景观的精细化养护是很难的。设计时需充分考虑日后的养护管理工作。俗话说，绿地建设“三分在建，七分在管”，管理养护是一个长期的过程。树木的生长需要依靠人工浇水、施肥、修剪，再加上园林景观精细化养护小气候比较恶劣，病虫害发生概率大，且不易直接打药，更多宜采取根部注射的方式。因而，植物的配置相当关键。树种选择需要耐性强、病虫害较少的树种，减少边缘树种的任意引进，避免造成频繁更换品种、增加管护成本。

7.养护应与当地文化适当结合

一座城市都有其独特的历史文化与地域特色，园林景观精细化养护应与本地的文化加以紧密结合，这样才能确保园林景观对本地文化的传承，成为本区域文化的灵魂性标志，也是园林养护需要考虑的问题。园林景观精细化养护对文化底蕴的维护和发扬，不仅突出了本地文化的内涵，而且也丰富了园林景观精细化养护的功能价值。此外，当地文化的体现是园林景观精细化养护的高层次指标，园林景观精细化养护的核心内容不仅包括园林绿地品质的提升、生态环境的改善，还体现在文化内涵的挖掘、对当地文化的延续上。对这些策略的实施，一方面能保持园林景观的相对稳定，防止随意改动，增加景观的厚重感；另一方面还能增加文化设施，以景观绿化与园林小品的结合等，打造出富有本园特色的文化。[②]

---

① 龚春，罗宏炜.城市绿化的生态园林意识 [J].江西林业科技，2001(04)：44-45.

② 睢志强，王雅静，周蕴薇. 景观视觉模拟评价的研究进展及在城市园林景观中的应用 [J]. 农业科技与信息（现代园林），2008(06)：98-99.

二、园林景观精细化养护建设管理分析

（一）园林景观精细化养护建设基本步骤

园林景观精细化养护建设基本分为两步走：第一步进行进场前的准备工作——了解工程概况、进行现场勘察、编制施工组织设计、进行材料的准备；第二步进行苗木的栽植工作，主要进行施工现场障碍物的清理、地形堆筑、改良土壤环境、定点放线等。

1.施工现场勘察注意事项

现场施工勘察需要重点掌握地形、地貌及地上物的分布情况，确定是否保留及处理方式；对地下管线的分布状况进行查验，防止施工时遭到破坏；对原土本底进行调查，了解土壤类型、土层结构、土质分布，根据土壤情况及栽植苗木确定是否需要换土及回填土；查看交通状况，确保施工期间交通运输的通畅；摸清水源、电源及排水设施的情况。

2.苗木栽植要点

苗木栽植须严格按照标准进行，既保证成活率，也有利于景观效果的提升。在苗木栽植过程中，需重点把握土壤的改良，绿植的定点放线，槽穴的规格，苗木的吊装、运输，卸苗时的准备工作及保障措施，种植前苗木的修建等内容。

（二）建设管理评价体系

1.质量管理，对工序的把控

园林景观精细化养护建设施工有其特殊性，但施工流程与其他工程类似，质量是重要的指标体系。为保证工程质量，就需要对每一个环节进行监督：首先了解工程概况，对图纸进行审核；然后对施工现场进行勘察，具体了解地形地貌、管线埋藏物、交通、水源、电源、定点放线的依据等具体内容，编制施工的组织设计，进行施工材料的准备，优化施工流程，保证工序的合理进行。俗话说，人挪活，树挪死。绿化植株一旦种植，应尽量避免再次移植，前期准备工作一定要做到位，严格按图施工。第一，进行施工场地的清理工作，将地上地下的无关建筑及设施进行拆除。第二，进行地形的堆筑，平整场地，对施工场所进行复测，勾勒出地形轮廓，并进行标注，在此基础上使用机械进行土地平整。第三，进行植株的定点放线，确定行距、株距，保证整齐划一。第四，挖掘树坑，进行土壤的改良，保证树坑的面积；对施工灰土、板结土、矸石等进行清理，更换种植土，保证植株的生长空间，并对土壤进行消毒处理；施用肥料，提高土壤营养。第五，苗木种植时要注意调整

苗木的种植高度、朝向等，保证景观效果；对不合格苗木要打回，不要随意种植，以防增加后期养护管理的难度。第六，苗木栽植前后需进行必要的整形修剪，清除干枝、死枝、下垂枝、病害枝，并对树形进行造景，提升即时的景观效果；必要的修剪也有利于苗木的成活，减少植物的蒸腾作用，保持营养平衡。

2.施工过程中的精细化调整

施工是将规划现实化的过程，规划是总体性的方案，虽经过反复探讨论证，但在施工中遇到的问题只能在工程建设中解决。在施工过程中遇到问题，要及时形成处理意见进行汇报，随时进行调整，做到既降低成本，又保证质量，且符合规划的设计方案。施工中往往会出现与设计不符的地方，完全按照设计进行会导致成本无端加大，工期延长，这时就要发挥建设者的能动性，根据实际情况，进行方案的论证，提出精准化调整措施，尽快化解临时出现的问题。再比如，施工过程中严格按照施工方案进行，但工序不合理，也会影响工期的进度，这也需要进行合理的调整，避免反复，浪费人力、物力。施工过程中往往出现设备、资金、人员、供货材料、苗木等没有按照进度跟进，这就需要合理地调整任务，将资源利用到最大化，保质保量按期完工。

3.提升绿化植物的成活率

绿化施工不同于其他施工建设，绿化植株都是有生命的，成活率的保证是苗木验收的关键。初步验收时主要注重苗木的规格、质量，但苗木的成活率才是问题的关键。部分地区已采取以成活率为标准的验收方式，在种植一年确保成活后方可付款，从源头上解决苗木成活率的难题，避免给后面的养护管理造成影响。苗木成活率是衡量园林景观精细化养护景观建设最直观的一项指标。为保证成活率，苗木栽植的各个环节就要严格按照标准进行。对于前期的场地清理、地形堆筑、排水排盐、换种植土、树坑的深度与宽度等都必须形成一套标准，监督每一个环节的实施，打好基础才能利长远。前期准备工作不到位，后期很难保证苗木的成活率。再者，苗木的种植也需要全程监督，起苗、运输、卸苗、验收、栽植都有基本的操作规程。起苗时要把握时间，裸根苗木应注意根幅，带土球的苗木要注意土球的直径、厚度、形状，并做好起苗前的准备工作，对苗木进行标记，保证统一的规格，按要求进行起掘。带土球的苗木要注意挖掘时的形状，尽量呈倒锥形，便于吊运。苗木包装要保证整齐、牢固、不松散，土球要捆扎草绳，松紧适度，缠绕均匀。在运输过程中，首先要做到苗木即起即运，减少逗留时间，缩短苗木的在途时间，提前规划合理路线，并按照品种、规格、是否带土球合理装运，避免苗木之间互相碰撞损毁，必要时还需要进行防寒保暖。卸苗时，需根据苗木品种、规格、数量决定人工装卸还是吊车装卸；如有大型带土球苗木，需根据苗木重量选择合适的吊车吨数。在卸苗时主要保证土球的完整，树冠、枝条较少的损伤。苗木验收主要在于检查苗木的品种、规格、质量、数量是否严格按照合同的要求进行供货，冠幅、株高、胸径、地径是否达到标准，苗木是否有检疫证，是否有病虫害。苗木验收要填写验收单，对于不合规苗木要一律退回，避免盲目种植导致后期的更换、增加管护成本。苗木栽植要制定苗木栽植技术方案，提前准备各类材料，栽植前对苗木进行筛选，前后搭配合理。行道树要保持统一高度，树木挺拔，栽植深度要根据苗木种类选取适宜高度，不可太深或太浅，影响植物的正常生长。只要对每一个环节进行了认真把握，苗木的成活率自然会整体提高。

4.施工过程中的精细化管理

园林景观精细化养护施工过程中往往出现挖断管线、土质不适宜、苗木病害、苗木吊装安全等状况。这就需要制定精准的施工应急预案、苗木检疫制度等，在各类突发状况出现时，能得到高效的解决。比如，很多园林景观紧邻城市人口密集区，园林管理者应做好前期勘察工作，进行精准摸排，将管线布置调查清楚，将安装于不同时期的管道分辨清楚，然后才能防止在施工时挖断管线这种情况发生。不仅如此，园林维修施工方应建立应急处理机制和实施流程，这样才能在处理问题时得心应手，将损害降低到最小。又如，园林管理者应对新进苗木执行严格的检疫制度，保证苗木的安全性，但苗木病虫害依然可能发生。为应对苗木病虫害的集中暴发，要注重对土壤进行杀毒，净化苗木生长环境，隔断病虫害的滋生环境，并形成制度化的消毒方式，将病虫害消除在萌芽状态。

5.工程竣工后的质量预检和复检

预检更多的是自我检查，在工程的施工过程中要分阶段进行建设检查。园林景观精细化养护工程主要分为基础工程建设、苗木景观建设、园林设施建设三大部分。基础工程主要分为地形平整、排水排盐、回填种植土，苗木景观建设主要分为挖掘槽穴、苗木种植、种植前后的修剪、种植后的管理养护，园林设施建设主要指花池路沿石、防护网、浇水设施的安装等，每个阶段都需要进行自我检测，保证工程质量。复检工作是指工程验收合格后，在接下来的自然年度进行再次验收。鉴于绿化工程的特殊性，苗木需要一个生长季才能分辨苗木的长势情况；在此过程中需要进行养护管理，更换弱势苗木，进行修剪、打药、施肥、浇水等正常工作，保证在验收后能及时交接，由养护管理部门进行下一步的工作。[①]

① 詹燕，胡冠伟，易娟，等. 城市园林绿化养护存在的问题及对策 [J]. 现代农业科技，2012(17)：61-62.

三、园林景观精细化养护管理分析

（一）园林景观精细化养护管理的重要性

在园林景观精细化养护工作中，相比较设计管理和建设管理，养护管理的难度最大、投入最多且效果不明显。养护管理是日常工作。植物都是有生命的，年复一年，周而复始，把握住重要的时间节点，就抓住了养护管理的关键。养护管理是设计管理、建设管理的继续，俗话说“三分在建，七分在管”。绿化工程完工后，仅能保证当时的景观效果；如若养护管理不及时跟进，很容易出现整个绿化工程残破不堪，造成人力、物力的巨大浪费。

园林景观精细化养护又不同于风景林地、居住区绿化，园林景观精细化养护应注重及时性、安全性等，管理应高标准执行。可以说，园林景观的管理应始终把精细化养护摆在首要位置。无论各类文明城市的创建，还是综合环境整治工作的开展，总是把园林景观精细化养护当作重点工作来抓。黄土不漏天，花池整洁干净，行道树无空坑，树木描红刷白，都是最基本的工作，这就需要我们在平时的养护管理上下功夫，从容应对各类紧急任务。

（二）园林景观精细化养护管理评价体系

1. 制订年度精细化养护计划

园林景观养护工作周而复始。由于定植苗木少有变化，长期生长于此，每年的工作任务大致相同。许多工作对时效的要求很高，一旦错过往往只能来年完成，而且由于管理养护人员时常变化，为保证科学养护，必须制订一套年度性的精细化养护计划。全年养护计划主要涉及每月工作的重点，对日常管护工作进行科学而精准的指导，且根据遇到的新问题不断总结经验，每年进行完善。

2. 养护作业的规范化程度

日常养护工作是最基本的工作，走精细化之路就需要在细微处现精神，科学流程，规范作业。例如：园林景观精细化养护修剪，绿带要保持整齐划一，造景植物要保持形象生动、轮廓明显，既保证整齐度和观赏性，还要提高通透性，减少病虫害的发生。苗木补植时要保证土层的深度，肥力充足，对土壤进行消毒，苗木土球大小适宜，与原有品种规格基本一致。病虫害防治要做到早发现、早处理，重视综合防控、减少农药使用的原则，做到适时用药、交叉用药、综合用药，化学防治与物理防治相结合，生物防治稳步推进。安全管理是否到位？园林作业不安全因素较多，工作人员作业时需穿反光背心，戴安全帽、防护手套等，设置安全警示带、安全墩，高空作业时要按照高空作业标准进行，管理者还需要派出巡查人员，保证安全事故零发生。

3. 养护作业流程与计划的匹配度

精细化养护管理首先要实现的就是制度化管理模式，科学合理的计划需要制度来保证实施。全年养护计划、分月实施办法需要与日常管护中的整形修剪、浇水施肥、草坪修剪、苗木移植、病虫害防治等工作匹配，用制度来规范每一个操作流程，保质保量地完成计划中的各项管护工作。只有真正实现了把各项工作落到实处，才能在精细化的路上越走越宽。

4. 记录的全面性

记录工作是对日常管护工作的整理与总结。一方面，完善各类记录，形成苗木基本信息档案，对苗木的后期养护工作尤为重要。需全面掌握苗木的栽植时间、土壤情况、苗木来源、移植更换情况、年度养护情况等。另一方面，日常管护作业也需有完善的记录。记录浇水施肥情况、苗木修剪情况、病虫害防治情况、机械使用情况等，为来年的工作提供第一手的资料。记录完善后进行汇总，形成动态表格，就可以做到对每一株苗木建立个性档案。对特殊苗木、问题苗木制订专门的养护计划，实现精确定点、定位，提升整体的景观效果。

5. 突发状况的处理

园林景观精细化养护管护过程中时常会出现突发状况。由于园林人流较多，发生影响巨大，如病虫害的大量产生、极端天气对苗木的摧毁、交通事故的损坏、人为的破坏等。这就需要从两方面入手，一方面要加强监控、提前预防，如树木支撑、生物防控、加强巡查等手段，尽量避免突发状况的发生。二是要制定各类突发情况应急预案，对每类突发情况都形成专门的处理机制，形成一整套行之有效的处理办法，做到反应及时、处理适当、损害最小、恢复迅速。

6. 机械的使用与推广

由粗放式管理向精细化管理发展，提高效率，是必由之路。体制机制的完善是关键环节，但机械的大量使用与推广也是最基本、最直接的手段。园林景观精细化养护管护过程中常用绿篱机、油锯、打药机、草坪机、割灌机、高空车等，机械化率将反映一支专业管护队伍的能力。加大机械的投入，可以扩展每一名管护人员的管辖范围，特别是对于日益发展的今天，新建园林不断产生，涉及范围不断扩大。但园林管护经费投入并未提升，这就给当前的园林养护带来了更大的挑战。机械使用率需要不断提升，并引进先进的机械，不断提升工作效率。

7. 人员的配置情况

一切工作的起点是人，园林景观精细化养护管理也需要专业的团队。绿化工作更多的是实践性工作，可操作性强；现阶段绿化工作者年龄结构偏大、稳定性差、对专业知识认知性低。

但走精细化管理之路，就需要不断地调整人员结构，提升人员素质，增加技术手段的支撑；团队的配备就需要绿化工、植保员、监督员、安全员等各类人员相互配合，各负其责、各司其职；不断地调整人员结构，提升人员素质，保持团队的稳定性，提高工资福利待遇，走专业化、年轻化、人才可持续发展的管理之路。

8. 强化全社会爱绿护绿的精神

绿水青山就是金山银山。在建设美丽中国，践行五位一体建设的今天，护绿爱绿的宣传工作已然成为不可或缺的一环。园林景观养护时常会遭到人为的破坏，主要在于临街门店随意修剪遮挡树木，树池、花池内随意倾倒污水、垃圾，在树木上钉钉、缠绕、悬挂宣传广告等不文明行文。这就需要从精细化养护管理的宗旨出发，在加强宣传和监督的同时，还应通过立法等手段强化全社会对园林景观的爱护，做到人人爱绿、人人护绿。

第四节　提升园林景观精细化养护管理的对策

一、加快园林绿化管理机制建设

(一) 优化机构职能，科学划定政府职责边界

鉴于城市绿地、生态景观准公共产品的属性，政府理应成为园林绿化的生产者和组织者，通过专门的职能管理部门积极推动落实园林绿化管理要求。目前，我国的园林绿化主管部门过于侧重于微观管理，因此应把主要精力放在园林绿化规划的制定和实施上，放在园林绿化市场的引导、监管和推动行业建设上来。要由侧重于行政序列内管理，转向全社会对绿地、生态景观、树木的管理上。在管理方式上，要加快培育市场管理、质量控制、招投标管理、项目监理等行业中介组织或协会，着重发挥对园林绿化指导、协调、服务和监督的功能。进一步简政放权，梳理行政权力、改善办事流程，按照省、市推进“三单一网”工作部署要求，全力推进“三单一网”工作，对权责清单和权责清单流程图进行公示，切实做到“法无授权不可为、法定职责必须为”。

(二) 尽快完善园林绿化法规体系

目前，我国很多地方的园林绿化法规已初成体系。但随着社会的发展，这些规定、标准和要求已经有些落伍，应进一步加以修改和完善，以便为依法治理园林提供先导条件。在国务院颁发的《城市绿化条例》《城市绿线管理办法》的基础上，进一步结合各地实际制定修订实施意见，完善相关技术标准和规范。建立对园林绿化规划设计、施工以及养护管理的招标投标、质量监督制度，强化对园林企业的资质管理。在制定相关法律法规的时候要考虑园林绿化发展的方向，统筹合理平衡市场化和公益化的管理方式，提升立法的预见性，使其适合现代园林绿化发展的新要求，成为园林绿化建设与管理的有力保障和坚实后盾。同时，要采取有力措施，加大执法力度。加强对执法人员的培训教育，严格依法治绿，加大综合整治力度，切实维护法律严肃性。

(三) 构建园林绿化精细化管理模式

所谓园林绿化管理精细化，是根据城市大小、风格、历史人文特点，把管理的“标准化、精细化、信息化”要求融合运用到园林绿化建设中，形成现代的园林绿化管理方式。精细化管理的关键是运用 IT 信息管理平台进行数据分析、资源重整、精准作业，从而实现政府管理、市场竞争、公民参与的相互协作、有机结合。①

到 2021 年，我国很多地方的园林局已经着手打造“园林数字城管”三级平台，试图以科学化管理，全方位、全时程的监控方式对各单位的管护情况进行及时督促，如果发现就会立即加以整改。总体来看，我国已经初步建立了园林绿化精细化管理的模式，这对解决“重建轻管”问题有着极大的辅助作用。下一步，我国要进一步制定完善绿化管理的精细化战略和整体规划，明确绿化管理精细化标准，加强信息整合与资源共享，特别是要优化考核机制，强化对管护工作的精准考核。建立完善城市绿化信息网络和基础设施，积极运用 3S 技术［地理信息系统（GIS）、全球定位系统（GPS）、遥感（RS）三项关键性技术］、网格及网络计算技术等信息科技系统。逐步建成具备气象预警、视频监测、定点检查功能的绿化预警监测系统，构建城市绿化管理的安全防护、安全监控、安全响应及预警平台。

(四) 建立多元的投融资体系，提升市场化管理水平

园林绿化市场化管理是提高园林绿化管理绩效的必由之路，要进一步加大园林

---

① 陆小成 . 城市绿化精细化管理模式研究——以北京为例 [J]. 管理学刊 .2012(05) :25.

绿化管护等方面的招投标比例，积极引入城市经营和政府购买等市场化管理方式。一是应建立多渠道的资金筹集机制。针对公共服务供给不足、公共物品供给效率低下等问题，要充分发挥市场机制在园林绿化资源配置中的基础性作用。在当前经济面临下行压力、地方政府财政紧张的双重形势下，园林绿化仅靠政府财政投资“单引擎”，已经不能适应加快新型城镇化建设和生态文明建设的新要求。政府相关部门应积极探索通过特许经营、投资补助、政府购买服务、PPP 模式等多种方式吸引众多社会资本参与园林绿化建设，投资园林绿化等市政基础设施项目，从而有效缓解财政压力，改善城市生态环境，提升公共服务质效。二是提高服务外包管理水平。充分借鉴徐州园林绿化管理经验，全面推行市场化管理模式，在管理方式上逐步减少“内部消化”的现象，不断加大公开招标的应用比例。在政府购买管理上，摒弃以包代管撂挑子的粗放管理，注重从优化提升外包质效出发，不断提升科学管理能力。要进一步健全服务外包的微观运行机制，面对社会开展合同招标公开、公正，提高透明度，规范服务外包合同设计，确立服务价格与质量标准，实施有效的监督管理，建立科学的评估激励机制，对中标公司进行严格考核，注重考评结果运用，实行考核结果与管理经费挂钩机制，促进外包公司提供质价相符的服务。

(五) 改进政府绩效考核方法，完善激励约束机制

我国园林单位应实施双重监督考核评价机制。各地的园林绿化单位应做好以下两方面的工作：第一，要加强对区（县）园林部门的考核通报，将绿化覆盖率、人均公园绿地面积等重要绿化指标列为各级政府年度考核内容。在园林绿化管理中全面实行“考核管理制度”“争先创优制度”，逐步实现建设、管理、养护的三者分离，用管理考评的手段，实行责任到人、任务到位。将考核结果与养护经费挂钩，通过考核增强相关部门的责任感，促进园林绿化水平的提高。充分利用现有“数字城管”系统，加强对各单位管护情况的监督评价。第二，要着力加强对园林绿化行业的正面引导。此外，要开展园林绿化工程项目“回头看”。对于问题项目和问题园林企业要实施“黑名单”制度，在项目招投标的准入环节给予限制，从而达到扶优限劣，净化园林绿化市场的作用。

(六) 建立公众参与机制，加强监督管理

政府应建立适当的公众参与机制，让市民群众在决定涉及自身利益的园林生产上，如城市公园的建设时序，城市公园建设、管护资金的投入量，城市公园用地性质调整等，具有发言权、决定权。此外，园林主管部门、园林管理机构受托管理园林，其管护质量也应该由市民群众评价。市民不只共享园林绿化空间，也应该要有

参与管理的意识，形成人人参与、共同管理和维护公共园林的氛围。因此，有必要建立园林建设管理的公众参与和决策机制，让园林企业和市民通过一定途径直接对政府、园林主管部门、园林管理机构进行监督。一般而言，通过建立公众参与园林建设决策机制，可有效地防止政府的“掠夺之手”因商业目的占用、改变园林绿地的行为。园林管理质量可采用专家结合公众测评方式评价，并作为园林管理机构管理考核依据；对市、区人民代表大会及其常委会决定需由公众决定的事项，如重要园林的建设方案确定等，经公示后由市民投票决定。可建立园林管理质量公众测评方法及市人民代表大会及其常委会决定大型城市园林建设的制度。

二、立足本地特色，加强对园林绿化的统一规划管理

(一) 提升园林景观绿化规划的系统性和科学性

按照“规划先行”的原则，牢牢抓住本区域特色，积极推进城市绿色规划。项目中涉及树木移植和绿地改造时，园林绿化主管部门要严格按照绿地规划标准控制树木移植和侵占绿地行为；同时，在规划城区绿地时，主管部门应充分借鉴国内外城市先进规划经验，将本地文化融入绿化系统规划之中。抓紧编制适用本地的园林景观绿化方案，将“海绵城市”等控制目标纳入本地园林景观规划评价体系之中。通过规划引导让园林绿化建设变得更趋合理，从而提升本区域的发展水平和生态品位等。

(二) 合理配置植物，要兼具合理性、观赏性和经济性

在园林绿化建设上特点尚不明显，没有很好地结合地域生态特点。植物配置上主要是樟树、桂花、栾树等较为常见的树种，没有形成特色。在道路绿化中，灌木和地被配置较少，不能形成良好的生态结构。因此，要充分结合本地丰富的自然资源，围绕既有自然资源建设各类生态休闲公园。在城市绿化的植物配置上，应以乡土树种为主，按照生态学原理进行乔、灌、地被、草立体复合式搭配，形成具有本地特色的多层次的园林体系和风光，在突出生态功能的同时，还应展现出独具本地特色的园林景观。此外，还要考虑发挥植物在承载污染物、降噪方面的作用，如适当配置国槐、银杏、臭椿加强对硫的同化转移，在噪声较大的地方布置乔、灌、草形成覆盖层的“吸音走廊”等都是园林系统设计中应该考虑的。

(三) 不断丰富园林景观的多样性

园林绿化建设工程要坚持高起点规划、高标准设计、高质量建设、高效能管理，以“出精品、增亮点、上档次”为原则，全方位构建园林绿化体系，以点（节点）扩

散，以线（绿道）贯通，以面（广场和公园）辐射，铺设城市绿化平面网，形成独具特色的园林景观。要按照实现300米见绿、500米内有小游园的生态园林城市建设要求，积极推进具有绿色生态和运动健身等多方面功能的园林场所。推广建设园林绿化示范路、园林绿化示范广场、园林绿化示范公园、园林绿化示范绿地、园林绿化示范花卉大道等，并将其打造成为具有现代气息的绿化精品。

（四）推广生态节约型园林建设

走绿色、生态、节约的新型园林绿化建设之路已是大势所趋。在园林绿化建设过程中，园林规划方要充分领会生态节约型园林可持续、自维持、循环式、高效率、低成本的精髓，尊重生态园林建设的运作机理和建设规律，结合实际，逐步探索一条适合本地特色的生态节约型园林绿化发展道路。要兼顾生态效益和社会效益，把节约的理念贯穿于园林绿化建设整个环节。要充分发挥绿地功能，减少过于铺张浪费的景观设计。突出做好城市中心区绿地建设，要以节水、节能、节约资金为目标，以全面保护和利用现有自然区域为前提，灵活运用技术和艺术两个手段，大力开展节约型园林绿化建设。

第八章
园林景观养护市场化风险管控研究

第一节　园林景观养护市场化相关概念

一、市场化的含义

市场化主要包括以下七个方面的含义：第一，总的理念认同——相信市场的优越性。第二，市场价值的肯定——竞争、成本、顾客、收益等价值取向出现在公共部门（如园林管理）的运行之中。第三，市场纪律及市场激励的建立与作用发挥——市场中风险与收益并存，参与者必须遵守其运行规则，并独自承受优胜劣汰的竞争结果。第四，市场机制的引入——竞争、多样化、用脚投票等机制在公共部门中的使用。第五，市场技能的借鉴——借鉴私人企业的管理方法来改造公共部门。第六，市场主体的介入——让私营企业、非营利组织、志愿者参与到公共服务中来，如合同外包等。第七，市场资源的利用——以特许经营等方式借助市场资本（包括人力资本）提供公共服务。[①]

二、园林景观养护市场化的内涵及特征

（一）园林景观养护市场化的内涵

园林景观养护市场化的内涵主要包括以下几个方面。

1. 决策与执行分开

园林景观养护市场化背景下的政府职能被界定为“掌舵”而非“划桨”。就是说，政府更多的是行使“掌舵”决策职能，具体的“划桨”执行职能则由市场完成。具体表现为政府只对园林景观养护工程项目的数量和质量进行决策和监督，而园林景观养护工程的具体规划、实施等则由市场或社会力量完成。

---

① 李艳丽．社会事业产业化、市场化、社会化概念及关系辨析［J］．烟台大学学报（哲学社会科学版），2008（02）：55-60.

2. 以市场竞争打破政府垄断

市场化方案要求减少对园林景观养护工程领域准入的限制，通过打破政府垄断，实现多元化的园林景观养护工程供给。随着竞争机制的引入，非政府组织、私营企业、公共部门均加入园林景观养护工程提供者的行列，使得以往政府垄断园林景观养护工程的一元格局为市场化的多元格局所取代。

3. 市场检验和顾客导向

在园林景观养护工程多元化格局下，各提供主体为争夺市场展开激烈竞争，其结果是顾客导向和服务质量的提高。这源于园林景观养护工程承包方在多元供给者之间选择的权力和用以选择的资源。而在这种选择过程中，市场检验是主要的评判标准和衡量尺度。

4. 公共机制与市场机制的融合

在园林景观养护工程市场化方案中，政府是“掌舵者”，市场是“划桨”的，形式上虽表现为决策与执行的分开，但实际效果是建立起了以市场具体运作为依托，以政府宏观管理为维系的园林景观养护工程运行机制，从而实现了公共机制与市场机制在园林景观养护领域的有机结合。

（二）园林景观养护市场化的特征

从上述对园林景观养护市场化内涵的分析可以看出，作为一种园林景观养护工程供给新取向，园林景观养护市场化模式彻底改变了以往单一的政府供给模式，因而在内容、形式、运作、效果上都呈现出与政府垄断模式不同的特点，主要有以下几个方面。

1. 主体多元性

竞争机制的引入，打破了政府垄断园林景观养护领域的局面，各种非政府组织、私营企业和公共部门都有可能通过竞争而成为园林景观养护项目的提供者，因而在园林景观养护服务主体上呈现出由一元主体向多元主体发展的特点。

2. 形式多样性

作为对主体多元性的折射性反应，形式上的多样性表现在以往单一的政府供应形式被民营化、合同出租、公私合作、使用者付费、凭单制度等多种形式取代。

3. 服务竞争性

市场化方案下，市场竞争取代了垄断性服务，各提供主体为争夺园林景观养护项目的提供权都必须参与市场竞争，服务结果也要受到市场检验。竞标、市场评估、顾客满意度调查等方法都体现了服务上的竞争性。

4. 效果监督性

政府通过制定标准或依据合同规定等，对由私营部门和非政府组织提供的服务效果和质量进行监管，从而改善了以往政府无法对自身提供服务实施有效监督的状况，监督性将大大增强。

第二节　园林景观养护市场化项目的风险管理

一、风险管理目标

园林景观养护项目作业周期长，专业化程度较高，项目风险贯穿项目的各个阶段。经过四年多的绿化养护市场化实践和总结，园林景观养护市场化的项目风险主要发生在项目招投标和中标后进入合同管理的养护生产两个阶段。招投标阶段主要是预防没有真正养护实力的公司以低价中标的方式进入绿化养护市场，一来因为政府招投标是一个公开的市场采购行为，不可能对投标企业进行一一核实，甚至一些公司在材料、规则上钻空子，不惜代价承诺投标条件，不顾利润拉低价格，最终达到中标目的。这样的中标企业大部分没有自己的养护队伍和设备，中标的主要目的是将项目分包给其他公司，以不用参与实际养护工作赚取分包劳务费的方式混迹于项目市场。这样的行为对园林景观养护市场化初期的推行十分不利，主要是直接影响项目的养护质量和效果，同时无形中增加管理难度。二是项目进入中标后的养护生产阶段，中标企业的实际养护实力与投标承诺不符，在人员、材料及设备的配置及管理组织能力上达不到项目的要求，直接影响整个项目养护效果。同时，由以上因素引发的解除合同程序问题，解除流程与时间、重新招投标过渡期及流程等问题也会直接影响整个项目的养护生产。

园林景观养护市场化是现阶段园林景观养护法制的必然趋势。市绿化管理中心作为项目业主，应随着项目的推进，不断总结和建立园林景观养护市场化项目风险防范系统。根据园林景观养护的特点及实施环境，分析项目前期的调研立项、中期的招投标及后期的管养等阶段的风险因素，加强对每个风险因素的管理，采取有效的控制措施，最终确保项目的顺利实施。只有对整个园林景观养护市场化所有相关的阶段进行全面细致的分析，才能找到合理有效的控制手段，达到既能节约资金，又能保证园林景观养护质量的重要目标。

根据园林景观养护的项目特点及市场化发生的环境等相关方面影响因素对项目风险识别，从项目要实现的总目标出发，找到科学有效的管理办法对园林景观养护市场化项目涉及的风险进行有效控制，以最合理的管理和经济成本实现园林景观养护市场化改革的总目标。

二、风险管理模型及风险管理程序

（一）项目风险管理框架

园林景观养护市场化项目风险贯穿项目调研立项、招投标及管养验收考核等全阶段。根据该项目的特点，如周期长短、作业点的广度、专业化程度，并结合项目风险管理的相关理论和方法等，建构出园林景观养护市场化项目的风险管理框架。

1. 风险管理组织

园林景观养护项目单位应设立相应的园林景观工程养护管理中心，中心应拥有完备的风险管理组织机构，以满足养护项目市场化风险管控的需要。如果中心内的组织机构不完善，则应就其内设机构、人员构成及机制等进行必要的改革调整，以满足项目市场化进程的需要；只有尽快建立健全项目风险管理组织机构，才能确保园林景观养护市场化得以顺利进行。在推行园林景观养护市场化的进程中，参与项目的各个环节的主体，应积极转变管理理念，从合同管理角度出发，明确项目参与主体的职责和权限，成立项目风险管理组织和队伍，最终建立起完备的项目风险管理组织体系。

2. 进度风险

根据园林景观养护项目及市场化初期的特点，园林景观养护市场化项目的进度控制从项目招投标前提的立项就开始了，比如前期基础数据的收集报审立项是否顺畅，招投标文件的技术参数、评标办法及管理考核等细则是否更科学合理，中标后养护企业是否按投标承诺条件一一兑现，养护企业实力是否能达到园林景观项目养护标准和要求，等等。园林景观养护项目现阶段有一年的合同周期，除日常养护作业的要求外，管养的最基本目的是除保证园林景观能展现最好的景观效果外，更重要的是保持园林绿化植物及其他设施完好，能正常提供既定的园林公共服务，保持园林景观能正常使用。所以，园林景观养护项目也具有及时、高效的应急抢险处理能力。整个项目的初期准备阶段、合同条款的科学合理设置、奖惩制度的建立及养护公司的综合实力等都是该项目风险的主要考量环节。

3. 成本风险

园林景观养护市场化项目的中标金额是确定的，每年各地政府部门财政统筹的园林景观养护的部门预算也是基本确定的，具体养护作业的工作量也是基本确定的。养护企业和各级主管部门（如市绿化工程管理中心）如何通过科学合理地安排日常养护工作，如何优化配置调配人员、材料和设备，提高资金使用率，是成本控制的关键。养护作业期间的突发事件，合同期内市场变化带来的人、材、机等价格的波动等都是项目成本风险控制的内容。

4. 质量风险

在项目实施阶段，由于不少养护企业实际投入与投标承诺不符，导致人、材、机投入不足；在合同期间，项目材料不合格、管理跟不上、技术不全面等都会增加园林景观养护项目的质量风险。一旦存在项目质量风险，就会增加项目成本，直接影响项目养护效果。所以，为保证整个园林景观养护市场化项目的质量，项目的质量风险管理控制必须覆盖参与整个项目运作的项目业主、养护企业等不同单位或部门。

（二）园林景观养护市场化项目的风险管理程序

园林景观养护市场化项目风险贯穿整个项目开展阶段。由于实施运行阶段是一个动态变化的过程，项目风险是动态变化的，所以项目风险管理系统也是一个动态的和实时更新的过程。系统在运行过程中必须实行动态的监控与监测并实时更新数据，持续监控是系统有效运行的基本保障。假如系统不能持续进行监控并实时更新，系统运行的数据结果就可能会出现偏差。[①] 在这一个系统运行中，风险识别、风险评估、风险应对措施、风险监控等环节构成了项目风险管理的流程。

为了实现项目的总目标，根据园林景观养护市场化项目周期长、政府专项及应急抢险任务多的特点，需要全面、细致地对园林景观养护市场化项目进行风险识别、评估、应对和监控，从而保证项目顺利开展。

1. 风险识别

风险识别是项目风险管理的首要阶段，与项目风险管理的完成效果密切相关。在这一环节，主要是项目业主通过收集园林景观养护的数据和信息，建立清单，分析推测项目存在的各类风险事件和结果，并将其分类，最后确定风险清单。

2. 风险评估

根据园林景观养护项目的风险清单内容，运用多种风险评估办法预估风险发生的概率、损失幅度和其他因素。分析园林景观养护市场化项目在调研立项前期、招投标阶段、进入合同养护期、管理考核等各阶段的风险及相互间的影响，同时将项目的各主体风险承受能力侧重点作为依据，确定各种风险等级。

① 王恒久，巩艳芬. 领导决策的评价指标与模糊判断 [J]. 科学管理研究. 2000（02）：52-54.

3. 风险应对

根据园林景观养护市场化项目的风险识别和评估情况找到项目风险应对对策，制订风险应对的计划和措施。就是说，采取最优的策略和技术手段回避、转移、减轻项目风险的负面影响，减少项目过程各种风险潜在损失。

4. 风险监控

园林景观养护市场化项目的风险监控，先要对项目调研立项前期阶段、招投标阶段、进入合同养护期阶段、管理考核阶段等展开监控，然后才能更好地在风险识别阶段进行风险识别，梳理出既定清单上的风险和新出现的风险，最后才能在后续过程中不断加以完善，整理出良好的风险管理方案，并在过程中不断完善和调整风险管理方案。在这一个过程中，由于整个项目进展是动态的，风险监控也必须是动态的，具有实时性和连续性，以应对项目进展中不断变化的情况，及时调整完善应对措施。

对园林景观养护市场化项目进行风险识别，即是在项目风险管理组织人员对项目的信息数据等相关内容收集和分析研究的基础上，运用风险识别的办法对尚未发生的潜在风险中客观存在的各种风险进行系统归类和全面识别。同时，在整个项目养护后期都要贯穿这种监管识别做法。通过识别该项目引起风险的主要因素、风险的性质和风险可能引起的后果，最终找到最合理、损耗最低的应对措施。

三、项目的风险识别

（一）园林景观养护市场化项目风险识别内容

在园林景观养护市场化处于初级阶段时，项目业主应结合自身实际，展开项目风险识别和管控措施确认。具体思路为：第一，如果项目管理中心既有体制机制与项目部匹配，应及时展开相应配套的体制机制改革。具体调整策略为：项目管理中心应根据项目养护合同周期时间长短、项目点线关系、专业性等要素来加以确认，同时根据项目在调研立项前期、招投标阶段、进入合同养护期、管理考核等不同阶段所存在的不同项目风险来进行分类识别和确认；通过风险识别的办法，管理中心将获得较为全面、系统、科学项目主要的风险因素信息，并对每一项风险因素进行分类、记录和分析，找出其特征差异，进而确认该园林景观养护市场化项目的主要风险源。实际上，这类型园林景观养护项目的风险源大致有以下几种：市场尚未成熟，绿化养护定额得不到市财政认可，园林景观养护市场化相配套的管理办法和效果评价体系不健全，等等。第二，项目业主应从项目方案编制立项、招投标及管养验收等方面展开项目考核，确认项目风险类别和大小等。第三，项目业主应确立项目风险管控细目，如养护作业阶段的养护企业风险、技术风险等内容，并确立相应的风险管控措施和补救措施。需要注意的是，项目业主在展开园林景观养护市场化风险识别时应按照先排查后梳理、从小到大、从次要到主要的思路进行，要进行全面深入的风险分析，这样才能将项目中最主要的风险更好地识别出来。

（二）园林景观养护市场化项目的风险识别方法

园林景观养护市场化项目的具体工作内容是对园林景观植物进行灌溉、排涝、修剪、防治病虫、防灾、支撑、除草、中耕、施肥及保洁等技术措施。同时，对园林护栏、坐凳、垃圾箱、花箱、木桥等园林设施以及其他公共建筑等进行管理和养护。这类工作内容繁杂细碎，专业度较高，风险因素多，用单一性识别方法分析园林景观养护市场化项目风险效果不佳，应使用模糊评价法等多种风险识别的方法综合对其进行风险识别。在对该项目进行风险识别的时候，应先对园林景观养护项目市场化现阶段存在的问题加以梳理。

第一，对任何一个园林景观养护市场化项目而言，项目业主首先都要从时间和地点等因素来进行项目的背景梳理，项目开展的早晚所处的各种条件就不同。比如项目开展的时间较晚，那么其项目参考的案例就相对较多，有利于项目的开展。另外，项目所处的地域不同，其相应的风险因素、实施条件等就不同，其体制机制等也会有所差异，项目总体的潜在风险也会不尽相同。对项目业主或其他相关方来说，在对园林景观市场化项目进行识别时，可以从这些方面来展开识别，从而能较容易识别出一些重要风险，进而展开及时调整。

第二，项目业主或其他项目方可从项目合同时间（周期）展开梳理，进而确认因为园林景观养护市场化项目合同周期长（一年以上）、政府重要专项活动、不可抗拒的天气及道路交通事故等带来的应急抢险突击任务多，这类不可预测的风险将会增加识别成本。

第三，基于园林景观养护市场化项目在基础数据及原始资料上收集的数据和信息不全，通过这些数据信息调查分析出的方案和结论会与项目现场的信息发生偏差。

项目业主的绿化工程管理中心应通过对城市道路绿化基础数据现场普查及原始档案收集的数据、单位资深专业技术人员的咨询，结合行业经验及风险管理组织讨论分析，选择科学合理的风险识别办法，根据园林景观养护的工作特点，选用工作分解结构法、德尔菲方法、故障树分析等方法对项目进行分析，具体内容如下。

1. 工作分解结构法

工作分解结构法即是按照该方法一定的原则将园林景观养护市场化项目分解成若干个能清晰识别独立的小单位，研究其之间的相互作用和影响，识别存在的风险损失。用该方法识别园林景观养护市场化项目的风险，简单易行。

2. 德尔菲法

该方法是通过咨询项目相关的专家，根据各自领域专家的专业知识，识别和评估项目风险，最后综合所有专家意见，分析整理总结，最终得到大部分专家认可的结论的过程。园林景观养护市场化项目业主需要根据行业多年管养的经验和数据，通过项目不同阶段的风险源调查问卷和综合项目及相关行业资深专家级技术人员等提出的意见，最终整理出得到大部分专家认同的项目各阶段主要风险级别评价意见。

3. 故障树分析法

该分析法通过图表的方式将园林景观养护市场化项目每个阶段逐层展开，制作每个阶段的逻辑关系图，理顺各个风险之间的关系。运用该分析法可以勾勒出园林景观养护市场化项目的项目整体路径，这种方法在把握进度和了解项目风险点的梳理上一目了然。

4. 检查表法

该方法主要是将园林景观养护市场化项目相关的理念风险事件列表，制成图标，并分析总结。

四、项目的风险评估

园林景观养护市场化项目有着合同周期长、专业化程度较高、技术要求较为全面及养护作业范围点多、线长、面广的特点，项目风险评估会设计较多的风险种类。针对该项目的特点及现阶段运行的大环境背景及进一步识别出园林景观养护市场化项目中风险概率高且影响程度大的主要风险要素，本书将采用专项评价的方法对该项目的风险数量类型和发生概率情况进行评估。

园林景观养护市场化项目的风险评估工作主要是在项目实施的绿化养护工作及背景的基础上，确定影响项目实施的因素，把握整个运作过程中的不确定性和风险情况，从中找到风险威胁最小及切实可行的方案，进而实现项目目标。主要的目标是：第一，分析项目所有确定的风险情况，并对其进行评估和笔记，特别是评估风险模糊性及产生损失的可能性，找到风险发生的顺序。第二，理顺各风险之间的关系和联系。风险存在于项目的每个环节，风险之间也会存在某种关系，所以风险的产生通常不是单个风险的形式，更多的是一个风险的发生伴随着另一个风险的发生。第三，量化风险发生的时间、概率及程度，找到降低风险概率的办法。

以下是风险评估的主要环节：一是建立风险评价标准。项目在实际推进中，合同周期、成本等与项目推进的大背景存在较大关系，通过对项目各项指标进行定量分析，确定风险评价标准，不同的项目都应建立相应的评价标准。二是掌握项目总体的风险情况。根据对项目各风险之间的关系和相互作用及可以转化的因素进行确定后，即可对项目整体的风险情况进行确定。在项目评估过程中，要关注对项目产生较大损害的数量少的风险，这样才能对总体的风险情况进行最终确定。三是在风险评估后的项目总体风险情况下，对项目进行可行性分析。主要是将项目风险与风险标准一一进行对比，评价风险是否在项目主体承受范围内，进而确定项目是否继续。

五、项目的风险应对措施

项目在完成项目风险识别和评估后，项目主体依据风险识别和评估的最终情况做出风险应对的对策，制订风险应对的计划及措施，也是针对项目的风险采取项目损失情况及风险管理成本投入最小的工作方案。根据园林景观养护市场化的特点及实施背景，通过定量、定性及定量定性相结合的方法对项目进行评价。以项目原始资料和相关数据，通过项目方案、标准和相关环境因素，确定项目偏差因素，结合国内各大城市的经验，最终完成项目风险及风险预计损失情况的评价。

(一) 定量分析

主要是在数学方法基础上，通过研究社会现象的数量特征、数量关系和数量变化，对发展趋势进行分析、预测和解释。这种运用数学语言对项目风险进行分析处理的方法，理论上相对科学，但是必须保证不出现方向性错误。

(二) 定性分析

根据分析人员的经验和直觉，对分析对象的状况进行剖析，归纳总结分析对象的性质特点以及发展规律等方面的问题。该方法主要通过语言进行分析表达，是定量分析的基础和前提。

(三) 定量定性相结合分析

定性分析和定量分析是相互补充：定性分析是定量分析的前提，没有定性的定量是一种盲目的、毫无价值的定量。定量分析使得定性分析更加科学、准确，它可以促使定性分析得出广泛而深入的结论。所以，这种定性分析与定量分析相结合的方法获得的评价更为科学、合理。

六、项目的风险监控

(一) 风险监控的地位和意义

风险监控是指在决策主体的运行过程中，对风险的发展与变化情况进行全程监督，并根据需要进行应对策略的调整。[①] 就是说，在项目实施过程中，对已经识别出来的风险进行动态监控，因为风险是随着项目的推进呈动态变化的。同时，对由于环境的变化生成的潜在风险进行识别和跟踪，调整新的风险应对方案，确保风险损失最小化，从而保证风险管理完成既定目标。

(二) 风险监控的实施

园林景观养护市场化项目过程中的阶段和风险因素较多，为让项目顺利开展，并将风险降到最低，必须建立相配套的项目风险管理机制。从项目运作开始，全面、细致地做好项目可行性分析，从项目的调研立项、招投标及合同施工等环节，对项目风险进行预测，组建专门的风险处理人员，对项目各环节可能存在的风险进行及时预测。按风险应对措施做好风险应对和控制，如若在项目运行中出现偏离项目预案的情况，应及时启动风险预警，采取风险应对措施，保证项目如期正常推进。同时，应在应对过程中，强化风险管理意识和能力，规避风险的发生，保障项目顺利运营。

第三节　园林景观养护市场化项目风险管理案例分析

一、园林景观养护项目情况简述：以 W 市为例

随着我国进入全面深化改革与发展的新阶段，我国园林景观管养工作也自然走上了以市场经济为主导的经济模式，这样不仅有助于保证园林景观养护事业的可持续发展，也有助于达成园林景观养护管理工作和养护作业的分离，更好地建立起园林景观养护的市场管理体系。在这种背景下，W 市绿化管理中心开始启动和推进园林景观养护市场化运作改革项目的工作。其市场化总体工作思路为：以市财政安排专项资金为支撑，W 市绿化工程管理中心为项目业主，以政府采购公开招投标的形式从市场中选择符合条件的专业公司承担该市园林景观的养护工作。下面以 W 市 A

① 林枫，王欢，李宏 . 基于 SOA 架构的风险管理系统设计研究 [J]. 中国管理信息化，2014，17(05)：346.

园林景观养护项目来展开分析。

二、W市A园林景观项目的养护特点

(一) A园林景观养护项目具有强制性

首先，由于A园林景观养护项目在该市具有地标性质，所以该项目的养护具有强制性。其次，该地标园林景观还是W市承办重大活动的主要场所，因此其园林景观的养护等级及标准要求高，养护作业政治性强，要求的相应应急抢险处理能力也较强，这也是A园林景观养护项目具有强制性的重要因素。

(二) A园林景观项目养护专业性较强，作业内容复杂

A园林景观养护项目的主要作业内容有：第一，淋水；第二，树盘修整、松土勾边；第三，施肥——植物施肥；第四，植物的修剪和补种；第五，松土除杂；第六，植物病虫害防治；第七，植物防护，公用设施维修；第八，园林景观内的日常清理工作；第九，应急抢险及专项工作。这些园林景观养护工作的日常养护成本较高，养护范围点多、线长、面广，要求养护作业的管理人员及养护工人熟练掌握养护专业技术，并熟练处理道路现场情况及处理要求，综合能力要求较高。对项目业主来说，不仅需要应对养护人员的专业技术水平和管理能力，做好养护市场化的监管和指导，还要从行业技术角度出发不断探索和创新园林景观的新技术，做好园林景观的养护工作，满足人民群众对A园林景观的生态环境等需求。

(三) 园林景观养护“重建设、轻养护”的思想严重

园林景观养护作为W市市政公用事业的一部分，园林景观养护在市场化之前的管养经费仅为一千多万元，与市政道路养护、路桥设施维护及城市照片等公用事业相比，市场规模较小，更不用与动不动上亿的工程建设项目相比。由于整体市场规模小，市面上大多数的园林绿化公司基本只承接园林绿化工程建设项目，导致园林景观养护的市场基本没有，园林绿化公司的积极性不高，参与度低。同时，国内针对园林景观养护的技术规范陈旧、模糊，各地区根据当地的养护特点和以往养护工作的经验和预算制定符合本地的养护规范、定额预算等，养护定额、成本及经费缺乏较严格的核算标准。目前，W市园林景观养护方面仅有定额标准，且现阶段也未能被市财政部门接受，市财政用于园林景观养护的费用无法完全匹配。这也是目前W市园林景观建设管理重建设、轻养护的一部分后果，也是园林景观养护经费缺口大的重要原因。

三、园林景观养护市场化项目的风险管理

（一）园林景观养护市场化项目风险识别

W 市园林景观养护市场化项目养护周期长，涉及专业技术多，政治性强，风险因素类别多，且来源广泛。为实现 W 市 A 园林景观养护的要求，在市场化运作的过程中，必须加强风险管理。首先是对 A 园林景观项目进行风险识别。作为项目风险管理的第一步，它是决定整个项目风险管理的关键。也就是说，根据 W 市 A 园林景观项目养护等级、要求及特点，筛选项目风险源、分析识别出主要的风险因素，通过风险评估后最终制定相应的应对和监控方案。具体从该标段的养护特点、实施背景及以往经验，采用工作分解法（WBS）对标段的项目风险进行识别，寻找风险监控点。

表 8–1　项目养护工作分解结构及风险识别监控表

分解工作任务	每个工作阶段的风险识别监控点
1. 调研立项阶段	
1.1 项目前期调研报告	项目推行的可行性分析不全面，园林景观项目原始数据不全，收集困难
1.2 项目立项、资金计划	项目立项符合规定，编制项目上限价，落实资金
1.3 项目参与人员机构	项目管理团队的市场化管理经验不足
2. 项目实施备案阶段	
2.1 项目方案的编制与制定	符合各规范要求，突出项目特点
2.2 招投标文件的编制	按招投标规范及项目特点要求编写
2.3 项目进入招投标审批阶段	审批规定和要求
2.4 项目招投标代理公司的选定	代理机构诚心、可靠
3 项目实施阶段	
3.1 通过公开招投标选定养护企业	文件内容齐全，合同条款清晰，评标合理
3.2 合同签订	合同完整、严谨，没有疏漏
3.3 施工管理	自检，过程控制，记录资料齐全
3.4 项目管理考核	管理办法严谨细致，管理到位
3.5 项目专项作业	专项完成良好
3.6 项目经费核拨	工程款到位，按月及时拨付工程款

结合 W 市园林景观养护的特点，市绿化工程管理中心的项目小组组织专家及相关管理队伍针对项目过程中的风险因素和风险源进行开会讨论、分析研究，具体项目风险分析表如下：

表 8–2　项目风险分析表

项目风险阶段	项目风险类别	项目风险因素分析	
项目调研立项阶段	政治、经济及法规风险	1	政府活动及要求
		2	财政投入不足
		3	政策法规及行业标准不完善
项目实施阶段	环境风险 人员风险	4	不可抗逆的自然灾害带来的应急抢险工作
		5	缺乏管理经验、多头管理及人员不足等
		6	代理公司不能按时按量提供成果文件
		7	管理部门的变换、检查不力
		8	养护企业能力有限
	合同风险	9	合条款遗漏、签到不完善
	环境风险	10	施工环境天气恶劣、持续暴雨
		11	交通堵塞、无法及时处理案件
	技术风险	12	养护技术水平不高、养护方案不完善
		13	养护专业技术、作业人员不足
		14	没有配备承诺的人、材料和机械
		15	安全管理和措施不当
		16	养护工作滞后
		17	标段道路配置不合理、错漏及漏项
	组织风险	18	原方案部分与其他部分理解存在差异
	费用风险	19	预算发生错误，超出概算
		20	物价上涨、专项工作多
		21	养护企业低价中标
	其他风险	22	居民认识不足，干扰
		23	社会关注度、市民投诉
		24	数字城管案件过多
项目考核验收阶段	技术风险	25	总体养护效果未达到质量要求
		26	资料不规范、不全面
		27	施工缺陷无法修复
		28	养护企业技术水平达不到要求
		29	经济效益达不到预期
	管理风险	30	企业人员结构不完整、能力不足
		31	主要管理人员认识不足，管理不当

（二）W 市园林景观养护市场化项目风险评估

W 市 A 园林景观养护项目除了完成项目基本的养护工作外，还要考虑道路的基本功能：交通安全及公共空间及城市防火救灾功能，即考虑养护作业的社会影响。A 园林景观项目是 W 市重大活动的主要举办区域，该标段养护作业的社会影响较大，无法采用数学语言的定量分析法进行评价。现阶段，园林景观养护市场化的风险管理资料基本没有。结合上述绿化养护项目风险分析表总结的情况，目前暂时采用主观、经验性的综合评分法进行评价。经分析对比，该项目采用定量定性相结合的模糊综合评价法较为合适，具体评价如下：

1. 确定园林景观养护市场化项目风险评价集

运用定量分析的方式对 W 市 A 园林景观养护市场化项目风险进行各阶段分析评价，可采用李克特五级量表，将风险分为五个等级：高风险、较高风险、一般风险、较低风险、低风险（具体如表 8-3 所示）。

表 8–3　园林景观养护市场化项目风险评价表

级号	风险等级	风险概率评分
1	高风险	9-10
2	较高风险	7-8
3	一般风险	4-6
4	较低风险	2-3
5	低风险	1

2. 主观评分法评估

园林景观养护项目属于推行市场化改革阶段，属于探索稳步推进时期，该项目的最终目标是在市财政明确提供养护经费的情况下，完成 A 园林景观项目养护任务，保持园林景观效果。项目可以接受的风险水平较高。根据项目风险小组的讨论评测，该项目可接受 60% 的基准风险。通过市绿化管理中心养护管理科组织邀请的绿化养护资深专家、专业技术人员、财政局评审中心、招投标、养护企业等十名专家，对园林景观养护市场化项目的每一个阶段的每一个风险因素进行风险主管评分。

通过比较研究，该项目通过项目风险识别、评估后，可以比较清晰地了解项目整个阶段的风险因素及风险程度，并通过测算分值得到该项目的总体风险不高的结果。

（三）W 市园林景观养护市场化项目风险应对措施和监控

园林景观养护市场化项目已运行五年，虽取得一定的成绩，但总体还处于践行探索阶段。总之，从以上的项目风险分析评价来看，存在的风险与现阶段的运行状况吻合。W 市绿化工程管理中心作为项目业主，本身也处于体制机构改革阶段，“管养分离”的改革思路将不断推进园林景观养护市场化的进程。在项目决策立项阶段，项目的最主要风险源是政治风险，熟悉了解 W 市相关政策法规将直接影响该项目的可行性。为保证项目的顺利开展和完成园林景观养护的总目标，在此阶段应注意防范项目运行过程中的政治风险，为项目下一个阶段打下良好基础。

1. 完善园林景观养护市场定额编制等基础工作

W 市园林景观养护的市场化改革处于初级阶段，尽管市场化道路已完成 85% 的份额，但是还有四分之一的道路处于管养合一的管理模式下，整体的园林景观养护模式还未能完全改革，属于市场化运作和事业单位管养的双轨制管理模式。尽管园林景观养护市场化的份额已经占了该市园林景观养护的大部分，但目前 W 市的园林景观养护费用还没有被市财政认可。包括原道路养护经费，市财政也是一直沿用以往的市财政城维费投入作为核算依据，即一直按单位编制拨给，仅每年按单位工作经费增长 5%，而不是按实际增长的管理绿化面积核定养护经费，导致养护经费投入不能与养护任务保持同比增长。如果长期没有市财政认可的养护定额作为养护经费的核算标准，不能保证养护经费的稳定投入，将会直接影响园林景观养护市场化的进程。

2. 培育园林景观养护市场

W 市园林景观养护市场化还处于初级阶段，在刚开始推行市场化的时候，项目本身市场规模小。目前，绿化养护企业大多是园林施工企业，还有少数是挂靠的施工队伍进行绿化养护，市面上真正具有一定管理水平和技术水平的绿化养护企业不多。[①] 同时，因园林景观养护项目的特点，前期设备投入较大，合同期长，园林绿化工程施工企业往往缺乏长期管理的经验和理念，园林景观养护绿化效果和质量难以保证。因此，在园林景观养护市场化的初期，往往招不到理想的园林景观养护企业，很大程度上影响了园林景观养护市场化的进程。社会上的企业，追求的是经济效益最大化，与城市绿地必须兼顾统筹社会效益和环境效益的基本原则难以形成良好契合点。

通过今年社会化招投标确定绿化工程施工企业的运作，培养了大量的绿化施工和养护队伍。但是一些中小城市，大部分个体或集体的绿化施工和养护队伍还处在缺乏技术人员和园林机械的创业阶段，并且国有的养护单位还保留在吃皇粮的机制中，相互之间没有形成有效的监督，没有形成一个可进行有质量的投标竞争的基础队伍。[②] 因此，培育园林景观养护市场，提高养护企业的竞争力是推行园林景观养

① 潘建秋. 城市绿化养护市场化运作的探析 [J]. 经济师，2017(05)：59-60.
② 陆广潮. 城市公共绿地养护推行市场化管理的探讨 [J]. 广东园林，2007(03)：65-66.

护市场化和良性运营的基础。

2. 项目准备阶段

在这个阶段，主要的风险是在项目运作的方案报批、招投标文件及合同文件的编制上面，因此项目业主需好好把控项目重要环节的风险。

(1) 项目业主希望找到更好的市场化方案运作企业

A 园林景观养护项目有自身的项目特点，项目业主在市场化方案运作中，由于市场还不成熟，没有招投标代理机构做过类似项目的方案编制和招投标文件参考，同时规避在项目方案、招投标文件及合同文件过程中的质量风险和能选择真正综合能力强的养护企业承担该项目。市绿化工程管理中心组织中心资深的养护专业技术人员和专家成立项目前期小组，根据招投标文件的规范要求及专业经验背景，一一对方案和招标文件中的技术参数、评标办法及管理考核制度等条款进行反复讨论和修改，并主动与市财政局、招标中心等多部门对项目上控价及招标方案的合法性及合理性等多次开会沟通，反复优化 A 园林景观项目养护市场化方案。

(2) 加强合同风险管理，完善养护管理机制

市场经济下绿化行政管理和具体管养是分开进行的，对承包企业的技术指导和监督，以及后期的审核工作，是园林部门的主要工作任务。[①] 合同条款是界定双方的权利和义务的法律依据；合同管理主要是指项目管理人员根据合同进行工程项目的监督和管理，是法学、经济学理论和管理科学在组织实施合同中的具体运用。W 市绿化工程管理中心作为项目管理的主体，必须了解和掌握运行该项目遇到的各种风险，从风险评估和管理的角度考虑，制定合同的每一条条款。项目业主在市场化方案编制的时候，就要通过详细的园林景观养护的普查数据，认真细致地加以核算，这样才能较为准确地计算出园林景观养护经费，并通过这个过程制定出相关措施以更好地回避项目经济风险。由于 W 市绿化工程管理中心是首次对园林景观养护项目进行市场化运作，虽然有国内发达城市的一些相关资料参考，但是因 W 市的地域性、机构体制及市场也不一样，并无规范性的园林景观养护的合同范本参考。现阶段项目业主需根据项目特点和风险，在合同范本的固定格式及内容上，编制出适合 W 市园林景观养护市场化的合同范本，如招投标园林景观养护标段的具体养护人员、技术人员与工人的配比、机械型号与数量及相关园林景观养护业绩加分等。通过一些具体细致的条款合理筛掉一些想通过“围标”“挂靠”的方式进入园林景观养护市场的养护企业。因此，加强合同管理机制，不仅可以有效提高园林景观养护效率，还可以避免项目业主在项目运作过程中的风险。

① 赵文宁. 云南城市园林建设绿化管养专业化和市场化探索 [J]. 市政建设，2015 (04)：98-99.

3. 施工阶段

(1) 建立科学有效的园林景观养护效果评价体系

主要是针对 W 市 A 园林景观养护的项目特点、园林景观养护市场的现状及一些相关文件要求制定市场化配套的管理体系、养护效果评价体系及技术操作规范标准等。业务主管部门在园林绿化养护管理市场化运作的过程中应广泛调研、论证，加速制定相应的园林绿化养护技术规程、养护操作规程、检查验收质量标准、检查验收办法、园林绿化养护工作考核评价办法及园林绿化养护招投标管理办法等技术体系和标准要求，对承包企业管养工作的方法、措施、效果等各方面给出科学合理的评价，不断完善养护管理检查验收和对承包企业的评价系统，以实现养护管理市场化运作的科学化、规范化和法制化。[①] 经过四年多的园林景观养护市场化的实践与摸索，作为项目业主的市绿化工程管理中心通过每一次招投标及在对每一个养护企业的监督管理中不断吸取经验教训，并将这些经验教训融入管理办法、评分细则等合同内容里，通过不断修订这些条款将园林景观养护的要求量化、程序化、规范化。

(2) 积极引导和培育园林景观养护市场

为保证园林景观养护市场可持续发展，在现阶段的市场情况下，还要积极引导和培育养护企业。由于项目市场规模小，养护周期长及前期投入大等特点，养护企业往往在刚进场的时候，为了节约成本，会聘请一些没有绿化养护经验和技术的人员。这些工人工资待遇低，人员流动大，造成绿化养护队伍很不稳定的情况。为了让养护企业更快投入养护管理中，减小因养护人员风险带来的项目风险，市绿化工程管理中心在监管工作之外，还制定一系列园林景观养护的修剪、整形、病虫害防治、应急抢险等专业技术培训方案，提高养护企业的养护技术及管理水平，积极引导和培育园林景观养护队伍和市场。同时，还在合同条款中设定一些奖惩条款，激发养护企业形成良性竞争。例如：在全年考核中有一次优秀评分，养护企业可提出续签同一标段合同，不需要重新进行招投标；在全年考核中连续两次不合格，项目业主可提出解除合同。

(3) 组建专业的管理团队

具有丰富的园林景观养护实践经验、良好的职业操守及过硬的专业技术知识储备的管理队伍是园林景观养护市场化管理成果的关键，只有抓住这个关键，才能有效控制项目技术、质量和人员等风险。市绿化工程管理中心组建优化在园林景观养护方面有着多年工作经验，熟悉了解园林景观养护作业的技术管理人员结构，组成专业的项目风险管理团队，从项目前期的方案、招投标文件、管理考核办法及评分细则等方面进行培训，加强管理人员巡查及监管的工作。为配合项目参与方的合同

① 赵淑琴. 兰州市园林绿化养护管理市场化运作存在的问题与对策 [J]. 河南农业，2018 (04)：51-52.

管理模式，市绿化工程管理中心还在单位内部制定相应的《园林景观工程社会化养护管理办法》，试图从奖惩机制上去激励和调动单位职工的积极性、创新性和提高管理水平，强化项目管理团队合同管理理念，严格按照合同管理的方式对养护企业进行监督。

(4) 加强园林景观巡查，充分发挥监管职能

业务主管部门应充分认识养护管理市场化运作中监督管理的重要性，从思想上高度重视，进一步加强对承包企业日常养护管理工作的技术指导和监督检查。① 为保证督查工作到位，可依据标段范围及人员结构对技术管理人员进行责任分区及目标管理，要求管理人员细化每天巡查内容及记录巡查情况，并结合日常考核、月考核、半年考核及年度考核的管理考核办法进行量化。同时，可尝试引入社会监督评价机制，由第三方专业的监督队伍对项目运行的质量风险进行监控。

4. 验收考核阶段

园林景观养护市场化主要是通过日检查、月评分及半年全年的养护效果评定的方式验收考核养护企业的养护工作，养护经费是按月评分评定等级的方式按月核拨经费；对于未列入合同内的专项工作，按专项工作流程完成工作、验收和核拨经费。项目业主要做好专项工作的安排、把关、监督、后期验收及资金拨付的工作。

四、园林景观养护市场化项目风险管理效果

到 2021 年，A 园林景观养护项目的市场化已推行多年。虽然该项目在每个阶段的风险管理上都存在一些问题，但通过对项目前期调研立项到项目验收阶段的全方位细致的反复讨论、调整及最终顺利开展，从项目风险管理角度上也基本顺利完成了项目的风险监控，实现了项目预期的管理目标。

第一，完成了园林景观养护市场化任务，特别是在 W 市重大活动期间，基本保证了园林景观养护后的景观效果，受到政府和社会各界的好评。

第二，通过园林景观养护市场化项目的运作，建立起适应新形势下高效、开放及竞争的园林景观养护管理模式，利用社会资源，实现“事企分开、管养分离、科学管理、养护提质”的改革目标。

第三，在项目实施过程中，项目的成本、质量、技术等都得到了有效控制，提高了政府资金的使用效率，取得了良好的经济和社会效益，并为园林景观养护市场化工作积累了宝贵的经验。

---

① 力浩荣. 刍议园林绿化养护管理市场化运作问题 [J]. 甘肃农业，2018(10)：27-28.

结束语

本书对园林景观规划设计与养护的研究结论主要是以下几个方面：

首先，园林景观规划设计在园林建设中有着至关重要的作用。为了使我国的园林建设得到更好发展，我国园林规划者和研究者应加强对园林规划设计理论的研究，并以“理论与实践相结合”的指导思想积极展开园林规划、设计、建造与养护。在实际的园林景观规划设计与养护过程中，园林规划设计者不仅应遵循以人为本、安全性、艺术性等原则，而且应处理好园林景观规划设计与园林景观养护这两者间的关系，如此才能让园林景观从开始的规划设计到后来的养护都处于较为顺利的发展状态。

其次，园林景观规划设计中最为典型的要数水体景观、植物景观、公共设施设计这三个方面。以水体景观、植物景观为例，无论是水体景观的规划设计还是养护，都需要从不同园林的水体景观的内容来展开具体的规划、设计，并在后期的养护过程中将最初设定的水体景观内容加以切实维护，这样才能让园林中的水体景观处于较好的状态。园林中公共设施的规划与设计则需要遵循安全性、功能性和人性化等原则，并要结合不同园林的自然环境等要素展开具体的规划，因而最终呈现出较为典型的造型、构图与文化上的差异。

再次，无论是从我国园林建设的自然环境等条件出发，还是从我国当前的发展阶段来看，低成本园林都是我国发展园林的不二选择，因此我们应加大这方面的研究力度。低成本园林的规划设计要从既有资源出发，然后在工程建造、维护等环节中展开细致的规划与设计，力求以最佳的建造策略来落实造园过程。而且，低成本园林与精细化管护并不是矛盾的，相反，后者也是低成本园林的核心标准。为了让精准化管护真正落地，园林管理者应做好园林景观精细化养护管理的评价；只有从评价上就做到精准，才能让园林景观的规划、设计与养护工作得到良好开展，对任何类型的园林景观来说都是如此。

最后，作为社会主义市场经济运行中的重要组成部分，园林景观行业在发展中必然面对各种各样的风险。对这些发展中的各类风险，政府必须以政策引导和市场博弈的手段来加以解决，只有如此，才能使该产业的发展处于健康状态。

由于时间等因素所限，本书研究的内容还有很多需要加以完善的地方，希望笔者能在今后的学术生涯中进一步加以拓展和修正。

参考文献

[1] 石会娟 . 城市规划与园林景观 [M]. 长春：吉林科学技术出版社，2020.

[2] 周燕 . 城市滨水景观规划设计 [M]. 武汉：华中科技大学出版社，2020.

[3] 陈霞 . 园林景观规划与设计 [M]. 长春：吉林科学技术出版社，2020.

[4] 王建梅 . 园林景观规划与设计 [M]. 长春：吉林科学技术出版社，2020.

[5] 张鹏伟 . 园林景观规划设计 [M]. 长春：吉林科学技术出版社，2020.

[6] 骆中钊，等 . 城镇园林景观 [M]. 北京：中国林业出版社，2020.

[7] 郭珊珊，李鼎 . 风景园林中植物规划设计探究 [J]. 山西农经，2020（17）：89-90.

[8] 蒲睿 . 园林规划设计及苗木栽培质量问题分析 [J]. 现代园艺，2020，43（16）：139-140.

[9] 索申文 . 风景园林中植物景观规划设计方法 [J]. 中国科技信息，2020（10）：57-58.

[10] 朱蕊蕊，陈菲，等 . 新工科背景下建筑类院校风景园林专业植物课程教学体系构建与实践创新 [J]. 城市建筑，2020，17(04)：84-89.

[11] 陈进文 . 城市生态绿道在园林景观规划中的运用 [J]. 建筑技术开发，2020，47(01)：13-14.

[12] 黄洁 . 生态园林式城市绿化设计与应用 [J]. 现代园艺，2020，43(18)：140-141.

[13] 杨皓然 . 园林绿化景观设计及养护管理分析 [J]. 现代园艺，2020，43（11）：202-203.

[14] 刘培根 . 加强园林绿化施工管理的措施探讨 [J]. 科技创新与应用，2020（22）：183-184.

[15] 郭荣 . 探究如何对现代园林景观设计进行创新 [J]. 现代物业（中旬刊），2020(05)：168-169.

[16] 赵昌恒，伍全根，马涛 . 世界技能大赛园艺项目对应用型本科院校园林专业课程改革的启示——以黄山学院为例 [J]. 山东农业工程学院学报，2020，37(09)：170-175.

[17] 钟珂 . 能源节约型园林建设策略分析 [J]. 建筑技术开发，2020，47（17）：138-139.

[18] 梁涛 . 海绵城市理论在风景园林规划中的应用 [J]. 现代园艺，2020（02）：135-136.

[19] 魏绪英，蔡军火 . 江西财经大学景观设计专业课程教学改革探讨 [J]. 黑龙江农业科学，2020(08)：102-106.

[20] 王国东，吴艳华，等 . 本科层次职业教育园林景观工程专业设置探讨 [J]. 辽宁农业职业技术学院学报，2020，22(03)：26-30.

[21] 李洁云 . 疫情下对社区未来绿化景观发展的思考 [J]. 现代园艺，2020，43（14）：147-149.

[22] 孟猛 . 试析园林绿化养护精细化管理对园林景观的影响 [J]. 现代园艺，2020，43(12)：191-192.

[23] 王小玲，张德娟 . 污水处理厂植物景观规划设计——以河北省三河市城区污水处理厂为例 [J]. 城市住宅，2020，27(03)：100-104.

[24] 周奕辰，邓青 . 低运维可持续的城市公园景观研究 [J]. 居舍，2020（32）：123-124.

[25] 赵健 . 关于现代城市园林景观设计现状及发展趋势思考 [J]. 居舍，2020（01）：117+151.

[26] 汪本勤，王家祥，等 . 六安城市园林绿化建管水平提升对策研究 [J]. 皖西学院学报，2021，37(01)：17-21.

[27] 温莉花 . 市政园林景观工程施工项目管理的基本方法与策略 [J]. 中华建设，2021(07)：58-59.

[28] 孙冬 . 景观园林绿化施工设计及养护技术要点探究 [J]. 南方农业，2021，12(03)：109-110.

[29] 尹薇 . 垂直绿化在美丽乡村景观设计中的应用 [J]. 乡村科技，2021，44（01）：175-177.

[30] 陈娟，曾昭君 . 秘密花园：基于综合能力培养的风景园林专业实践教学探讨 [J]. 现代园艺，2021，44(01)：175-177.

[31] 刘天雄，陈辉华，谭娟 . 西北干旱地区城市河道景观工程建设管理绩效评估 [J]. 中国给水排水，2021，37(02)：31-36.

[32] 孙国瑜，王佳慧，等 . 城市栖息地营建导向的城市公园改造实践——以 2019 北京世界园艺博览会自然生态展示区景观工程为例 [J]. 中国园林，2021，37(07)：139-144.

[33] 徐晓艳，李文彬，王兴梅 . 基于斑块—廊道理论的城市道路景观设计——以日照市机场连接线及 220 省道为例 [J]. 安徽农业科学，2021，49（13）：

112-116.
[34] 王峰，拓学基，赵思远 . 园林景观设计在城市规划中的应用 [J]. 城市建筑，2021，18(24)：175-177.
[35] 王强 . 风景园林设计中植物景观的设计研究 [J]. 居业，2021(02)：30-31.
[36] 戴静 . 住宅小区中园林景观的规划设计探讨 [J]. 智能城市，2021，7(11)：47-48.
[37] 肖欣向，杨卫，向珞宁 . 基于景观生态学理论的海绵城市应用研究——以雨水花园为例 [J]. 农业与技术，2021，41(10)：131-133.
[38] 杜璐，刘严杰 . 乡村振兴战略背景下的美丽乡村景观设计重构——以渔村为例 [J]. 现代园艺，2021，44(08).
[39] 詹丽梅 . 对园林建筑工程施工管理的探析 [J]. 中国建筑金属结构，2021(09)：28-29.
[40] 薛巾，王淑华 . 疗愈景观在未来社区中的设计研究 [J]. 城市住宅，2021，37(01)：17-21.
[41] 茌文秀，林广思 . 大尺度景观规划项目的实施保障机制研究——以珠三角绿道网为例 [J]. 中国园林，2021，37(09)：25-30.
[42] 王旭 . 彩叶植物在园林景观配置中的应用探究 [J]. 现代园艺，2021，44(16)：123-124.
[43] 袁溯阳，张鲲，王霞，等 . 基于可持续景观设计的园林植物需水量评估——以美国加州庭院景观为例 [J]. 中国园林，2021，37(01)：127-132.